Angularによるモダンなweb開発 基礎編 第2版

AngularでPWAを開発して
ネイティブと同等の快適さを実現

末次 章 著

日経BP社

はじめに

本書は、2017年1月発行「Angular2によるモダンWeb開発」の第2版です。Angularは、「開発効率は高いが、開発者の育成に時間がかかる」という評価をよく受けます。新しい概念や技術を積極的に取り入れているためです。弊社ではAngular開発者向けの個別研修を通じて、習得期間短縮の工夫を重ねてきました。

今回、それらの工夫を盛り込み全面的に刷新しました。初版をお持ちの方にもお奨めできます。

- Angular独自の概念や用語を、操作体験により短時間で把握
- Angular開発ツール内部のしくみを理解して使いこなす
- PWA[1]ガイドラインに対応するモダンWebの実装を習得
- 分散DB、URLアプリ共有などのAngularによる革新機能を先取り

本書の想定している読者は、
「サーバー集中型のWeb開発の経験は豊富、モダンWebを知りたい」
「モダンWebの開発は経験済みだが、全体像や将来像をつかみたい」
「Angularの開発チームに参加するので、前提知識を習得したい」
と思っているかたです。AngularによるモダンWeb開発を理解し、具体的な実装と応用範囲の把握ができることを目標としています。

前半は知識の土台固めです。1章では、モダンWebの全体像としくみをモダンWebアプリの体験を交えながら把握し、2章では、難しいと言われるAngular独自の概念や機能を「①用語解説で大まかに把握、②実際に動作させて理解、③具体的な実装例を見る」という3段階で確実に理解します。3章では、最新のモダンWeb技術を活用したPWAを理解してAngularの具体的実装方法を把握します。

後半は、サンプルアプリの作成です。4章はPWAの主要機能をすべて持つアプリを、5章は分散DBによるブラウザ間のデータ同期アプリを扱います。

これらアプリの最新版Angularに対応する情報は、GitBookで公開します。

本書をきっかけに、多くの人がモダンWebの開発を習得し、Webアプリがさらに快適に変わってゆくことを期待します。

2018年1月27日
末次 章

※1 PWA（Progressive Web Apps）は、主にスマートフォン向けアプリを対象に高速レスポンス、オフライン対応など機能要件を定義したモダンWebアプリケーションです。

本書を読む前に

まず、本書の更新情報を日経BP社のWebサイトと、そのサイトからリンクしたeBookで確認してください。これらと本書の内容に相違がある箇所はWebサイトの内容を優先してください。

> **本書の訂正とアップデータのサイト**
> https://shop.nikkeibp.co.jp/front/commodity/0000/P54530/

■本書の読み方

興味のある章から読み始めて構いません。一度説明した手順や用語などの解説が省略されている場合は、目次・索引を参照してください。すでに理解している項目については読み飛ばしてください。

■前提知識

HTML、JavaScript、CSS、node.js、npmの基本を理解していることを前提としています。

■前提環境

本書で作成するサンプルアプリはマルチプラットフォーム対応ですが、開発ツールや利用手順・操作画面などはWindows 10を前提としています。

■更新情報

本書の更新情報などをeBook（GitBook）で公開しています。

GitBookで本書の更新情報を公開

目 次

　　はじめに .... (3)
　　本書を読む前に .... (4)

第1章　変革がはじまったWeb開発

1.1　モダンWebとは 001
　　1.1.1　機能不足のWebアプリ 001
　　1.1.2　モダンWebって何？ 002
　　1.1.3　集中処理の制約 003
　　1.1.4　集中から分散へ 004
　　1.1.5　無限スクロール 005
　　1.1.6　モダンWebの優位点 008
　　1.1.7　モダンWebの限界 009

1.2　モダンWebを体験 009
　　1.2.1　サンプルアプリの概要 009
　　1.2.2　準備とアプリ起動 011
　　1.2.3　動作確認 011
　　　　1.2.3.1　高速画面表示 011
　　　　1.2.3.2　オフライン動作 015
　　　　1.2.3.3　無限スクロール 016
　　　　1.2.3.4　データベース同期 016
　　1.2.4　サンプルアプリまとめ 017

1.3　モダンWebの導入 020
　　1.3.1　導入のステップ 020
　　1.3.2　導入効果（コスト削減と効率向上） 021
　　1.3.3　導入効果（売上向上） 021

1.4　モダンWebの実装 023
　　1.4.1　分散処理モデルの選択 023
　　1.4.2　開発フレームワークの必要性 025

1.4.3 モダンWebを支える技術 ·· 029
    1.4.3.1 分散処理基盤 ·· 029
    1.4.3.2 アプリ実行リソースの保存 ································ 030
    1.4.3.3 データの保存 ·· 031
    1.4.3.4 バックグラウンド通信 ·· 035

1.4.4 応答速度向上のテクニック ·· 037
    1.4.4.1 事前ロード ·· 037
    1.4.4.2 遅延ロード ·· 038
    1.4.4.3 遅延通知 ·· 039
    1.4.4.4 ローカルデータベースの活用 ································ 039

1.4.5 開発体制 ·· 040

第2章 Angularアプリ開発の基礎知識

2.1 なぜAngularが必要か？ ·· 041

2.1.1 フレームワークの必要性 ·· 041
2.1.2 個性を持つ開発フレームワーク ·· 041
2.1.3 Angularの特徴 ·· 042
2.1.4 学習のステップ ·· 043

2.2 Angularの基本機能と用語（1） ·· 044

2.2.1 プロジェクト ·· 044
2.2.2 Angular CLI ·· 044
2.2.3 ビルド ·· 045
2.2.4 コンポーネント指向開発 ·· 046
2.2.5 画面コンポーネントの構成 ·· 047
2.2.6 前提ソフトウェア ·· 048
    2.2.6.1 node.js ·· 048
    2.2.6.2 npm ·· 049
    2.2.6.3 package.json ·· 049
    2.2.6.4 npmパッケージのインストール先 ································ 050
    2.2.6.5 npm run-script ·· 052
    2.2.6.6 npx（ローカルインストールしたコマンド呼び出し） ································ 053

2.2.7 基本用語のまとめ ·· 054

2.3 確認作業 ·· 055

2.3.1 フォルダ構造 ·· 055
    2.3.1.1 プロジェクトフォルダの構造 ································ 055

　　　　2.3.1.2　プロジェクトルート ………………………………………………… 055
　　　　2.3.1.3　[node_modules] フォルダ ……………………………………… 056
　　　　2.3.1.4　[src] フォルダ ……………………………………………………… 058
　　　　2.3.1.5　[app] フォルダ ……………………………………………………… 059
　　　　2.3.1.6　まとめ ……………………………………………………………… 060
　　　　2.3.1.7　プロジェクトフォルダの複製（参考）………………………… 060
　　2.3.2　ビルドと実行 …………………………………………………………………… 061
　　　　2.3.2.1　ng コマンドによるビルド ……………………………………… 061
　　　　2.3.2.2　ビルドの全体像 …………………………………………………… 061
　　　　2.3.2.3　ビルド処理の詳細（参考）……………………………………… 063
　　　　2.3.2.4　動作確認準備と注意点 …………………………………………… 064
　　　　2.3.2.5　ビルド操作 ………………………………………………………… 065
　　　　2.3.2.6　ビルド出力の内容 ………………………………………………… 068
　　2.3.3　ng serve コマンド ……………………………………………………………… 070
　　　　2.3.3.1　処理フロー ………………………………………………………… 070
　　　　2.3.3.2　ng serve と ng build の使い分け ……………………………… 072
　　　　2.3.3.3　ng serve の操作 …………………………………………………… 072
　　2.3.4　変更監視オプション …………………………………………………………… 074
　　2.3.5　運用向けビルド ………………………………………………………………… 075

2.4　Angular の基本機能と用語（2） ……………………………………… **077**

　　2.4.1　コンポーネント ………………………………………………………………… 077
　　　　2.4.1.1　特徴 ………………………………………………………………… 077
　　　　2.4.1.2　コンポーネントによる画面実装のメリット …………………… 077
　　　　2.4.1.3　コンポーネントの構成 …………………………………………… 080
　　　　2.4.1.4　クラス定義 ………………………………………………………… 080
　　　　2.4.1.5　コンポーネントの実行 …………………………………………… 085
　　　　2.4.1.6　コンポーネントの組み合わせ …………………………………… 087
　　2.4.2　HTML テンプレート …………………………………………………………… 094
　　　　2.4.2.1　片方向の結合（one way binding）……………………………… 094
　　　　2.4.2.2　双方向の結合（two way binding）……………………………… 094
　　　　2.4.2.3　テンプレート構文（Template Syntax）………………………… 094
　　　　2.4.2.4　ディレクティブ …………………………………………………… 095
　　　　2.4.2.5　パイプ ……………………………………………………………… 096
　　　　2.4.2.6　HTML テンプレート記述の制限 ………………………………… 096
　　2.4.3　CSS のカプセル化 ……………………………………………………………… 097
　　　　2.4.3.1　通常の HTML において外部 CSS の影響を受ける例 ………… 097
　　　　2.4.3.2　Angular の CSS カプセル化の例 ………………………………… 100

2.5　Angular の基本機能と用語（3） ……………………………………… **102**

　　2.5.1　リアクティブフォーム ………………………………………………………… 102
　　2.5.2　画面切り替えのしくみ ………………………………………………………… 102
　　2.5.3　親子コンポーネントのデータ連携 …………………………………………… 104

2.5.4 コンポーネントのライフサイクル ... 105
2.5.5 サービスとDI（依存性注入：Dependency Injection） ... 105
2.5.5.1 import文 ... 106

2.6 テストプログラム ... 107

2.6.1 テストプログラムの概要 ... 107
2.6.1.1 テストプログラムの起動 ... 107
2.6.1.2 画面構成 ... 108
2.6.1.3 ファイル構成 ... 108

2.6.2 動作確認 ... 109
2.6.2.1 HTML出力 ... 109
2.6.2.2 コンソールログ ... 112
2.6.2.3 アプリの起動シーケンス ... 112
2.6.2.4 コンポーネント実装のライフサイクル ... 113
2.6.2.5 画面切り替えの実装 ... 114
2.6.2.6 データ同期（two way binding） ... 115
2.6.2.7 親子コンポーネントのデータ連携 ... 118
2.6.2.8 変更検知（Change Detection） ... 120

2.6.3 ソースコードの解説 ... 126
2.6.3.1 1ページ目 ... 126
2.6.3.2 2ページ目 ... 131
2.6.3.3 子コンポーネント ... 134
2.6.3.4 ルートコンポーネント ... 136
2.6.3.5 ストアサービス ... 139

2.7 技術情報 ... 141

2.7.1 Angular公式サイト ... 141
2.7.2 MDN（Web開発一般） ... 141
2.7.3 TypeScript ... 142
2.7.4 RxJS（非同期処理パッケージ） ... 143
2.7.5 StackOverflow ... 143

第3章 PWA実装の基礎

3.1 PWA実装チェックリスト ... 147

3.1.1 基本（Baseline）チェック項目 ... 147
3.1.2 拡張（Exemplary）チェック項目 ... 152

3.2 Service Workerとは ... 155

- 3.2.1 Service Worker の役割 ... 155
- 3.2.2 ネイティブアプリと同等の機能を実現 ... 157
- 3.2.3 Service Worker をサポートするブラウザ ... 159
- 3.2.4 Service Worker の注意点 ... 159

3.3 PWAの開発環境 ... 160

- 3.3.1 事前準備 ... 160
  - 3.3.1.1 実習ファイルの準備 ... 160
  - 3.3.1.2 フォルダ構造の確認 ... 160
- 3.3.2 新規プロジェクトの作成 ... 161
  - 3.3.2.1 新規プロジェクトの生成 ... 161
  - 3.3.2.2 プロジェクトのビルド ... 162
  - 3.3.2.3 http-server 起動 ... 162
  - 3.3.2.4 ブラウザへ表示 ... 162
- 3.3.3 PWAプロジェクトの作成と実行 ... 163
  - 3.3.3.1 既存プロジェクトにPWAモジュールを追加 ... 164
  - 3.3.3.2 ビルドと実行 ... 165
- 3.3.4 動作確認（Service Worker 有効のとき） ... 165
  - 3.3.4.1 キャッシュ動作 ... 165
  - 3.3.4.2 Service Worker の状態 ... 166
  - 3.3.4.3 オフライン動作 ... 166
  - 3.3.4.4 終了 ... 167
- 3.3.5 動作確認（Service Worker 無効のとき） ... 167
  - 3.3.5.1 Service Worker の無効化 ... 167
  - 3.3.5.2 キャッシュ動作 ... 168
  - 3.3.5.3 オフライン動作 ... 169
  - 3.3.5.4 終了 ... 169
  - 3.3.5.5 Service Worker関連ツール ... 170
- 3.3.6 PWA評価ツール「Lighthouse」 ... 173
  - 3.3.6.1 インストール ... 173
  - 3.3.6.2 評価の実施 ... 174
  - 3.3.6.3 レポートの読み方 ... 177
  - 3.3.6.4 レポート情報の活用手順 ... 180
  - 3.3.6.5 サンプルで手順確認 ... 181
- 3.3.7 開発環境のまとめ ... 183

3.4 サンプルアプリ ... 184

- 3.4.1 マルチタイマーの概要 ... 184
  - 3.4.1.1 アプリ概要 ... 184
  - 3.4.1.2 機能一覧 ... 185
  - 3.4.1.3 Lighthouseのスコア ... 185
  - 3.4.1.4 画面フロー ... 185

3.4.2　サンプルアプリの操作 …………………………………………………… 186
- 3.4.2.1　アプリの起動 …………………………………………… 186
- 3.4.2.2　基本操作 ………………………………………………… 189
- 3.4.2.3　オフライン対応の確認 …………………………………… 192
- 3.4.2.4　プッシュ通知 ……………………………………………… 193
- 3.4.2.5　バックグラウンド処理の確認 …………………………… 195
- 3.4.2.6　テーマの変更 ……………………………………………… 196

3.4.3　PWAチェックリストへの対応 …………………………………………… 197
- 3.4.3.1　システム構成 ……………………………………………… 197
- 3.4.3.2　PWA対応の確認 …………………………………………… 197

3.4.4　アプリケーションキャッシュの実装 …………………………………… 199
- 3.4.4.1　ブラウザ組み込みキャッシュ機能との違い ……………… 199
- 3.4.4.2　キャッシュ設定ファイル ………………………………… 200
- 3.4.4.3　設定ファイルの内容 ……………………………………… 201
- 3.4.4.4　インストールモードの使い分け ………………………… 204
- 3.4.4.5　キャッシュのリフレッシュ ……………………………… 205
- 3.4.4.6　キャッシュのデバッグ …………………………………… 206
- 3.4.4.7　まとめ ……………………………………………………… 207

3.4.5　Push通知の実装 …………………………………………………………… 207
- 3.4.5.1　プッシュ通知の特徴 ……………………………………… 207
- 3.4.5.2　プッシュ通知のしくみ …………………………………… 208
- 3.4.5.3　ユーザーからの事前承認 ………………………………… 209
- 3.4.5.4　承認ダイアログ表示の注意点 …………………………… 210
- 3.4.5.5　通知許可の動作確認 ……………………………………… 212
- 3.4.5.6　プッシュ通知サービスからの事前承認 ………………… 216
- 3.4.5.7　プッシュ通知実装の注意点 ……………………………… 217
- 3.4.5.8　プッシュ通知の動作確認 ………………………………… 219

3.5　URLによるアプリ共有 …………………………………………………… **222**

3.5.1　URL呼び出しの課題 ……………………………………………………… 222
3.5.2　URLでは画面を復元できない例 ………………………………………… 225
3.5.3　画面を復元するURL実装 ………………………………………………… 227
3.5.4　PWA アプリ共有の便利さ体験 ………………………………………… 228
- 3.5.4.1　ブックマークでタイマーのプリセット機能
  （繰り返し操作を簡単に）…………………………………… 228
- 3.5.4.2　メールでアプリ共有（設定済アプリを友人へ送る）…… 231

第4章　AngularによるPWA開発（1）
～マルチタイマーアプリの作成～

4.1　概要 ………………………………………………………………………… **236**

4.2 開発環境の準備（フロントエンド側） 237
- 4.2.1 前提ソフトウェア 237
- 4.2.2 インストール 238

4.3 開発環境の準備（バックエンド側） 238
- 4.3.1 Webサーバーの選択 238
- 4.3.2 Webサーバー設定作業 239
- 4.3.3 サーバー証明書の取得 239
  - 4.3.3.1 証明書を取得するための手続き 239
  - 4.3.3.2 証明書取得の手順 242
- 4.3.4 インストール手順 247
- 4.3.5 ポートが利用できないときの対応 250
- 4.3.6 動作確認 251

4.4 UIライブラリ 252
- 4.4.1 ライブラリの選択 252
- 4.4.2 Material2概要 255
- 4.4.3 Material2の使い方 256
  - 4.4.3.1 UIコンポーネントの利用 256
  - 4.4.3.2 ディレクティブの利用 258
  - 4.4.3.3 サービスの利用 258
- 4.4.4 APIリファレンスの読み方 260
  - 4.4.4.1 概要 260
  - 4.4.4.2 MatCheckboxの例 261
- 4.4.5 アイコン 271
- 4.4.6 タッチ操作対応 272

4.5 アプリ作成（フロントエンド側） 272
- 4.5.1 全体イメージ 272
  - 4.5.1.1 3ブロック構成 272
  - 4.5.1.2 ブロック間の連携 273
  - 4.5.1.3 開発の流れ 273
  - 4.5.1.4 物理構造 273
- 4.5.2 作業手順 274
- 4.5.3 新規プロジェクト作成 275
- 4.5.4 コード自動生成ツール 277
- 4.5.5 画面切り替えブロック作成 279

- 4.5.5.1 テスト用コンポーネントの削除 ... 279
- 4.5.5.2 ルートコンポーネントの作成 ... 280
- 4.5.5.3 ルーティング機能の実装 ... 280

4.5.6 表示と入力ブロック作成 ... 283

4.5.7 データ処理ブロック作成 ... 284

4.5.8 その他設定 ... 285
- 4.5.8.1 テーマ変更への対応 ... 285
- 4.5.8.2 コンポーネント共通のCSSファイル ... 285
- 4.5.8.3 アイコンとテストデータ ... 285

4.6 ビルドとデバッグ ... 286

4.6.1 PWAのビルド ... 286
- 4.6.1.1 Service Worker利用時の制約 ... 286
- 4.6.1.2 ngxコマンド ... 287

4.6.2 PWAのデバッグ ... 287
- 4.6.2.1 デバッグのための事前設定 ... 287

4.6.3 コンソールログによるデバッグ ... 288
- 4.6.3.1 ブレークポイントによるデバッグ ... 289

4.7 実装のポイント ... 292

4.7.1 全体設計が重要なモダンWeb ... 292

4.7.2 コンポーネント指向の落とし穴 ... 293

4.8 実装のパターン ... 294

4.8.1 アプリの構造 ... 295
- 4.8.1.1 状態管理（Stateオブジェクト） ... 295
- 4.8.1.2 コンポーネントとサービスの役割分担 ... 296
- 4.8.1.3 ルートコンポーネントの役割分担 ... 297
- 4.8.1.4 decoraorを使ったログと例外処理 ... 303

4.8.2 開発環境 ... 306
- 4.8.2.1 バージョン管理 ... 306
- 4.8.2.2 Service Workerリセット機能 ... 307

4.8.3 Webアプリ特有の実装 ... 308
- 4.8.3.1 URLへのデータ埋め込み ... 308

4.9 ソースコード解説 ... 310

4.9.1 アプリの起動 ... 311

4.9.2 アプリの終了 ... 313

4.9.3 アプリの初期処理 ... 315

		4.9.4	アラーム（タイマー起動型）	318
		4.9.5	アラーム（Push通知型）	321

第5章 AngularによるPWA開発（2）
～分散DBを活用した観光情報検索アプリの作成～

5.1 概要 … 328
5.1.1 ブラウザ内データベースの必要性 … 328
5.1.2 ローカルDB導入の考慮点 … 330
5.1.3 分散DBの必要性 … 332
5.1.3.1 ローカルDBの基本構成 … 332
5.1.3.2 基本構成の制約 … 332
5.1.3.3 分散DBとは … 333
5.1.3.4 分散DBの構成 … 333
5.1.4 PouchDB（ブラウザ内分散DB） … 334
5.1.4.1 PouchDBとは … 334
5.1.4.2 関連ソフトウェア … 334
5.1.4.3 不整合（Conflict）への対応 … 335

5.2 アプリの作成 … 336
5.2.1 利用シナリオ … 336
5.2.2 全体の構成 … 339
5.2.3 バックエンド側のアプリ作成 … 340
5.2.3.1 概要 … 340
5.2.4 手順 … 341
5.2.5 動作確認とデバッグ … 344

5.3 PouchDBの操作 … 345
5.3.1 管理ツールFauxton … 345
5.3.1.1 基本操作 … 345
5.3.1.2 コマンド操作 … 348
5.3.2 条件検索 … 351
5.3.2.1 PouchDBのインデックス … 354
5.3.2.2 PouchDB特有の留意点 … 357
5.3.3 データ同期の体験 … 359
5.3.3.1 データベースの全体構成 … 359

- 5.3.3.2 データの自動更新（下り） …………………………………………… 361
- 5.3.3.3 自動復元機能 …………………………………………………………… 364
- 5.3.3.4 データの自動更新（上り） …………………………………………… 365
- 5.3.3.5 アップロードでの活用 ………………………………………………… 368
- 5.3.3.6 分散DBの運用 ………………………………………………………… 369
- 5.3.3.7 子データベース間の同期 ……………………………………………… 370

5.4 フロントエンド 372

- 5.4.1 作業手順 ………………………………………………………………………… 372
- 5.4.2 新規プロジェクト作成 ………………………………………………………… 373
- 5.4.3 コード作成 ……………………………………………………………………… 375
  - 5.4.3.1 テスト用コンポーネントの削除 ……………………………………… 375
  - 5.4.3.2 フォルダのコピー …………………………………………………… 376
- 5.4.4 ソースコード解説（ダウンロード） ………………………………………… 377

索引 379

第1章 変革がはじまったWeb開発

1.1 モダンWebとは

1.1.1 機能不足のWebアプリ

　スマートフォンの普及により、Webアプリ（Webブラウザを使うアプリ）の機能不足が目立つようになってきました。Yahooのページを例に、状況を確認しましょう。

　図1-1は、スマートフォンのWebブラウザで表示したYahooのページです。これまでのWebアプリに対し、ネイティブアプリ（ストアからインストールするアプリ）の便利さをアピールしたメッセージが目に付きやすい場所にいくつも表示されています（図1-1）。主なメッセージを抜き出してみました。

図1-1　Yahoo!の画面（引用元 http://www.yahoo.co.jp）

- 「ブラウザより快適に」(全体のトップページ)
- 「アプリならすぐ通知が届く」(乗換案内のトップページ)
- 「メールアプリは快適」(メール開始時の表示)
- 「アプリなら必要な通知だけ受け取れる」(メール開始時の表示)
- 「操作がサクサク」(メール開始時の表示)
- 「とことん読みやすく」(メール開始時の表示)

つまり、Webアプリは「操作が快適でない」、「サーバーからの通知ができない」、「操作が遅い」、「読みづらい」と指摘されているのです。

Webアプリ開発の関係者が、この状況をだまって見ているわけがありません。Googleが提唱するPWA（Progressive Web Application)を初めとするモダンWeb技術が、これらの課題をまとめて解決します。

1.1.2 モダンWebって何？

「モダンWebって何ですか？」と聞かれたとき、こう答えています。Webブラウザで、「通信待ちがなく瞬間に画面が切り替わります」、「ネットに接続しなくても使えます」、「1万件のデータでも一度に高速スクロールできます」。つまり「Webがスマホアプリのように使いやすくなります」。

多くの人が「今までできなかったことが、できるわけない」と反応します。ITに詳しい人は、「そもそもWebアプリはサーバーからネット経由でデータを受け取って表示するものだから……」と反論してくることもあります。

これらの反応は、従来のWebアプリのしくみを前提にしています。モダンWebは、Webのしくみ（アーキテクチャ）を変更します。前提となる基本ルールを変えることで、従来のWebの課題や限界を解消します。その結果、ブラウザ上でURLを入力したりリンクをクリックするだけですぐに使えるWebアプリでありながら、インストールが必要なネイティブアプリと同じように高速で動作し、オフラインでも利用できる夢のような快適さと機能を提供します。

1.1.3 集中処理の制約

　Webのしくみは発明されてから20年以上にわたり、変化がありませんでした。卓越したデザインである証明です。Webアプリの処理をサーバーに集中させることで、管理、運用、開発、配信が簡単という特徴を持っています。

　従来のWebアプリの場合、ブラウザはユーザーからのデータ入力やリンクやクリック操作の結果をサーバーへ送信します（図1-2左）。サーバーは、受信したデータを元にデータ処理を行い、画面データを生成してブラウザに返します。ブラウザは受信した画面データをそのまま表示します。ほとんどの処理はサーバで行い、ブラウザはユーザーとサーバーとの入出力を仲介するだけです。画面が切り替わるたびに、同じ処理を図1-2左の❶❷のデータの流れとして繰り返します。しかし、サーバーですべての処理を集中して行うため、以下の制約があります。

- 画面が切り替わるたびに通信待ちが発生する
- サーバーと接続中しか利用できない
- 同時利用者が多い場合は応答速度が低下する

　そのため、「画面表示待ちのイライラ」、「ネットワーク圏外で利用できない不便さ」、「アクセス集中時に遅延や停止」などの課題が発生します。

　利用者から見ると、普段から使い慣れたExcelやWordなどのOfficeアプリや、スマートフォンのアプリと比べると、操作性や使い勝手の面で見劣りがしてしまいます。これらの制約は、アーキテクチャであるサーバー集中処理が原因です。解決は容易ではありません。

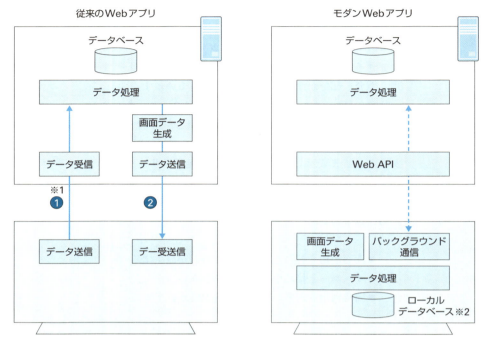

図1-2 従来のWeb（左）とモダンWeb（右）のアーキテクチャ比較
*1）ユーザー認証機能は省略しています
*2）ローカルデータベースは、ブラウザ内で利用するデータベースです。

1.1.4 集中から分散へ

　そこで、Webの基本アーキテクチャを見直した「モダンWeb」が登場してきました。モダンWebはサーバーで行っていた処理を、ブラウザ側へ分散します（図1-2右）。従来のWebアプリは、ブラウザで単純な処理しか行っていないため、PCやスマートフォンは処理能力を持て余しています。この処理能力を有効活用します。処理の分散によりサーバーの負荷が大幅に減少し、サーバーコストの削減や同時利用者の増加が可能になります。

　また、ブラウザとサーバー間の通信が最小限になります。従来は、図1-3のように画面が切り替わるたびに、ユーザー操作をブラウザがサーバーへ送信、サーバーは画面データを生成してブラウザへ送信を繰り返していました。モダンWebは、画面データの生成をブラウザ内で行うので、画面切り替えごとの通信待ちはなくなります。サーバーのデータベースを利用するときは通信が必要ですが、これも事前にブラウザ内のローカルデータベースへ必要なデータをコピーしておけば通信不要になります（図1-4）。

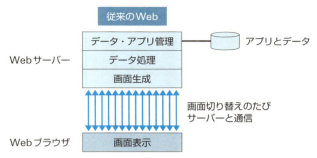

図1-3　従来のWebアーキテクチャは画面切り替えのたびサーバーとの通信が必要

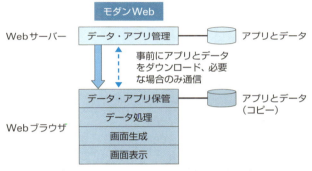

図1-4　モダンWebではサーバーとの通信は必要最小限

1.1.5　無限スクロール

　誰にでもわかるモダンWebの機能として大量のデータを連続してスクロールできる「無限スクロール」があります。画面切り替えそのものをなくすことで、高速な表示を行います。ブラウザに処理を分散するモダンWebならではの機能です。

　従来は、件数の多いデータは複数のページに分割して1ページずつ表示していました。たとえば、Google検索を行うと10件分の検索結果が表示されます。画面の一番下に、図1-5のようなページ送りアイコンが表示され、求める情報が1ページ目にないときは、このページ送りを繰り返しクリックして探します。

図1-5　Google検索で表示されるページ送りアイコン

　ページを送るたびにクリック操作と待ちが発生し、快適な操作性とは言えません。やはりExcelのように最初から最後まで連続してスクロールできた方が便利です。無限スクロールは、件数の多いリスト表示であっても、画面の切り替えなしに、どこまでもスクロールして表示できます。無限スクロールを体験した人で、今までのページ送り操作に戻りたいと言う人はいません。メリットとして以下があります。

- **表示開始までの時間短縮**
  Excelは表示する前に全データを読み込むため、データ量が増えると表示開始が遅くなります。無限スクロールは表示に必要なデータのみ受信しますので、全体のデータ量にかかわらず即座に表示を開始します。
- **表示の高速化**
  最初から最後まで連続でスクロールします。従来のWebアプリのようなページ分割による画面切り替えの待ち時間がありません。
- **操作性の向上**
  大量の書類・図面・写真などを高速スクロールで表示して、目視によるチェック・検索が従来のWebアプリはもちろんExcelのようなアプリと比べても短時間でできます。

　無限スクロールの内部処理は図1-6のようになっています。

❶ 初めに表示する1〜5行目と次にスクロールして表示する6〜10行目をまとめて受信します。はじめに1〜5行目を表示します。

❷ スクロールして6〜10行目を表示します。スクロールしている間に、11〜15行目をバックグラウンドで受信します。

❸ スクロールして11〜15行目を表示します。スクロールしている間に、16〜20行目をバックグラウンドで受信します。不要になった1〜5行目のデータを廃棄します。

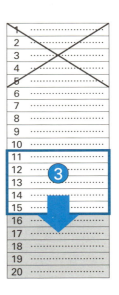

1. 1〜10行目のデータ受信
2. 1〜5行目を表示
3. 11〜15行目のデータ受信
4. 6〜10行目を表示
5. 16〜20行目のデータ受信
6. 1〜5行目のデータ廃棄
7. 11〜15行目を表示

図1-6　無限スクロールの内部処理

　このように、次に表示するデータをサーバーから事前に取得することで、どこまでもスクロールできます。また、表示済みデータを廃棄することで、どんなに大量のデータであっても、容量オーバーにはなりません。図1-6の例では、全体のデータ件数にかかわらず、10件受信した時点で表示が始まるので、表示に長時間待たされることはありません。最大15件のデータしかWebブラウザは保持しないので、メモリ不足になる心配も不要です。また、表示リストの上下にデータを準備しているので、上下に自由にスクロールできます。

　しかし、こんなことが理屈通り動くのだろうか？スクロールがぎこちなくなったり、動作が固まったりすることはないのだろうか？そんな心配が生じるかもしれません。そこで「1.2　モダンWebを体験」で、無限スクロールを試します。実際に操作してみてください

1.1.6 モダンWebの優位点

ここまで解説したように、モダンWebアプリは従来の制約を一気に解決します。

- 通信待ちのない高速な画面遷移
- ネットワーク圏外での利用
- サーバーやネットワークの負荷軽減
- 無限スクロールによる大量データの高速表示

処理は分散しても、データやプログラムはサーバーで集中管理する方針は変えないため、インストールやバージョンアップ作業が不要で運用が容易という、Webアプリのメリットはそのまま維持します。表1-1は、従来のWebアプリ、モダンWebアプリ、インストールが必要なアプリ（オフィスソフトやスマートフォンアプリ）の比較です。

表1-1 従来のWebアプリ、モダンWebアプリ、インストールアプリの主な違い

	従来のWebアプリ	モダンWebアプリ	インストールアプリ
インストール	不要	不要	必要
バージョンアップ	集中管理	集中管理	クライアントごとに作業が必要
処理形態	Webサーバーに集中	Webブラウザに分散	クライアントに分散
画面遷移	通信待ちが発生	通信待ちなし	通信待ちなし
ネットワーク圏外での利用	不可能	可能	可能
サーバー負荷	大きい	最小限	最小限
ネットワーク負荷	大きい	最小限	最小限

表1-1で灰色に着色した部分が、他の方式と比べて不利な項目です。モダンWebアプリには灰色の部分がありません。今までの課題を解決する優れたアーキテクチャであることがわかります。

優位点は、機能や性能の向上だけではありません。最近の調査では、Webサイトの応答速度を向上すると、売上向上に直結するという効果が期待されています。詳細は、「1.3.3 導入効果（売上向上）」で解説しています。モダンWebの導入で、ビジネスの拡大も期待できるのです。

1.1.7 モダンWebの限界

モダンWebにも限界があります。ブラウザ上でアプリが動作するという前提条件から、OS上で直接動作するOS専用アプリと比べ2つの制約が発生します。

- 処理速度が遅くなる
- 使えるAPIが限定される

情報の入力・閲覧を行うWebアプリで処理速度が制約となることはありませんが、複雑な3Dグラフィックを使った動きの速いゲームなどは、処理速度が追いつかない可能性があります。この対策として、バイナリ形式の実行ファイルで高速化をめざすWeb Assembly（https://webassembly.org/）の開発が進められています。

ブラウザのAPIは、OSの種類によらず共通で使えることが前提であり、それがメリットです。このためにブラウザがサポートするAPIは各OSがサポートするAPIほど豊富ではありません。たとえば、HTML Media Capture API（https://w3c.github.io/html-media-capture/）を使えば撮影したり写真を取得したりすることはできますが、OS専用アプリで可能な赤目防止機能をオン/オフするような細かな機能までは制御できません。

1.2 モダンWebを体験

ここまで、「いままでできなかったことが、できるようになった」という解説をしました。おそらく半信半疑の人が多いと思います。サンプルアプリで実体験して、もやもやを解消しましょう。

1.2.1 サンプルアプリの概要

サンプルアプリは、国内の観光情報（1267件）のデータ検索アプリです。

AngularによるモダンWeb開発　基礎編　第2版

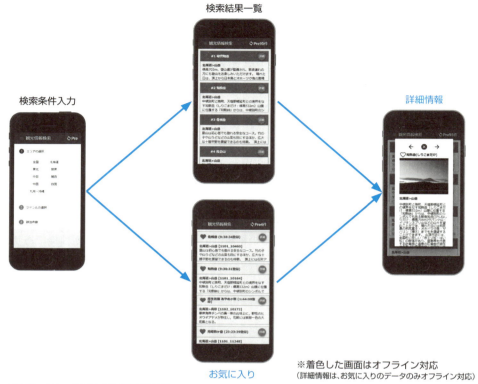

図1-7　サンプルアプリの画面遷移

　一般的なデータ検索アプリの操作手順と同じです。

1. 検索条件を入力
2. 検索結果を一覧表示
3. 一覧から選択して詳細情報表示
4. 「お気に入り」に登録した観光情報は、お気に入り一覧から表示

　操作は同じでも、モダンWebの機能を実装しているので、インストールアプリを使っている感覚で操作できます。

- 分散処理による高速な画面切り替え
- ローカルデータベースによるオフラインでの利用
- 無限スクロールによる高速表示と連続スクロール
- なめらかなタッチ操作と画面の動き
- デバイス間のデータ同期

観光データは、総務省「公共クラウドシステム」（https://www.chiikinogennki.soumu.go.jp/k-cloud-api/search/download/）から抽出しています。

1.2.2 準備とアプリ起動

❶「本書を読む前に」を参照して実習環境を準備します。既に準備済みのときは、次の手順へ進んでください。まだの場合はダウンロードサイトで「実習環境の準備」のリンクをクリックしてGitBookを開き、その手順に沿ってください。

> **本書のダウンロードサイト**
> http://ec.nikkeibp.co.jp/nsp/dl/05453/

❷ ファイルエクスプローラーで［basic_YYYYMMDD¥app¥kanko］フォルダを開きます。

❸ run.batをダブルクリックして実行します。コマンドプロンプトが開いた後、ブラウザが起動します。

❹ 観光情報の検索条件を入力する画面が表示されます。

図1-8　サンプルアプリの観光情報検索画面

❺ 画面が乱れているときは、ブラウザのリロード（F5キー）またはスーパーリロード（Ctrl+Shift+Rキー）を行います。

1.2.3 動作確認

1.2.3.1 高速画面表示

アプリ全体の基本操作をして、高速な表示変更・スクロール・画面切り替えを確認します。それでは体験してみましょう。

❶ [❶エリアの選択] ウィザードで検索したいエリア名をクリックします。ここでは [全国] を選択します。

図1-9　エリアとして [全国] を選択

❷ [❷ジャンルの選択] ウィザードが表示され、選択したエリア名がベージュ色のエリアに表示されます。検索したいジャンルを選択します。カテゴリ名をクリックするとジャンル選択のチェックボックスが表示されます。ジャンルの選択に応じて、画面右上の検索結果件数の表示が変化します。結果件数を見ながら条件を設定できます。ここでは [すべて選択] を選択します。

図1-10　ジャンルを選択するごとに検索結果件数が更新

❸ 選択したジャンル名がベージュ色のエリアに表示されます。エリアとジャンルの選択が終わったので、最後は検索の実行です。[次へ]をクリックします。

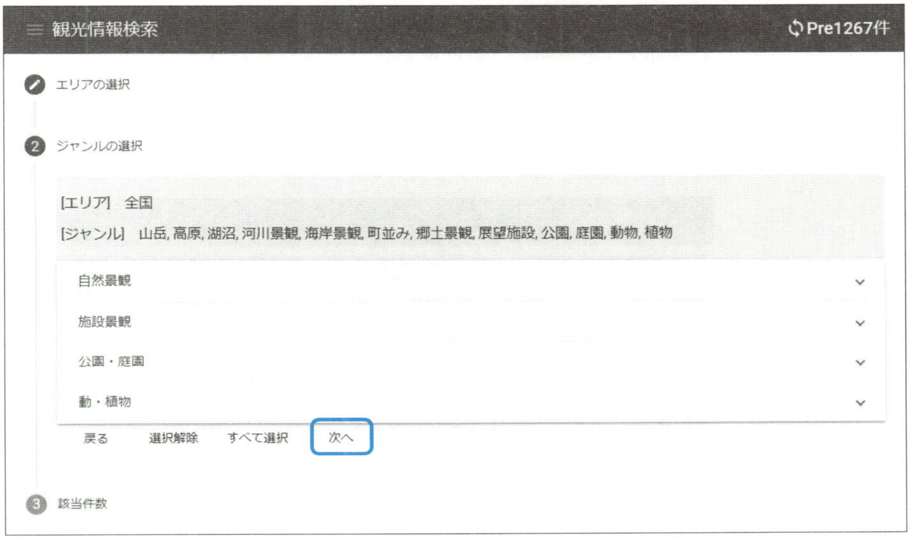

図1-11　[次へ]をクリック

❹ [❸該当件数]ウィザードが表示されます。今回は全国ですべてのジャンルを選択したので、データ総数1,267件が表示されています。[表示]をクリックして検索結果一覧画面へ遷移します。

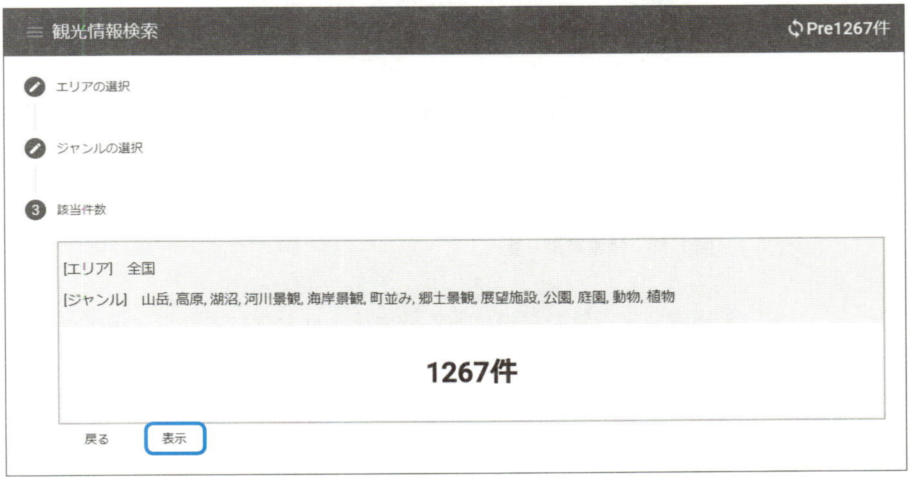

図1-12　[表示]をクリック

❺ 検索結果は瞬時に表示されます。これはデータの事前読み込みと無限スクロール機能のおかげです。表示に必要なデータを事前に読み込むことで、高速化を実現しています。検索結果一覧は、キーボードの下矢印ボタンを押し続けると、1,267件目までスムーズなスクロールを行います。内部では、表示データの切り替えがブラウザのスクロールバーが4分の3程度進んだところで行われます。スクロールバーの表示位置が上方向にジャンプしますが、スクロールは滑らかなままです。これらの内部処理の詳細は「5.4.4. ソースコード解説」を参照してください。

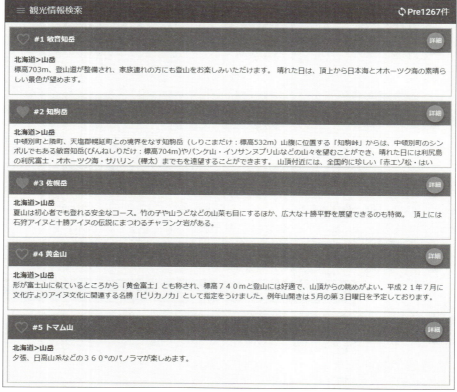

図1-13　検索結果一覧

❻ 検索結果一覧の左端にある♡マークはお気に入り登録ボタンです。クリックするとマークが、赤の塗りつぶしに変わり、お気に入りに登録されます。次の動作確認に必要ですので、5か所の観光情報の♡をクリックして塗りつぶしてください。

❼ アプリ左上のメニューから［お気に入り］を選択すると、検索結果一覧でお気に入り登録した観光情報が表示されます。お気に入り情報はブラウザ内のデータベースに保存されているので、この画面はオフラインにしても動作可能です。

図1-14　検索結果一覧の［表示］ボタンをクリック

1.2.3.2　オフライン動作

❶ お気に入り一覧を表示します。

❷ ChromeブラウザでF12またはメニューから［その他のツール］→［デベロッパーツール］を選択してDeveloper Toolsの画面を表示します。

❸ Developer Toolsのメニューから［Network］を選択します。

❹ ［Offline］をチェックするとブラウザのネットワーク接続が切断されます。たとえばYahooページに接続しても操作できなくなっています。この状態でサンプルアプリの動作確認を行い、オフラインへの対応を確認してください。

図1-15　Chrome Developer Toolsで［Network］メニューの［Offline］をチェック

1.2.3.3 無限スクロール

サンプルアプリでは無限スクロール機能が有効になっています。これを無効にするには、アプリの左上メニューから［設定］を選択し、［データ先読み込み表示（Prefetch）］ボタンをオフにします。

図1-16 ［データ先読み込み表示（Prefetch）］ボタンをオフにする

この状態ですべての項目を選択した1,267件の検索を行うと、今度は数秒間の待ちが発生します。スクロールバーをみると、表示域を表すグレーの部分が無限スクロール有効のときよりも小さく、大量のデータが画面にロードされているのを確認できます。全件ロードは表示に時間がかかるだけではなく、スクロール操作も重く感じられるかもしれません。［データ先読み込み表示（Prefetch）］設定のオン／オフを繰り返して、データ先読み込みと無限スクロールの効果を確認してください。

1.2.3.4 データベース同期

サンプルアプリでは、分散データベースを使ってサーバーとブラウザのデータを同期しています。このデータ同期はモダンWebには欠かせない機能です。同期の範囲を広げて、ブラウザ間の同期もできます。この機能を使えば、自分のスマートフォンとノートPCなどデバイス間のデータの同期ができます。ここでは、お気に入りに登録した観光情報を2種類のブラウザ間で同期してみましょう。

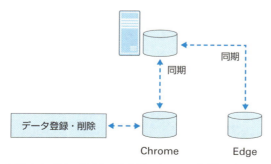

図1-17 サンプルアプリのデータベース同期の流れ

今まで開いていたGoogle ChromeはそのままにしてMicrosoft Edgeを起動します。2つのブラウザで、同じURLにアクセスし、お気に入り一覧を表示します。

図1-18　Google Chrome（左）とMicrosoft Edge（右）を開く

　左がGoogle Chrome、右がEdgeの画面です。2つのブラウザ画面は、同期のしくみにより同じデータが表示されています。Chromeの画面で塗りつぶしのハートマークをクリックしてお気に入りを削除すると、Edgeの画面の同じお気に入りが自動的に削除されます。逆にEdgeのお気に入りを削除すると、Chromeの同じものが削除されます。このように、ネットワークでつながったブラウザ間でデータの同期が行えます。ここでは同じPC内での同期ですが、インターネット経由で世界中のどこにあるデバイスとも同期可能です。サーバーのデータベースの仲介でブラウザの間で情報が交換され、データベースの同期が行われています。

1.2.4　サンプルアプリまとめ

　サンプルアプリの体験はいかがでしたでしょうか。以下の機能が、モダンWebでは可能であると確認できました。

- 画面表示は高速で行われる
- オフラインでも利用できる
- 分散DBを使ってデバイス間のデータ同期ができる

また、アプリ全体の操作が軽く快適に感じられたと思います。これがモダンWebの効果です。

> **参考**
>
> **通信速度制限を体験する**
>
> サンプルアプリはブラウザとサーバーを同じローカルPC内で動作させているので、インターネットの通信速度よりも高速になっています。Developer Toolsで通信速度制限を行うと、実際の利用環境に近い条件で評価できます。ここでは、遅い通信環境を想定した5Mbpsでブラウザを制限します。
>
> ❶ ChromeブラウザでF12またはメニューから［その他のツール］→［デベロッパーツール］を選択して、Developer Toolsの画面を表示します。
>
> ❷ メニューから［network］を選択します。
>
> ❸ 通信速度設定プルダウンから［Add］をクリックすると、設定ダイアログが表示されます。
>
>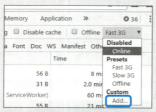
>
> 図1-19 通信速度設定プルダウンから［Add］をクリック
>
> ❹ ［Add Custom］ボタンをクリック後、任意の通信速度を設定します。たとえばprofile name: 5Mbps、download:5000、upload:5000、latency:100の値を設定します。
>
>
>
> 図1-20 ［Add Custom］ボタンをクリック後、任意の通信速度を設定
>
> ❺ ［add］ボタンをクリック後、ダイアログを右上×マークで閉じます。
>
> ❻ 再度、通信速度設定プルダウンをクリック後、5Mbpsを選択します。
>
> ❼ この状態で、動作確認を行います。

通信待ちシミュレーションを体験する
　同じアプリを従来のサーバー集中型で作ったときのシミュレーションを試すことができます。
　アプリのメニューから［設定］をクリックし、［ブラウザで分散処理］のスイッチをオフにします。その後は、マウスをクリックするたびに2秒間の待ちが発生します。画面待ちの間は画面がクリアされ、待ち受けアニメーションリングが表示されます。通信待ちなしの操作に慣れた後では、ストレスを感じると思います。

図1-21　2秒間の通信待ちを経験

1.3 モダンWebの導入

1.3.1 導入のステップ

サンプルアプリの動作確認によって、モダンWebの分散アーキテクチャを採用することで従来のWebを高速・高機能にできることがわかりました。

今後の選択肢はいくつかあります。開発方針のパターンをまとめると表1-2になります。

表1-2　今後のWebアプリケーションの開発方針

1. 現行システムを全面的にモダンWebに置き換える
■ 全社システムの再構築プロジェクトで採用
■ Flex、Silverlightで開発したシステムの後継として開発（補足1参照）
2. 新規開発をモダンWebで行う
■ マルチデバイス対応のモバイルアプリ
3. 現行のシステムの一部をモダンWebに置き換える
■ リスト表示画面に無限スクロール機能追加（補足2参照）
4. 慣れたサーバー集中型で開発を続ける

　Microsoft Silverlightは、InternetExplore 11でサポートを終了します。その後継ブラウザであるEdgeには対応しません。

```
https://docs.microsoft.com/ja-jp/microsoft-edge/deploy/microsoft-edge-faq
```

　Adobe Flexは、2020年にサポートを終了します。

```
http://tech.nikkeibp.co.jp/it/atcl/news/17/072601980/
```

システムの部分置き換えは難しそうに見えますが、無限スクロールに限定すると現行システムの変更は最小限です。ページ送りのしくみをそのまま使い、返信されるHTMLからデータのみ抽出して無限スクロール画面を生成します（図1-22）。

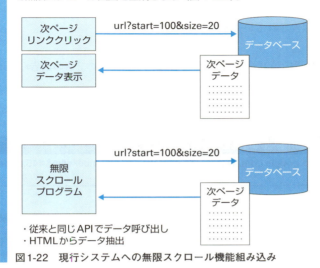

図1-22　現行システムへの無限スクロール機能組み込み

1.3.2　導入効果（コスト削減と効率向上）

　モダンWebを社内向けのシステムに適応すると、情報処理や開発の効率化に加え、利用者の操作性や閲覧時間が短縮することにより作業時間の短縮が期待できます。　一般公開サイトに適用すると、利用ピーク時のサーバーとネットワーク負荷の軽減、モバイル向け専用アプリのWebアプリへの置き換え、ユーザー満足度向上が期待できます。

1. **固定費削減**
   サーバーとブラウザーとの間の通信が減少するため、サーバーとネットワークの負荷を軽減でき、通信費や設備投資を削減できる
2. **開発費削減**
   1つのプログラムでモバイルとPC向け両方に対応できるため、開発費の削減と開発期間の短縮が可能になる
3. **生産性の向上**
   表示速度や操作性の向上によりアプリを使う業務を迅速化できる

1.3.3　導入効果（売上向上）

　モダンWebの導入効果として最近注目されているのが、売上向上効果です。Googleが

提唱するPWAに代表されるモダンWebの技術を使い、応答の速いWebサイトに作り直すと売上が伸びるという効果です。前述のコスト削減効果より、より強いモダンWeb導入の動機付けになります。対象は主に一般公開サイトになります。

以下の事例が報告されています。

- 応答が5秒以内のWebサイトは19秒以内のサイトの2倍の広告収入を獲得
- 応答時間を半分にすると12〜13％の売上増加
- 注文ページの表示を0.1秒短縮することで年間売上が53万ドル増加

> **引用元　Why Performance Matters**
> https://developers.google.com/web/fundamentals/performance/why-performance-matters/?hl=ja

インターネットを検索すると、応答速度と売上の関係について沢山の情報を確認できます。自分の会社やサイトですぐに試したいところですが、従来のWebで応答時間を短縮するには、高い処理能力を持ったサーバー（クラスタリングやキャッシュサーバーなどを含む）と高速なネットワークの整備が必要です。AmazonやGoogleなどのネット専業企業は、すでに短時間で応答する高性能なシステムを構築していますが、一般企業で行うのはコストの負担が大きく実現が困難です。そこで登場するのがモダンWebです。前述のように、モダンWebはサイトに接続してきたユーザーのPCやデバイスの処理能力を使って高速化を行うので、新たな投資を抑えることができます。

「モダンWeb導入→応答時間短縮→売上向上」という事例が増えてくれば、現在稼働中のシステムを廃棄してでもモダンWebに置き換えるという大きな流れに変わってきます。

では、どこまで応答時間を短縮すればよいのでしょうか？　目標となる目安がなければ行動に移せません。その指標に「RAILモデル」があります。

> **RAILモデルでパフォーマンスを計測する**
> https://developers.google.com/web/fundamentals/performance/rail?hl=ja

RAILでは、「応答が1秒を超えるとユーザーは関心を失い」、「10秒を超えると不満を感じてそのまま戻ってこない」とあります。当面は1秒以内を目安にすれば間違いなさそうですが、かなり厳しい基準値です。この基準を満たすには、コンテンツを圧縮するなどの手法では難しく、分散処理のしくみを最大限活用したシステムを構築することになります。

1.4　モダンWebの実装

1.4.1　分散処理モデルの選択

　表1-3に示したように、モダンWebの分散処理には分散の度合いによって複数のモデルがあります。目的用途に応じて最適なものを選択します。

表1-3　モダンWebの分散処理モデル

	UI分散型	処理分散型	データ分散型
画面生成	ブラウザ	ブラウザ	ブラウザ
データ処理	主にサーバー	主にブラウザ	主にブラウザ
データ保存	サーバー	Webストレージ	データベース

1. **UI（ユーザーインタフェース）分散型**

    ■分散処理
    画面生成をブラウザで行います。

    ■適用
    RIA（Rich Internet Application）と呼ばれ、従来からあるユーザーインタフェースの向上を目指した分散処理モデルです。

    ■効果
    実行プログラムをローカルにキャッシュすることで、インストールアプリのようにすぐに起動します。バックグラウンド通信でサーバーから受け取ったデータから、Flash、Silverlight、JavaScriptなどで高機能なUIを生成し、高速な画面遷移を実現します。

    ■データ保存
    データ処理はサーバーと連携して行い、処理結果はサーバーに保存します。

    ■オフライン対応
    対応できません。

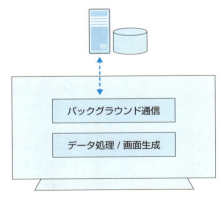

図1-23　UI分散型

2. **処理分散型**

   ■ **分散処理**
   画面生成、データ処理をブラウザで行います。

   ■ **適用分野**
   ゲーム、電卓などサーバーとの連携を必要としないアプリ向けのモデルです。

   ■ **効果**
   実行プログラムをローカルにキャッシュすることで、インストールアプリのようにすぐに起動します。ブラウザ内で画面を生成し、高速な画面遷移を実現します。

   ■ **データ保存**
   アプリの設定や前回終了時の状態保存のためWebストレージを使用します。

   ■ **オフライン対応**
   サーバーとの通信は初回起動時とアップデート確認時など最小限です。オフライン対応が可能です。

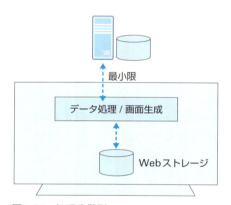

図1-24　処理分散型

3. **データ分散型**

   ■ **分散処理**
   画面生成、データ処理、データ保存をブラウザで行います。

   ■ **適用分野**
   データベース検索など、サーバーとの連携が必要なアプリを、オフラインで利用するためのモデルです。

   ■ **効果**
   実行プログラムをローカルにキャッシュすることで、インストールアプリのようにすぐに起動します。ブラウザ内で画面を生成し、高速な画面遷移を実現します。

   ■ **データ保存**
   データ処理はローカルデータベースを使ってブラウザ内で行い、処理結果もローカ

ルデータベースに保存します。また、ローカルデータベース経由でサーバーへデータを反映します。データ同期のしくみを利用して、複数デバイスとの連携もできます。

■オフライン対応

ブラウザ単体で独立した動作が可能ですので、オフライン対応できます。オンラインとオフラインの位置づけが逆転します。オフラインが通常で、ローカルデータベースにない情報をサーバーから取得するときのみオンラインになります。

ローカルデータベースの更新は、分散DBを利用して自動化できます。サーバーを経由してローカルDB同士のデータ同期も可能です。

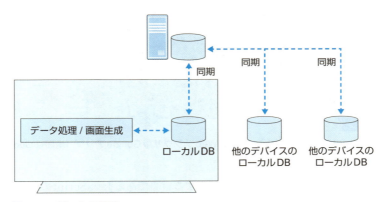

図1-25 データ分散型

1.4.2 開発フレームワークの必要性

モダンWebの開発にフレームワークは必要ですか？という質問をよく受けます。詳しく聞くと、特定のフレームワークに縛られたくないので、使わずにJavaScriptだけで済ませられないかという質問です。

従来のような入力データのチェックをブラウザで行うような簡単な機能であればJavaScriptのみで実装できます。一方、モダンWebではサーバーで稼働していたしくみをブラウザ側で実装するので、難易度は大幅に上がります。JavaScriptのみで開発するのは不可能ではありませんが、膨大な工数と高度な実装スキルが必要になり、現実的ではありません。開発フレームワークは必須です。

たとえば、2005年から提供されている「Googleマップ」ブラウザ版は、表示エリアのまわりの地図データをバックグラウンド通信で事前に読み込んでおくことで、どの方向へスクロールしても表示できるようになっています。これはモダンWebの無限スクロールしくみそのものです。しかし、その後10年以上経過しているのに、無限スクロールが幅広く普及したという話は聞きません。

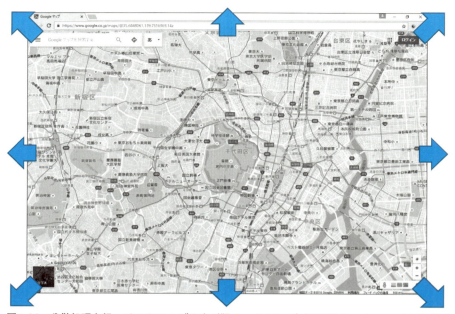

図1-26　分散処理を行っているWebブラウザ版Googleアップ（地図はGoogleマップから引用）

　これはモダンWeb開発に利用する言語であるJavaScriptの制約が大きく、実装の難易度が高かったためです。したがって、Angularのような開発フレームワークが登場してくるまでは、モダンWeb開発ができるのはGoogleやYahooなどのJavaScriptのスペシャリストを大量に抱えたネット企業のみでした。一方、最新版のAngularでは「VirtualScroll」という名称で無限スクロールの基本機能が提供されており、簡単なものであれば数十行のプログラムで実装できます[※1]。

　ブラウザ上の開発言語はJavaScript択一です。TypeScriptもJavaScriptに変換してから実行しています。Webサーバーで使い慣れたJavaやC#などは使用できません。しかも、JavaScriptにはサーバーで使用されている開発言語と比べて次のような課題があり、アプリの規模が大きくなると対応が難しくなります。

①学習コストが大きい

　図1-27と図1-28を比べてください。TypeScriptとJavaScriptで同じクラスを記述した例です。

※1　Material2 CDKのVirtualScroll解説
　　 https://material.angular.io/cdk/scrolling/overview

TypeScript

```
class TestClass01{
  private value01:number;
  constructor(value:number){
    this.value01=value;
  }
  public getValue(){
    return this.value01;
  }
}
```

図1-27　TypeScriptによるクラス記述

JavaScript

```
var TestClass01=(function(){
  function TestClass01(value){
    this.value01=value;
  }
  TestClass01.prototype.getValue=function(){
    return this.value01;
  };
  return TestClass01;
}());
```

図1-28　JavaScriptによるクラス記述

　TypeScriptではクラスを宣言するためのclass構文があり、JavaやC#経験者であれば、スムーズに理解できると思います。図1-28のコードは、JavaScriptの中級者以上であればすぐに理解できると思いますが、他の言語経験者が理解するのは困難です。他のオブジェクト指向言語のようにclass構文がなく、すべて関数で作られています。コードの流れを見て、クラス定義であることを判断します。

　さらにプロトタイプによる継承など、JavaScript特有のオブジェクト指向の実装が必要です。従来のスキルを生かせず、新たに基礎から学習する必要があります。ちなみに、最新版のJavaScript（ES6）ではclass構文を利用できますが、コードの記述に制約が多く、Javaと同じような記述はできません。

❷ **開発生産性が低い**

　　サーバー開発言語には、その言語専用に動作検証が行われた標準ライブラリが付属しています。たとえば、Java 8では4000個以上のクラスが提供されており、必要な機能は標準ライブラリを使って容易に実装できます。一方、JavaScriptに標準ライブラリは存在しません。必要な機能があれば、独自で実装するか、公開されたライブラリなどを検証してから使用します。標準ライブラリが利用できないことで、実装と品質維持に手間がかかります。

❸ **チーム開発に対応する機能がない**

　　名前空間、ソースコードのファイル分割など、チーム開発に必要な機能が標準で準備されていません。

❹ **開発ツールの最適な組み合わせ維持が負担**

　　JavaScriptでは標準の開発環境が存在しないため、さまざまなツールを組み合わせた独自の環境構築が必要です。ツールごとの各種設定に加え、機能ごとに主流のツールの入れ替わりが頻繁に起きているため、最適な開発環境の維持には手間がかかります。

　これらJavaScriptの課題を解消するため、代替言語としてTypeScriptやCoffeeScriptなどがリリースされ、JavaScriptの機能拡張としてES2016（ES6）もリリースされてきました。それでも、開発環境やライブラリを含めた全面的な解決には至っていませんでした。

　TypeScriptのみでは解決できなかった多くの課題が、Angularと組み合わせることで、これまでのJavaScriptの課題を全面的に解消します。

❶ **学習コストが最小限**

　　Java、C#などの文法を踏襲したTypeScriptを採用することで、これまでの知識の延長線上で実装できます。

❷ **高速開発が可能**

　　アプリ開発に必要な機能がフレームワークとして準備されているため、短時間で開発ができます。

❸ **チーム開発に対応する機能が充実**

　　名前空間、ソースコードのファイル分割、コード規約の遵守のチェックなど、チーム開発の機能が提供されます。

④ **開発ツールの統合と自動化**
　「Angular CLI」が、新規プロジェクトの生成や開発時の繰り返し作業（ソースコードのビルド・実行・動作確認）を、複数のツールを統合して1行のコマンドで自動実行します。

1.4.3　モダンWebを支える技術

1.4.3.1　分散処理基盤

　Angularを使ってモダンWebアプリを開発する際には、図1-29の3つの機能を利用します。

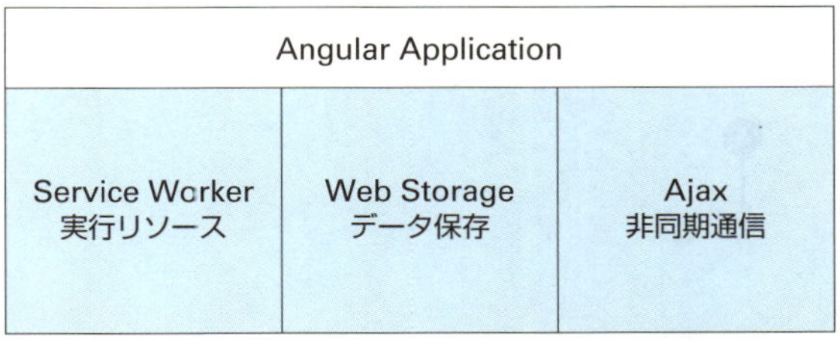

図1-29　Angularを使ってモダンWebアプリを開発する際に利用する機能

- Service Worker
　実行リソースをブラウザ内に保存します。実行リソースには、実行プログラム、アイコンや画像など、アプリの実行に必要な関連リソースが含まれます。ローカルに保存したリソースを使ってアプリが起動するので、オフライン対応と起動時間の短縮が可能になります。また、Service Workerは、実行リソースの更新も行います。
- Web Storage
　ブラウザで実行するプログラムがデータを保存します。文字列しか保存できないものから、本格的なデータベースまで複数の選択肢があるので、目的に応じて使い分けます。
- Ajax
　サーバーとHTTP/HTTPSで通信を行い、データ交換を行います。バックグラウンドで処理されるので、通信中でも画面表示の更新やユーザー操作が可能です。非同期処理として実装します。

1.4.3.2 アプリ実行リソースの保存

最近のブラウザでは、HTML、JavaScript、画像などのWebアプリの実行に必要なリソースをブラウザ内に保存して、サーバーとの通信なしでアプリを起動できるService Workerが利用できます。Service Workerはバックグラウンドで動作するJavaScriptプログラムで、アプリとサーバーとの通信内容をキャプチャして保存します（図1-30）。

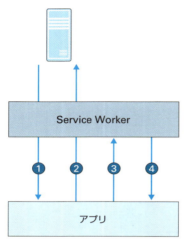

図1-30　Service Workerの処理の流れ

Service Workerを使うためには事前準備として、アプリの起動ルーチンの中にService Workerの呼び出しを追加し、Service Workerの動作を指定する設定ファイルを作成します。アプリの起動以降、Service Workerはブラウザとサーバー間の通信をすべて監視します。設定ファイルに従って、データのキャッシュを行い、ブラウザからのリクエストに対してService Workerが返信します。

❶ アプリはWebサーバーへリクエスト送ります。

❷ サーバーはアプリへレスポンスを返します。Service Workerは設定ファイルに従い、レスポンスがキャッシュ対象の内容であれば保存します。

❸ アプリはWebサーバーへリクエストを送ります。

❹ Service Workerはリクエストがキャッシュ済みの内容であれば、その内容をサーバーからの応答としてアプリへ返します。この場合、アプリからのリクエストによるWebサーバーとの通信は行われません。

このしくみを使うと、ネットワーク圏外で利用できることはもちろん、アプリ起動時間の大幅な短縮が実現します。Angularは、バージョン5からService Workerに対応しています。バージョン7では、コマンド1つでプロジェクトにService Workerのしくみを組み込んでくれます。あとは、設定ファイルを編集するだけで利用できます。

このように、Service Workerはブラウザの入出力を制御できるため、便利な反面、大きなセキュリティリスクを抱えます。そのため不正なService Workerロードされるのを防止するために、HTTPS通信にのみ対応します。具体的な実装方法については、第3章で解説します。

ブラウザ内蔵のブラウザキャッシュと何が違うのかと質問されることがあります。どちらも、リソースをキャッシュして表示を高速化する点では同じですが、次の点で異なります。

1）キャッシュ対象を明示的に指定できる
2）ブラウザを閉じても電源を切っても永続して利用できる
3）利用前のリソースを事前にキャッシュできる

1.4.3.3　データの保存

1.4.3.3.1　Web Storage

Service Workerでサーバーに依存せずにアプリの起動と実行が可能になりました。プログラムが実行するためには、データを保存して次の実行時に利用したり、複雑な検索行ったりするために、データ保存機能も必要です。

従来からブラウザにデータを保存するしくみとしてCookieがあります。Cookieは本来サーバーのために用意されたものです。Cookieはサーバーからのレスポンスに含まれるセッションIDなどの識別情報を保存し、次のリクエスト時に保存した値をそのままサーバーへ送ります（図1-31）。このしくみで、サーバーは前のリクエストと今回のリクエストは連続したものであること（同じセッション）を識別していました。Cookieは、このような用途として設計されているため、容量が4KBと少なく、分散処理のデータ保管には向いていません。

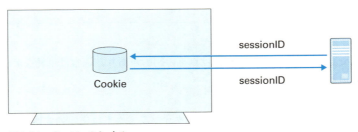

図1-31　Cookieのしくみ

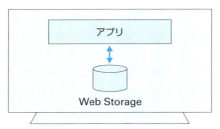

図1-32　Web Storageのしくみ

　分散処理では、HTML5で新たに追加されたWeb Storageを使います。Cookieと異なり、サーバーへの自動送信機能はなく、ブラウザ内でのみ利用されます（図1-32）。Web Storageには機能の異なる4種類があり、用途に合わせて使い分けます（表1-4）。WebSQLは代替としてindexedDBが推奨されているので、実際は3種類から選択します。表1-5に、選択するための用途をまとめています。

表1-4　Web Storageの機能と保持期間

オブジェクト名	機能	保持期間
localStorage	単純な構造のデータ保管 検索機能なし	永続
sessionStorage		一時
indexedDB（NoSQLデータベース）	複雑な構造のデータ保管 検索機能あり	永続

表1-5　Web Storageの用途

オブジェクト名	用途	備考
localStorage	アプリの設定データ 写真データ	実装が容易 Key-Value（名前と値）型のデータ保存
sessionStorage	画面間のデータ受渡し ・ログインID ・選択された項目	ブラウザを閉じるとデータ消失 一時データ向け
indexedDB	アプリの主要データ ・商品情報 ・顧客情報 ・入力データ	複雑なデータ構造に対応 高度な検索 非同期処理

　localStorageとsessionStorageには以下の制約があり、通常は単純なデータの一時保存にのみ利用されます。

- 文字列のみ保存可能なため、画像やオブジェクトは文字列変換する必要がある
- 同期処理で読み書きするため、容量が増えるとアプリ全体を一時停止する恐れがある

- トランザクション機能がないため、データ不整合発生の恐れがある

したがって本格的な分散処理用途では、indexedDBまたは次項で紹介するデータベースパッケージを利用します。

1.4.3.3.2 データベースパッケージ

npm（Node Package Manager）レポジトリでは、JavaScript/TypeScriptを使ったオープンソースプログラムが、簡単にインストールできるようにパッケージ化されています。これらの中から、ブラウザで利用できるデータベースパッケージを選択することもできます。

これらのデータベースは、Web Storageを保存場所として使ったプログラムです。いくつかの候補を紹介します。いずれもJavaScriptのパッケージとして提供され、Angularで作成するプログラムに組み込んで使います。

■NeDB

Non-SQLデータベース。node.jsでデファクトスタンダート的なデータベースサーバーであるMongoDBのサブセットとしてブラウザで稼働するように移植されたパッケージです。軽量かつ高速で、暗号化モジュールと組み合わせるインターフェースも付いてきます。新規開発は停止し、不具合対応のみ行っています。Angular解説シリーズの実践編で利用しています。

```
https://github.com/louischatriot/nedb
```

■PouchDB

分散型Non-SQLデータベース。複数データベース間で同期を行う分散型データベースであるCouchDBのサブセットとして、ブラウザで稼働するように移植されたパッケージです。本格的な分散処理に適していますが、独自のコマンド体系を理解する必要があります。本書のサンプルアプリ（観光情報検索）で利用しています。

```
https://pouchdb.com/
```

1.4.3.3.3 ローカルデータベースの考慮点

サーバーのデータベース管理と比べ、ブラウザで利用する分散データベースの場合、追加で3つの考慮をする必要があります。

1）最新データへの更新（データ読み取り）
2）データの消失への対応（データ書き込み）

3）情報漏洩への対応（データ保護）

まず、データ更新です。サーバーからコピーしたデータは、時間の経過とともに古くなり、サーバーのデータと不一致が発生する恐れがあります。なんらかの更新機能が必要です。以下の対応策があります。

- アプリ起動時に最新データをダウンロードする機能を実装
- PouchDBなどの自動同期機能をもつローカルデータベースを利用

たとえば、PouchDBをLiveモードに設定すると、サーバーのデータ更新を常時監視して、リアルタイムでローカルデータベースと同期ができます。サンプルアプリでお気に入り一覧がリアルタイムで同期したときもLiveモードに設定していました。

次にデータ消失への対応です。データ消失を防止するための対策が厳重に行われているサーバのデータベースと比べ、モバイルデバイスなどで利用するローカルデータベースの場合は機器の故障などによるデータ消失の可能性への対応が必要です。以下の対応策があります。

- ダウンロードしたデータは、再度ダウンロードすることで回復する
- ブラウザで入力したデータは、その都度アップロードする
- PouchDBなどの同期データベースで上り方向をリアルタイム同期する

最後に情報漏洩対策です。厳重に管理されるサーバーのデータベースと比べ、ローカルに保存されたデータはそのままではセキュリティリスクが高まります。以下の対応策があります。

- データベースの内容を暗号化する
- 復号コードをサーバで管理し定期的に変更する
- 自動データ消去機能を実装する

1.4.3.3.4 通信エラーの対応

モダンWebでは、プログラムで通信を制御しているため、通信に失敗しても自動でリトライしたり、送信データを一時保管して通信可能になった時点でアップロードしたりできます。特にモバイルデバイスを利用する際は、圏外を意識しない快適な操作性を実現できます。

しかし、ここで重要な注意点があります。サーバーからのダウンロードについては、受信が成功するまで何度リトライを行ってもなんの問題もありません。一方、ブラウザから

サーバーへアップロードする際のリトライ処理には、問題が発生する可能性があります。

アップロード時にエラーが発生した場合、アップロード中にエラーになったのか、あるいは結果応答時にエラーになったのかを、ブラウザ側では判別できません。サーバー側では受信が正常に行われ、その応答で通信エラーとなっていた場合、リトライすると二重登録の恐れがあります。そこで送信データに一意のIDを付けてアップロードし、サーバー側で重複したIDを受信した場合は登録をしない実装をしておけば、アップロード時もトラブルなく自動リトライができます。

同期機能を持つデータベースを利用する場合は、これらの処理をデータベースが自動で行うので実装不要です。

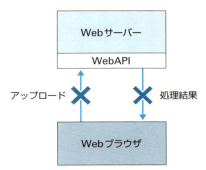

図1-33　アップロード時のエラーと応答時のエラーをブラウザ側は区別できない

1.4.3.4　バックグラウンド通信

1.4.3.4.1　従来の通信方法との比較

モダンWebでは、従来と異なる通信方式であるAjaxでサーバーとのデータ交換を行います。Ajaxは、「Asynchronous JavaScript + XML」の略で、Webサーバーとの通信をバックグラウンドで行うので、ユーザーは通信中であることを意識することなく自由にアプリを操作できます。Angularでは、Ajaxを行うためのAPIが用意されています。名前にXMLが付いていますが、モダンWebではXML形式でなくJSON形式でデータを送受信することが一般的です。

下記は、サーバー集中型における通信方式とモダンWebにおける通信方式の違いをまとめたものです。2つを比べるとすべての項目の内容が異なります。サーバー集中とは全く別の通信を行うということです。

表1-6　従来のサーバー集中型Webとモダンダンの通信処理の比較

比較項目	従来型Web	モダンWeb
通信開始のタイミング	ユーザー操作をトリガーとして開始（リンクやボタンのクリック）	ユーザー操作と必ずしも一致しない（事前ロード、定期更新など）
通信の頻度	画面遷移のたび	必要なときのみ（通信なしの場合もあり）
送信データ	URLまたはテキスト・バイナリデータ	URLまたはJSONデータ
受信データ	HTMLと関連リソース（画像、CSS、JavaScriptなど）	JSONデータ
画面間のデータ交換	セッションを使用	セッション不要
サーバー側インタフェース	Webサーバー標準機能	Web API
ユーザー認証	フォーム認証（ID、パスワード）	APIキー、トークン
セッションタイムアウト	あり	対象外
通信中の画面ロック	あり	なし

　従来はサーバーとの通信はブラウザが行っていました。リンクをクリックすれば、ブラウザがサーバーと通信をして指定したURLの画面を表示してくれました。入力フォームにデータを入れてSubmitボタンをクリックすれば、ブラウザがサーバーへ入力データを送信してくれました。通信はユーザー操作をトリガーとして行っていました。

　一方、モダンWebでは、プログラムで通信を細かく制御します。たとえば無限スクロールでは、ユーザーの操作と関係なく表示するデータがなくなる前に自動でバックグランド通信を行い、サーバからデータ持ってきます。細かな制御ができる一方で、送信データの作成や受信データの画面表示、エラーハンドリングなど、独自に実装する必要があります。

1.4.3.4.2　非同期処理

　初めてAjaxの通信を実装するときに戸惑うのは非同期処理です。

　JavaScriptプログラムは、基本的にシングルスレッドで動作しています。したがって、サーバーからのデータ受信をループ処理で待つと、アプリ全体が停止してしまい、ユーザー操作ができなくなります。これでは、ユーザー操作を妨げないはずのバックグラウンド通信（Ajax）が台無しです。

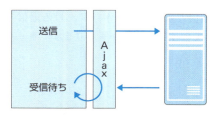

図1-34　データ受信チェックをループ処理で待つとアプリ全体が停止する

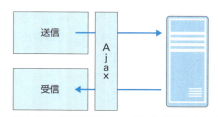

図1-35　非同期処理として扱えば新たな処理を行える

通信以外でも、データベースの読み書きなど、待ちの発生する処理は少なくありません。JavaScriptではこのような処理についても非同期処理として扱います。

具体的には、時間のかかる処理を呼び出したプログラムは、結果を待たずに一度終了します。処理が完了した時点でコールバック関数を呼び出してもらい、処理を継続します。この方式であれば、ユーザー操作を妨げません。

実際の開発では、非同期処理が高い頻度で必要になるので、コールバック方式より実装が容易な、非同期専用のライブラリであるPromise、async/await、RxJSなどを利用します。非同期処理の実装コードについては、第4章のサンプルアプリで利用します。

1.4.3.4.3 クロスドメインの制約

従来のWebアプリでは、どこのサイトにも自由に接続することができましたが、Ajax通信ではセキュリティの観点からサーバーへアクセスするプログラムを受信したサイトとのみ通信可能になっています。それ以外のアクセスには、そのサーバーの許可が必要になります。

他ドメインと通信を行いたい場合は、JSONP、CORS、サーバー経由などの方法があるので、事前に必要性をチェックしておく必要があります。

1.4.4 応答速度向上のテクニック

モダンWebではプログラムでAjax通信をうまく活用することで、見かけ上の通信待ち時間を大幅に短縮できます。これは操作性の向上に大きく貢献します。基本テクニックとしては4パターンあり、またこれらを組み合わせることもあります。

1.4.4.1 事前ロード

サーバーからデータを受信して表示するときに、次に必要なデータが予測可能な場合のテクニックです。次に表示するデータを事前にダウンロードしておくことで、待ち時間なしで表示できます。図1-36で商品-101の商品情報を表示した時点で商品写真の写真をダウンロードしておくと、商品写真のリンクをクリックしたときに商品の写真がすぐに表示されます。

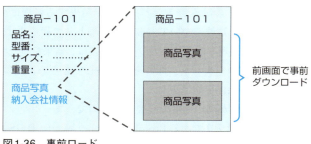

図1-36　事前ロード

　観光情報検索アプリの検索結果表示では、事前に10件のデータをロードすることで、瞬時の検索結果表示を行っています。

1.4.4.2　遅延ロード

　サーバーからデータを受信して表示するときに、次に必要なデータが予測できない場合のテクニックです。図1-37で詳細リンクをクリックしたときに、文字情報のみ先に受信して表示し、受信に時間のかかる写真はその後に表示します。まず画面がすぐに表示されるので、待ちの感覚が緩和されます。

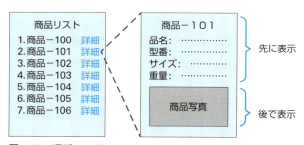

図1-37　遅延ロード

　観光情報検索アプリの詳細画面では、初めに文字を表示し、写真はあとでロードしています。

図1-38　サンプルアプリにおける遅延ロード

1.4.4.3　遅延通知

　サーバーへアップロードするときに使えるテクニックです。アップロード完了を待たずにすぐに次の画面へ進み、通信が完了した時点で、ダイアログボックスなどで処理結果の通知を行います。バックグラウンド通信でアップロードを行えば待ち時間はなくなります。

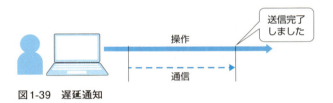

図1-39　遅延通知

1.4.4.4　ローカルデータベースの活用

　サーバーの代わりにローカルデータベースからデータを取得します。ローカルデータベースでサーバーとの同期処理を行います。サーバーとの通信が不要で高速な処理ができます。オフラインへの対応も容易です。ただし、検索対象のデータはローカルデータベースに収容できる容量以下が前提となります。

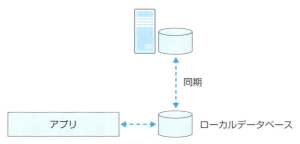

図1-40　ローカルデータベースの活用

1.4.5　開発体制

　開発体制も変わります。サーバー側エンジニアが減り、ブラウザ側エンジニアが増加します。また、画面デザインの自由度が上がるため、使い勝手の良いUIを設計するためにデザイナーを増やす傾向があります。表1-7は、従来のWebアプリ開発とモダンWeb開発体制の一例です。大幅に変化していることがわかります。これらの数値は一例であり、プロジェクトの状況によって変わります。

表1-7　従来のWebアプリ開発とモダンWeb開発体制の一例

職種	従来のWebアプリ開発	モダンWeb開発
Javaエンジニア	24人	3人
JavaScriptエンジニア	0人	21人
デザイナー	1人	4人
その他	3人	3人

> 引用「JavaからHTML5へ。業務システムの開発におけるWeb技術の変化と適応事例」
> https://html5experts.jp/albatrosary/3191/

第2章 Angularアプリ開発の基礎知識

2.1 なぜAngularが必要か？

2.1.1 フレームワークの必要性

　分散処理アーキテクチャを実現するモダンWebでは、これまでJavaやPHPなどで動いていたサーバープログラムと同等の機能を、ブラウザ上に実装する必要があります。これらは、従来のフロントエンドには不要な機能だったため、整備されていません。新たに分散処理に対応した開発環境を提供してくれるライブラリやフレームワークが必要になってきます。Angularは、このニーズを満たすアプリケーション開発フレームワークの1つです。

2.1.2 個性を持つ開発フレームワーク

　モダンWeb向け開発フレームワークは数多くあり、互いに機能や性能を競っています。「JavaScript　フレームワーク」のキーワードでインターネット検索をすると、大量の比較記事が見つかります。それぞれ自分の特徴と優位性をアピールにして、他との差別化をしています。特徴には、以下のように1)～4)の切り口があり、それぞれにいくつかの異なるアプローチがあります。

　　1）対象範囲の違い
　　1-1　幅広い機能をカバー
　　1-2　画面の生成など範囲を絞って高機能を実現
　　1-3　基本機能のみ提供して残りは開発者が自由に選ぶ

2）画面レイアウトの定義方法
2-1　標準のHTMLをベースに、独自のタグや属性などを追加して画面を生成する
2-2　基本的にHTMLを使わずにプログラムで画面を生成する
3）開発生産性の考え方
3-1　今までにない方法で生産性向上を目指す
3-2　従来の慣れた開発環境の方が確実な生産性を担保できる
4）新技術の取り込み
4-1　効果が期待できる時点で対応
4-2　普及した時点で対応

2.1.3　Angularの特徴

　Angularは、特徴の切り口として挙げた4項目すべてで1番目（1-1、2-1、3-1、4-1）を採用しています。

1）対象範囲

　Angular 7のAPIリファレンスを見ると、500個以上のクラスやインタフェースを使い、モダンWebに必要な多くの機能を提供しています。

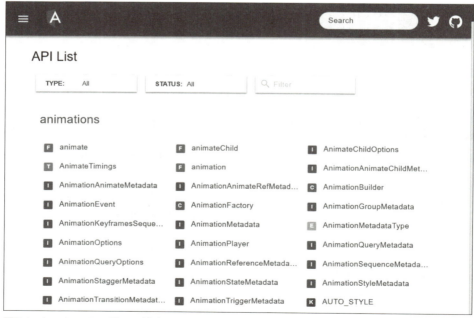

図2-1　Angular API一覧ページ（https://angular.io/api）

2）画面レイアウトの定義方法

　Angularの画面レイアウトの定義は、標準のHTMLに、Angular独自のテンプレート構文に基づく拡張タグやプロパティを追加して作成します。JavaのJSPやPHPなどと基本的なしくみは同じです。しかし、ブラウザ内で動作するAngularは、HTMLの入力フォームの値とプログラムの保持する値がリアルタイムで同期する双方向データ同期という従来不可能だった機能を取り入れています。

3）開発生産性の考え方

　実装方式としてコンポーネント指向、JavaScriptからTypeScriptへの開発言語の変更、独自のコマンドツールAngular CLIを使った開発ツールの統合と自動化、独自の構成要素コンポーネント・ルーター・サービスの利用、独自のHTMLテンプレート構文による拡張HTMLなど、従来の開発とは、これまでなかった新しい概念や機能を積極的に採用して開発生産性向上を目指しています。

4）新技術の取り込み

　機能が豊富なフレームワークは、機能を絞り込んだものと比べ、変更するときに、動作検証や関連モジュールへの影響調査などに時間と手間かかります。そのため新技術への対応が遅れがちです。しかし、Angularは豊富な機能を持ちながら、およそ半年ごとにメジャー・バージョンアップを繰り返し、機能拡張を積極的に行っています。まだPWAが普及していない時期のAngular5で、PWAの実装を簡単にする独自クラスを提供しています。

　以上のような特徴を実現するには大規模な開発体制が必要です。Angular関連（Angular、Angular CLI、Material2）の開発者数は1,000人以上（GitHubのContributorsの合計）になっています。Angularは個人や一企業が独力では開発困難な大規模なフレームワークを、最新の機能とともに提供し続けています。

2.1.4　学習のステップ

　Angularは独自の実装方法を採用しているため、開発の前に学習が必要になります。単純に操作手順やコードの記述パターンを覚えるだけでは対応できないほど、従来の方法とは異なります。常識を捨て、考え方を切り替えるパラダイムシフトが求められます。たとえば、画面を分割して作るのではなく、部品から画面を作るという発想の逆転や、表示データの更新をフレームワークに任せてしまうなど、考え方の切り替えが必須です。したがって、これまで経験してきた開発ツールの使い方を覚えたときよりも、慎重に進む必要があります。

本章では、Angular基礎知識をしっかり身に付けてもらうために、次の3つのステップで解説を行います。

① 用語解説で位置付けやしくみを大まかに理解
② 実際に動作させて体験を通じた具体的な理解
③ サンプルアプリのプログラム実装例を理解

今までなかった概念や機能について一度で理解するのは難しいものです。初めは完全に理解できなくても、この3段階で学習することによって、復習しながら理解を深めてゆけます。実装例については、4章と5章のサンプルアプリで詳しく行います。また、Angularの開発環境構築に必要な前提ソフトウェアであるnode.js、npmも解説に加えます。

2.2　Angularの基本機能と用語（1）

最初に、Angularを理解するために土台となる用語や機能を解説します。名称と大まかな役割を覚えてください。「Angularの基本機能と用語」は3回に分けて、徐々に詳しい内容に進みます。

2.2.1　プロジェクト

プロジェクトは、Angularに必要な開発環境一式をまとめたフォルダです。さまざまなツールとテスト環境、実行環境、ソースコードなどが独自のルールに基づいた階層構造で保存されています。開発を始めるには、プロジェクトフォルダの構造について知る必要があります。このフォルダを「プロジェクトフォルダ」または「プロジェクトルート」と呼びます。Angularでは開発ツールを含めてプロジェクトフォルダで管理しているため、ファイルサイズとファイル数が大きくなっています。

2.2.2　Angular CLI

Angular CLIは、Angular専用の高機能なコマンドラインツールです。プロジェクトの生成、コードのビルドやテストを、わずか1行のngコマンドで自動化します。開発中は頻繁に利用するので、ここで覚えておきましょう。

表2-1　ngコマンドの例

コマンド	内容
ng new	開発環境を含むプロジェクトのひな型生成
ng build	ビルドの自動化
ng serve	ビルドから実行・表示までの自動化
ng test	単体テストの実施から結果出力までの自動化

　なお、本書ではngコマンドを使うと入力が煩雑になる場合に短縮化・簡略化する方法として、npm run-script、npx、ngxコマンドも並行して利用します。どのツールも内部ではngコマンドを呼び出しています。

表2-2　npm run-script、npx、ngxコマンド

コマンド	内容
npm run-script	npmの標準コマンドで、package.jsonに記述したスクリプトを実行します。スクリプトは複数のngコマンドや他のコマンドの組み合わせをまとめて実行できます。「2.2.6.5　npm run-script」を参照
npx	npmの標準コマンドで、ローカルインストールしたパッケージのコマンド呼び出しに必要なパスの記述を省略できます。「2.2.6.6　npx」を参照 例）.¥node_modules¥.bin¥ngとnpx ngは同一です。
ngx	本書独自のスクリプトツールで、以下の機能を持ちます。実習環境に組み込まれているので、ngコマンドとしてすぐに利用できます。ダウンロードファイル「実習環境の準備」を参照 1. ngコマンドの差分吸収 　グローバルインストール用ngコマンドを、ローカルインストールした環境でそのまま利用できます。インストール環境の違いを意識する必要がなくなります。 2. バージョン差分の吸収 　実習の操作手順に差分が発生するAngular 6と7の違いをコマンドオプションの設定で吸収します。ビルド出力先、新規プロジェクト作成時の質問の追加などの設定です。 3. PWA用追加コマンド 　PWA開発用に最適化したビルドコマンドを提供します。

2.2.3　ビルド

　Angularは、Javaの開発と同じように、実行前にビルド処理を行います。Angular CLIの「ng build」や「ng serve」コマンドを使って、ソースコードの構文エラー・コード規約への準拠チェック・JavaScriptへの変換・実行に必要なファイルの結合など、一連の処理を自動で行います。JavaScriptによる開発はビルドなしですぐに動作確認できるので、実行結果を見て修正を加えていくことになります。これに対してビルドを行うTypeScriptは、手間と時間がかかると考えられがちですが、実運用する複雑なプログラムになるとビルド時にエラーを検出した方が開発効率は上がります。

2.2.4 コンポーネント指向開発

Angularは、ソースコードを機能ごとに小さく分割して再利用可能な部品として効率よく開発・運用します。これを「コンポーネント指向」と呼び、Webの世界では新しい発想の開発方法です。コンポーネント指向に基づきAngularのアプリ全体は、大きく分けると3種類の部品（コンポーネント、サービス、ルーター）から構成されます。これらはさらに小さな部品から構成されます。Aangularのコンポーネント指向開発は、ソフトウェアの部品化による開発効率向上の観点から見ると、ひとつの理想型と考えられます。しかし「4.7.2 コンポーネント指向の落とし穴」にあるように、使い方によっては逆に開発効率を落とすこともあります。効率よく使いこなすための理解が必要です。

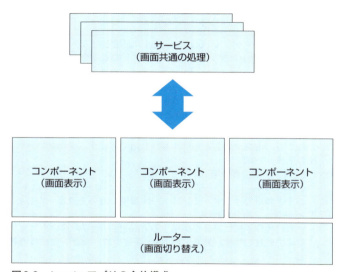

図2-2　Angularアプリの全体構成

それぞれ部品の役割は次の通りです。

- **コンポーネント**
  画面の表示をします。1つの画面を複数のコンポーネントに分割できます。
  表示のたびにインスタンスの生成と廃棄を繰り返すので、コンポーネント間で直接データ受け渡しはできません。例外として、画面切り替えの土台となるルートコンポーネントはアプリの実行中常駐します。次のページで解説するルーターで利用します。
- **サービス**
  アプリの起動から終了まで常駐するプログラムで、表示機能を持ちません。アプリ

共通のデータ処理やコンポーネント間のデータ受け渡しなどを行います。

- ルーター

  仮想URLパスを使った、画面の切り替えを制御します。

  これまでのリンクのクリックやURL入力と同じ操作で、Angularで生成する画面の切り替えを可能にします。

コンポーネントの用語説明は、いかがでしたでしょうか？実は、Angularで使うコンポーネント指向の用語は、混乱しやすくAngularの学習の途中でつまづく原因の1つになっています。同じ言葉が複数の意味で使われていたり、よく使われている用語を別の意味として使ったりしているからです。たとえば、コンポーネント指向開発で使われる「コンポーネント」という言葉が、開発手法・Angularの構成要素・クラス名で重複して使われています。また、サービスと言えばクラウド、ルーターと言えばWi-Fiルーターを連想しますが、Angularでは全く別の意味で使います。混乱を防ぐため、慣れるまでは以下のように用語を置き換えてじっくり読んで理解すると良いと思います。

- 画面コンポーネントまたは、表示と入力部品→コンポーネントクラス定義＋CSS定義＋HTMLテンプレート
- サービス→データ処理部品
- ルーター→画面切り替え部品
- コンポーネント→表示と入力部品＋データ処理部品＋画面切り替え部品

この用語の置き換え表は、部品の大きさの順に記述しています。同じコンポーネントで呼ばれ混乱しやすいコンポーネントと画面コンポーネントの名前を分けています。ちなみに、4章のソースコード解説は、説明をわかりやすくするため、この呼び方を使っています。

2.2.5 画面コンポーネントの構成

画面コンポーネントの内部は、クラス定義、HTMLテンプレート、CSSの3つ要素で構成されています。

クラス定義とHTMLテンプレートは連携して、HTMLデータを生成します。CSSは外観を整え外部へ出力します。また、CSSは外部に影響しないカプセル化が行われています。

通常、これら3つの構成要素は別のファイルで管理され、ファイル名はそれぞれ、名前.component.css、名前.component.html、名前.component.tsが使用されます。

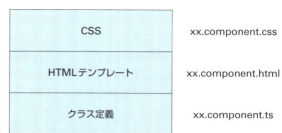

図2-3　画面コンポーネントの内部構造

2.2.6　前提ソフトウェア

2.2.6.1　node.js

　node.jsは、JavaScriptで作成されたプログラムをブラウザ以外で実行可能にします。Angular CLIなどの開発ツールが動作するための前提ソフトウェアです。Windows、Mac、Linuxなど主要なOSに対応するので、node.js向けに作られた開発ツールはマルチプラットフォーム対応が容易です。

　node.jsのインストールは、公式サイトからインストーラーをダウンロードして実行します。インストール後は、コマンドラインから「node　実行ファイル名」と入力することで、JavaScriptのプログラムをブラウザを使わずに実行できます。

図2-4　node.jsの公式ページ（https://nodejs.org/ja/）

2.2.6.2 npm

npm（node package manager）は、Angularで使用するパッケージ管理ツールです。Angular以外でも幅広く利用され、npmが管理するクラウド上のオープンソースリポジトリは世界最大です。

「npm install」コマンドで、指定したパッケージとその依存パッケージをまとめてダウンロードできます。従来のように異なるサイトにアクセスして、関連するパッケージをダウンロードする手間がありません。

npmはnode.jsに含まれているため、node.jsをインストールすれば追加の作業は不要です。

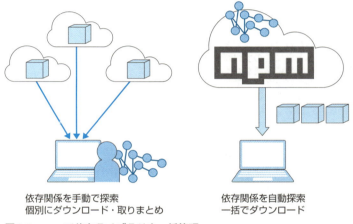

依存関係を手動で探索　　　　依存関係を自動探索
個別にダウンロード・取りまとめ　一括でダウンロード

図2-5　npmで依存ライブラリを一括管理

2.2.6.3 package.json

package.jsonはnpmの設定ファイルです。アプリの実行や開発に必要な依存パッケージの情報や、コマンドラインからで実行できるスクリプトが記述されています。

```
{
  "name": "sample01",//パッケージ名
  "version": "0.0.0",//バージョン
  "scripts": {
    "ng": "ng",
    "start": "ng serve",
    "build": "ng build",
    .....
  },
  "private": true,
```

❶プロジェクト用スクリプト

```
"dependencies": {
  "@angular/animations": "~7.0.0",
  "@angular/common": "~7.0.0",
  .....
},
```
❷実行時依存パッケージ

```
"devDependencies": {
  "@angular-devkit/build-angular": "~0.10.0",
  "@angular/cli": "~7.0.5",
  .....
}
}
```
❸開発時依存パッケージ

図2-6　package.jsonの例
❶プロジェクト用スクリプト
プロジェクト内で利用するスクリプトを記述します。アプリのビルドやスタートなどのスクリプトを定義するとプロジェクト単位で管理できて便利です。詳細は「2.2.6.5　npm run-script」を参照してください。
❷アプリの実行に必要なパッケージ
実行に必要なパッケージです。npm installコマンドで--saveオプションを付けると、インストールするときにこのプロパティに自動で追加されます。
❸アプリの開発に必要なパッケージ
開発に必要なパッケージです。npm installコマンドで --save-devオプションを付けるとインストールするときにこのプロパティに自動で追加されます。

　❷と❸のデータを使って、package.jsonからプロジェクト全体の再インストールや、他のPCでプロジェクト複製が可能です。

2.2.6.4　npmパッケージのインストール先

1）　ローカルインストール

　「npm install パッケージ名」でインストールしたパッケージは、そのコマンドを発行した直下の［node_modules］フォルダに、パッケージ名のフォルダを作成して保存されます。また、「--save」コマンドオプションを付け、「npm install パッケージ名 --save」とすると、package.jsonファイルに実行時に必要な依存パッケージとして記録されます。同様に、「--save-dev」コマンドオプションを付けると、開発時に必要な依存パッケージとして記録されます。このようにプロジェクトフォルダ内へインストールすることを「ローカルインストール」と呼びます。

カレントディレクトリを基準としてインストールが行われるので、installコマンドを発行する前にカレントディレクトリがプロジェクトフォルダと一致しているか確認してください。

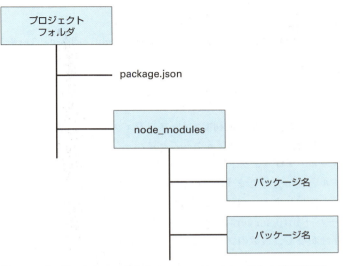

図2-7　プロジェクトルートからローカルインストールした際の保存先

表2-3　Angular CLI（@angular/cli パッケージ）のローカルイントールの例

```
//ローカルインストール　コマンド
npm install @angular/cli

//インストール先
プロジェクトフォルダ¥node_modules¥@angular¥cli

//呼び出しと実行（プロジェクトルートから実行）
.¥node_modules¥.bin¥ng　コマンド　オプション
```

　ローカルインストールのコマンド実行ファイルは、パッケージ共通の.¥binディレクトリに保存されます。パッケージ本体のインストール先とは異なります。入力する文字数が多いため、npm run-script、npx、ngxを利用すると入力を短縮できます。

2) グローバルインストール

　Angular CLIなどコマンドラインから実行できるパッケージは、installコマンドにオプション（「-g」または「--global」）を付けると、プロジェクト共通のフォルダに保存できます。これを、「グローバルインストール」と呼び、任意のディレクトリから呼び出して実行できます。一度のインストールで、どのプロジェクトからでも利用できて便利です。

表2-4　Angular CLI（@angular/cli パッケージ）のイントール例

```
//グローバルインストール　コマンド
npm install @angular/cli  -g
```

```
//インストール先
ユーザーフォルダ¥AppData¥Roaming¥npm¥node_modules¥@angular¥cli

//呼び出しと実行
ng    コマンド    オプション
```

グローバルインストールは便利ですが、プロジェクトごとに利用するバージョンを固定できません。したがって、プロジェクトごとにバージョン固定したいパッケージはローカルインストール、プロジェクトごとのバージョン固定が不要なパッケージは、グローバルインストールと使い分けします。Angular CLIのバージョンを変更すると、Angularのバージョンも変化します。バージョン違いによるトラブルを防ぐためです。一方、テスト用Webサーバーhttp-serverはグローバルインストールしています。Angularへのバージョン依存性がなく、複数のプロジェクトで共通利用できるメリットがあるからです。

2.2.6.5 npm run-script

npm run-scriptは、package.jsonに定義したスクリプトを実行するコマンドです（スクリプト定義の例は図2-6の❶）。プロジェクトに関連したスクリプト（ビルドや実行など）をソースコードなどと同じプロジェクトフォルダ内で管理できて便利です。コマンドプロンプトから手入力していた複数のコマンドや長いコマンドをまとめて呼び出せます（表2-5）。

表2-5 npm run-scriptを使ったスクリプトの実行

```
//package.jsonにスクリプトを登録
  "scripts": {
    ......
    "hello":"echo Hello world"
  }

//スクリプトの呼び出し（［npm run］は［npm run-script］の短縮形）
>npm run hello
Hello world
```

また、スクリプト内でローカルインストールしたパッケージのコマンド実行の記述を短縮します。

コマンド実行可能なパッケージをローカルインストールすると、コマンドファイルが［node_modules¥.bin］フォルダに保存されます。［node_modules¥.bin¥コマンド名］で呼び出せますが、npm run-scriptとして記述する際はパス名を省略してコマンド名を直接使えます。

表2-6　npm run-scriptを使ったngコマンドの実行例

```
//グローバルインストールした場合はコマンド名のみで呼び出し可能
>ng version
Angular CLI: 7.1.1  Node: 10.14.1......

//ローカルインストールした場合はコマンド名のみでは実行不可
>ng version
'ng' は、内部コマンドまたは外部コマンド、
操作可能なプログラムまたはバッチ ファイルとして認識されていません。

//ローカルインストールした場合は、コマンドにパスの指定をして実行可能  ※1
>.\node_modules\.bin\ng version
Angular CLI: 7.1.1  Node: 10.14.1......

//package.jsonにスクリプトとしてコマンドの登録
"scripts": {
  "ng":"ng"
}

//パスの指定なしでngコマンド実行スクリプトの呼び出し
>npm run ng -- version
Angular CLI: 7.1.1  Node: 10.14.1......
```

コマンドに引数を付けて呼び出したいときは、コマンドと引数の境界に（半角空白--半角空白）が必要です。

npm公式サイト「run scriptコマンド」
https://docs.npmjs.com/cli/run-script

2.2.6.6　npx（ローカルインストールしたコマンド呼び出し）

ローカルインストールしたコマンドを簡単に呼び出すnpxを紹介します。npm 5.2.0以降に含まれている標準機能です。

グローバルインストール時のコマンドの前に「npx」と記述するだけで、ローカルインストールしたコマンドを呼び出します（表2-7）。

表2-7　コマンド呼び出しの比較

```
//❶グローバルインストールしたコマンドの呼び出し
>ng version
```

※1　カレントディレクトリをnode_modules\binに移動すればコマンドのみで実行可能ですが、カレントディレクトリの頻繁な変更は誤入力の原因なります。

```
//ローカルインストールしたコマンドの呼び出し
//❷npm run-script
>npm run ng -- version
//❸npx
>npx ng version
```

❶グローバルインストールしたときのコマンド呼び出しです。コマンド名と引数をそのまま入力します。これが基本です。

❷npm run-scriptによるローカルインストールしたコマンド呼び出しです。package.jsonへコマンドの事前登録が必要です。また、コマンドと引数の間に（半角空白--半角空白）が必要という変則的なルールに従う必要があり、入力忘れが発生しやすく不便です。

❸npxによるローカルインストールしたコマンド呼び出しです。❶のコマンドの前にnpxを加えるだけです。戸惑うことなく、簡単に利用できます。

2.2.7 基本用語のまとめ

ここまでの基本用語を下記にまとめました。言葉だけの説明では、まだわかりづらい部分が残っていると思います。次の確認作業で、理解を深めます。

1) 開発環境はプロジェクトフォルダ単位でまとめる
   このフォルダをプロジェクトルートまたはプロジェクトフォルダと呼ぶ
2) Angular CLIで、一連の作業を自動化できる
3) npmコマンドで、インストールやスクリプトの実行ができる
4) コンポーネント指向
   - コードを機能ごとに分割して部品として利用する
   - アプリ全体はコンポーネント（表示と入力）、ルーター（画面切り替え）、サービス（データ処理）から構成される
   - コンポーネントは、クラス定義をするTypeScriptファイル、HTMLテンプレートファイル、CSSファイルから構成される

2.3 確認作業

2.3.1 フォルダ構造

ここまで説明した機能や用語を、PCを操作しながら確認します。

2.3.1.1 プロジェクトフォルダの構造

　Angularのプロジェクトフォルダを初めて見ると、複雑な構造と膨大なファイル数に圧倒されるかもしれません。開発環境一式をプロジェクトフォルダ1つで管理しているためです。実際の開発に使うのは、ほんの一部のフォルダとファイルのみですので、ポイントを理解してしまえば難しさを感じなくなります。ここでは、Angular CLIで作成した新規プロジェクトのひな型を確認します。

　プロジェクトフォルダは、大まかに見ると以下の3層構造になっています。アプリのコードは3階層目に記述します。他の階層は設定ファイルやライブラリがほとんどです。

　　1層目：開発・テスト環境とライブラリ
　　2層目：アプリのビルドに必要な関連ファイル
　　3層目：アプリのソースコード

　それでは、Angularプロジェクトフォルダの内部を確認してみましょう。

2.3.1.2 プロジェクトルート

　まずはプロジェクトルートの構造を確認しましょう。

❶「本書を読む前に」を参照して実習環境を準備します。既に準備済みのときは、次の手順へ進んでください。まだの場合はダウンロードサイトで「実習環境の準備」のリンクをクリックしてGitBookを開き、その手順に沿ってください。

> 本書のダウンロードサイト
> http://ec.nikkeibp.co.jp/nsp/dl/05453/

❷ ファイルエクスプローラーでsample01プロジェクトのフォルダ（［basic_YYYYMMDD￥app￥sample01］）を開きます。

図2-8　プロジェクトフォルダ直下（1層目）のファイル構造[※2]

以下のフォルダがアプリの作成・実行に重要です。

- [dist] フォルダ：ビルドの結果が出力されます[※3]。
- [node_modules] フォルダ：npmでインストールしたパッケージ（ライブラリ）を保存しています。依存モジュールも同時に保存されるため、大量のフォルダを含んでいます。
- [src] フォルダ：アプリのソースコードを保存します。

では、これらフォルダの内容を確認しましょう。

2.3.1.3　[node_modules] フォルダ

❶ [node_modules] フォルダを開きます。パッケージ名ごとにフォルダが作成され、その内部にnpmパッケージが保管されています。Angular関連のモジュールは [@angular] フォルダに含まれています。

[※2]　バージョンや環境により表示内容は異なります。
[※3]　バージョンによりデフォルトのビルド出力先が異なります。「--outputPath」オプションで変更可能です。

図2-9 ［node_modules］フォルダ内の構造※4

❷ ［@angular］フォルダを開きます。Angular関連のパッケージがフォルダごとに管理されています。

図2-10 ［node_modules¥@angular］フォルダ内の構造※4

❸ カレントディレクトリをプロジェクトルート（［basic_YYYYMMDD¥app¥sample01］）へ戻します。

❹ ［node_modules］フォルダに保存されたパッケージの規模（ファイル数、フォルダ数）を確認します。［node_modules］フォルダを右クリック、プロパティからフォルダ数とファイル数を表示します※4。図2-11のように万単位の膨大なファイルが含まれることがわかります。

※4 バージョンや環境により表示内容は異なります。

図2-11　[node_modules] フォルダが管理する大量のファイルとフォルダ※5

2.3.1.4　[src] フォルダ

❶ [プロジェクトルート￥src] フォルダを開きます。

図2-12　[src] フォルダ（2層目）のファイル構造※5

以下のフォルダとファイルがアプリの作成・実行に重要です。

- [app] フォルダ：この中にアプリを動作させるコードを保存します。
- index.htmlファイル：Angularの環境でも変わりなく、ブラウザが初めに読み込むのはindex.htmlです。ただし、このファイルをビルドで加工したものが使われます。詳細は、次のビルドの動作確認で解説します。
- styles.cssファイル：Angularは2種類の適用範囲（コンポーネントごと、アプリ全体）のCSSファイルを利用できます。styles.cssはアプリ全体に適用されます。アプリのテーマやUIライブラリのCSSはこのファイルに記述します。

※5　バージョンや環境により表示内容は異なります。

2.3.1.5 ［app］フォルダ

❶ ［app（アプリケーション）］フォルダを開きます。

図2-13　［app］フォルダ（3層目）のファイル構造※6

ファイルの内訳は以下になります。

- コンポーネントを構成するファイル：appcomponent.ts、appcomponent.html、appcomponent.css
- アプリで利用するモジュールやクラス登録：app.module.ts
- コンポーネントの単体テスト用スクリプトのサンプル：appcomponent.spec.ts

これらの関係をまとめたのが図2-14です。

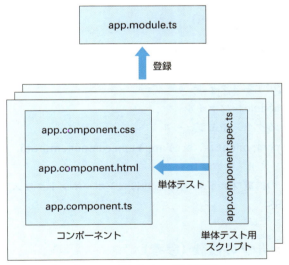

図2-14　［app］フォルダ内のファイル関係図

※6　バージョンや環境により表示内容は異なります。

なお、「ng new」コマンドで生成したプロジェクトには、アプリの構成要素として紹介したサービスが含まれていません。それらについては、本章の後半のテストプログラムで解説を行います。

2.3.1.6 まとめ

まず以下のフォルダとファイルを覚えてください。

- package.jsonファイル
  依存パッケージの情報とnpm run-script用のスクリプト定義
- angular-cli.jsonファイル
  Angular CLIの設定
  ngコマンドのオプションのデフォルト値などを設定します
- ［dist］フォルダ
  ビルド結果の出力先
  angular-cli.jsonやngコマンド実行時のオプション指定で変更できます
- ［node_modules］フォルダ
  npmでローカルインストールしたパッケージの保存先
  ［node_modules¥.bin］フォルダにはコマンド呼び出しのスクリプトが保存されます
- ［src］フォルダ
  ソースコードの保存先
- src¥index.htmlファイル
  ビルドで利用するindex.htmlのテンプレート
- src¥styles.cssファイル
  アプリ全体に適用するスタイル
- src¥app¥app.module.tsファイル
  アプリで利用するクラスやモジュール
- src¥app¥app.component.ts、src¥app¥app.component.html、src¥app¥app.component.css
  コンポーネントの構成ファイル（左から順にコンポーネントクラス定義、HTMLテンプレート、CSS）

2.3.1.7 プロジェクトフォルダの複製（参考）

チームで開発する際は、全員のバージョンを揃えると、トラブルの再現性を確認したりするときに同じ環境を再現できて便利です。その場合は、プロジェクトフォルダを丸ごとコピーして開発メンバーに配布するのが簡単です。しかし、［node_modules］フォルダが

大量のファイルを含むため、単純コピーでは予想以上に時間かかります。一度、圧縮ファイルにまとめてから配布すると短時間でコピーできます。この際、zip圧縮ではパス長の制限で失敗することがありますので、7-zip形式での圧縮を推奨します。

2.3.2　ビルドと実行

2.3.2.1　ngコマンドによるビルド

　Angular初期の頃は、ビルドを実行するために設定ファイルの調整や実行スクリプトの記述が必要で、とても手間がかかっていました。今では、「ng build」や「ng serve」コマンド1行で済んでしまいます。しかし、便利になった反面外からは何をやっているか見えないブラックボックスになっています。ビルドのオプション設定の意味がわからなかったり、トラブル発生時の対応が難しくなったりします。ここでは、Angular CLIで使えるbuildコマンドの使い分け、ビルド処理の流れ、ビルドのオプション設定について解説します。ビルド処理の内部を理解し、使いこなせるようにします。解説の後は、数種類のパターンのビルド操作を行い理解を確実にします。

2.3.2.2　ビルドの全体像

　図2-15は、「ng build」によるビルド処理の全体図です。Javaのビルドで、コンパイル後に関連ファイルをzip圧縮してjarファイルとして出力するのに似ています。ここまでに多くのフォルダやファイルを確認してきました。特にnode_modulesには2万個以上のファイルがありました。しかし、これらのファイルをそのまま使うわけではありません。ビルドにより、index.htmlとわずか5個の結合ファイル（バンドルファイル）に集約されます（アセットファイル、デバッグファイルなどを除く）。

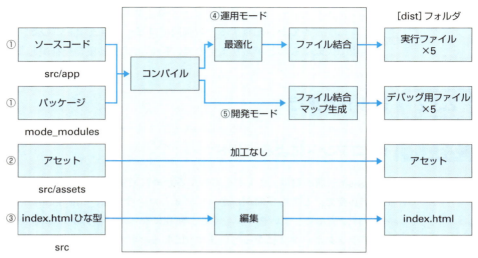

図2-15　ビルド処理の全体図。最適化は運用モード、マップ生成は開発モードでのみ実行される

■ 図2-15の補足

図2-15-①　ソースコードやパッケージは、コードチェックなど、さまざまな処理が行われた後、最終的に5個のJavaScript実行ファイルに結合して出力されます(バンドルファイル)。ソースコードのファイル数に影響されません。

図2-15-②　お気に入りアイコンなどアプリを経由せずにブラウザが直接利用するファイル(アセット)は、結合しない通常のファイルで用意する必要があります。[src¥assets]フォルダに保存するか、angular-cli.jsonのassetsプロパティでファイルを指定すると、加工なしのファイルがビルド出力されます。

図2-15-③　index.htmlは、src¥index.htmlファイルをひな型として、①と②で出力された結合ファイルを読み込むタグが追加された後、ビルド出力されます。

図2-15-①②③の出力先は[dist]フォルダが既定値です[※7]。出力先フォルダは、「ng build」コマンドの「--outputPath」オプションで変更できます。

Angularのビルドには実行ファイルの利用目的によって2つのモードがあります。実際にサービスを提供するときに利用する実行ファイルを出力する運用(Production)モード(図2-15の④)と、テストやデバッグを行う開発(Development)モード(図2-15の⑤)です。運用モードは、ビルドに時間がかかってもファイルサイズが小さく、処理速度の速い

※7　出力先はAngular CLIのバージョンによって異なります。「--outputPath」オプションで自由に指定できます。

実行ファイルを出力します。開発モードは、ファイルサイズが大きくても、ビルド時間が短く、デバッグしやすい実行ファイルの出力を行います。

モードの指定は、コマンドオプションを使います。

表2-8　コマンドオプションでビルドモードの切り替え

```
//開発モードでビルド（オプションなしの場合はデフォルトの開発モード）
ng build
//運用モードでビルド（「--prod」オプション付き）
ng build --prod
```

2.3.2.3　ビルド処理の詳細（参考）

参考情報としてビルド処理の内容を解説します。

2.3.2.3.1　コンパイル

ソースコードとライブラリに対し、文法チェック、コード規約遵守の検証、依存ライブラリの読み込み、TypeScriptからJavaScriptへ変換などを行います。

2.3.2.3.2　最適化（運用モード時）

HTMLテンプレートとソースコードの最適化を行います。HTMLテンプレートについては、Angular独自のAOT（Ahead of Time Compile）と呼ばれる検証と最適化を行います。テンプレート構文は通常のHTMLファイルと同じように、アプリ実行時にブラウザが読み込んで、解釈してから処理するのが基本です。AOTは名前の通り、HTMLテンプレートの解釈をビルド時に行っておくことで、表示までの時間短縮、ファイルサイズの縮小を行います。さらに、コードの内容を解析して重複・不要コードの削除、改行や空白の削除、変数名を短い名前に置き換えるなどで、ファイルサイズを削減します。

2.3.2.3.3　ファイル結合

コンパイル、最適化されたファイルは最後に結合（バンドル）され、5個のJavaScriptファイルとして出力されます。バンドルファイルの数も「ng」コマンドのオプション指定で変更できます。結合するのはJavaScriptファイルだけではありません。CSSやHTMLファイルもJavaScriptファイルの中にバンドルされます。

2.3.2.3.4　マップ生成（開発モード時）

マップファイルは、開発時にソースコードのデバッグのためにソースコードとバンドルファイルを、行番号と列番号で関連付けます。たとえば、TypeScriptのコードにブレー

クポイントをご指定した際に、マップファイルを使ってJavaScriptのバンドルファイルで該当する位置にブレークポイントを設定します。アプリの実行には不要な情報なので、運用モードのビルドでは出力されません。Angularのビルドでは、5種類の実行ファイルごとに、ソースマップファイルが生成されます。

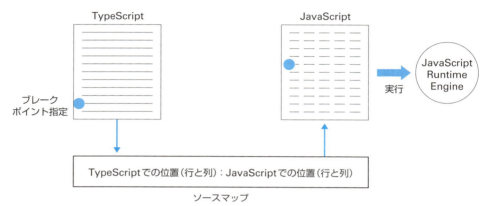

図2-16　ソースマップの役割

ソースマップファイルのフォーマットなどの詳細は以下のリンクを参照してください。

Introduction to JavaScript Source Maps
https://www.html5rocks.com/en/tutorials/developertools/sourcemaps/

2.3.2.4　動作確認準備と注意点

■準備

「本書を読む前に」を参照して実習環境を準備します。既に準備済みのときは、次の手順へ進んでください。まだの場合はダウンロードサイトで「実習環境の準備」のリンクをクリックしてGitBookを開き、その手順に沿ってください。

本書のダウンロードサイト
http://ec.nikkeibp.co.jp/nsp/dl/05453/

■動作確認ごとの事前準備

動作確認で不具合が発生したときは、Ctrl+Cキーで実行中コマンドを停止、使用するプロジェクトのフォルダやファイルを開いているプログラムを閉じ、ブラウザのスーパー

リロード（Ctrl+Shift+R）を行ってください。データのキャッシュの影響や前に実行したプログラムが実行中のことがあり、動作に不具合が発生することがあります。

2.3.2.5 ビルド操作

サンプルプロジェクトを「ng build」コマンドでビルド、その出力をWebサーバー（http-server）に読み込ませ、ブラウザに表示します。ここでは、ビルド内部処理を理解するだけでなく、Angular CLIのコマンド操作の雰囲気にも慣れてください。コマンドを1行入力した後は、結果を待つだけです。ビルド処理の後、Webサーバーを起動する手順も、後で紹介するng serveを使えば不要になります。

それでは、ビルドを実行します。

❶ Windowsのスタートボタンを選択し、スタートメニューからVisual Studio Codeを起動します。

❷ Visual Studio Codeの上部メニューから、［ファイル］→［自動保存］を選択し、有効にします。この設定でソースコードの変更は自動保存され、変更前のコードをビルドするトラブルを防ぎます。自動保存を設定しない場合は、ビルド前に手動で保存を行ってください。なお「自動保存」の有効化設定は、バージョンアップなどにより無効に戻ることがあるので、起動時に確認することをお勧めします。

❸ Visual Studio Codeの上部メニューから、［ファイル］→［フォルダーを開く］を選択します。

❹ ［フォルダーを開く］ダイアログで、sample01プロジェクトフォルダを開きます。

❺ 画面左側面にファイル/フォルダ一覧が表示されます

❻ Visual Studio Codeの上部メニューから、［表示］→［ターミナル］を選択します。

❼ 画面下部にターミナル画面が表示されます（図2-17）。

図2-17　ファイル一覧、コード編集、ターミナルの表示位置

❽ ターミナルのカレントディレクトリがプロジェクトルートであることを確認します。異なる場合は、このディレクトリに移動します。これで、ビルドの準備完了です。

❾ ターミナルに「ng build」コマンドを入力してビルドを行います。

```
//Angular CLI　ビルドコマンド
ng build --output-path=dist
```

❿ しばらくすると、メッセージが表示された後、プロンプトが戻ってきます。初めてビルドを行うときは、ビルド開始まで数分かかることがあります。

```
>ng build ────①
Date: 2018-11-12T22:25:27.300Z ────②
Hash: d0cbca789e59d0b7bf71 ────③
Time: 18354ms ────④
chunk {main} main.js, main.js.map (main) 11.5 kB [initial] ↻
[rendered] ────⑤
chunk {polyfills} polyfills.js, polyfills.js.map (polyfills) 223↻
kB [initial] [rendered]
chunk {runtime} runtime.js, runtime.js.map (runtime) 6.08 kB↻
[entry] [rendered]
chunk {styles} styles.js, styles.js.map (styles) 16.2 kB[initial]↻
```

```
[rendered]
chunk {vendor} vendor.js, vendor.js.map (vendor) 3.24 MB [initial]⤸
[rendered]
```

図2-18 ビルド実行時のターミナルメッセージ（バージョンアップなどにより全く同じ表示はされない）
❶ビルドコマンドの発行
❷ビルド日時（国際標準時間）
❸ビルドで生成したハッシュ値
❹ビルドの所要時間
❺〜最終行　ビルド出力ログ
バンドルされたJavaScript実行ファイル
main.js, polyfills.js, runtime.js, styles.js, vendor.js
デバッグ用マップファイル
main.js.map, polyfills.js.map, runtime.js.map, styles.js.map, vendor.js.map

⓫ ビルド出力をブラウザに表示するため、Webサーバーを起動します。

```
http-server .¥dist -p3000 -c-1 -o
```

「http-server」はコマンドラインから起動できる開発向けのシンプルなWebサーバーです。実習環境の準備作業でグローバルインストール済みです。したがって、コマンド「http-server」でどこからでも起動できます。http-serverの引数としてドキュメントルート（Webのベースディレクトリ）を指定をします。ここでは、./distを指定しています。オプション指定は、オプション名と設定値を続けて記述します。ここでは、-p3000（Port:3000番ポートで待ち受け）、-c-1（Cache:キャッシュ時間は-1秒、すなわちキャッシュ無効）、-o（Open:ブラウザを自動で開く）です。

⓫ セキュリティの警告ダイアログが表示されたときは、［アクセスを許可する］をクリックしてください。

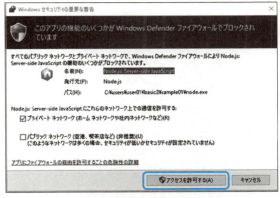

図2-19　Webサーバー起動時の警告ダイアログ

外部と接続できるWebサーバーが起動したため、セキュリティ上のリスクが発生します。そのためユーザーへの確認ダイアログが表示されます。

❷ ブラウザにサンプル画面が表示されます。

図2-20　ブラウザに表示されたサンプル画面

　今回 Webサーバーに使用したhttp-serverは、-oオプションを付けると起動時にブラウザを自動で開いてくれます。表示されない場合は手動でブラウザを起動し、以下のURLを呼び出してください。

http://localhost:3000/

2.3.2.6　ビルド出力の内容

では、ビルド出力の内容を確認してみましょう。

❶ Visual Studio Codeの画面左、ファイル一覧のdistの左にある三角ボタンをクリックします。

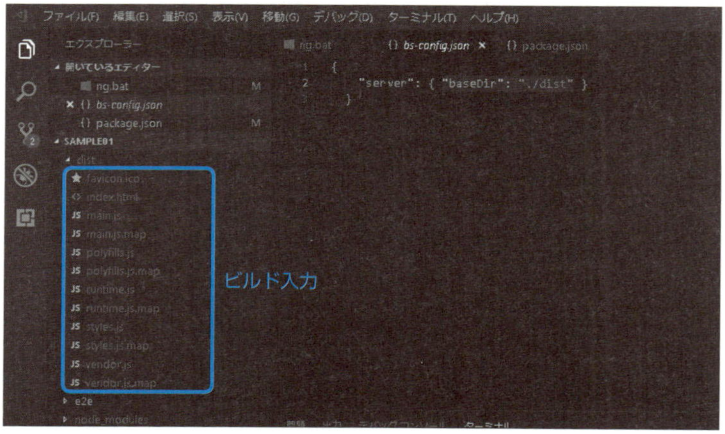

図2-21　ビルド出力ファイルの一覧

❷ index.htmlとアセットのfavicon.ico、5個のJavaScript実行ファイル（バンドルファイル）と、それら実行ファイルのデバッグ情報を持つマップファイルが確認できます。ファイルの内訳は下記になります。

```
■index.html    アプリ起動の初めに読み取られるファイル

■実行ファイル（バンドルファイル）とマップファイル
  runtime.js            バンドルファイルの読み取り
  runtime.js.map        上記マップファイル

  main.js               アプリのコード
  main.js.map           上記マップファイル

  polyfills.js          ブラウザに不足するAPIを補完
  polyfills.js.map      上記マップファイル

  styles.js             CSSファイル
  styles.js.map         上記マップファイル

  vendor.js             外部ライブラリ
  vendor.js.map         上記マップファイル

■アセットファイル
  favicon.ico           お気に入りアイコン
```

❸ ひな型のsample01¥src¥index.htmlと、ビルド出力のsample01¥dist¥index.htmlの内容を比較してみましょう。ビルド後はバンドルファイルを読み込むために、末尾にタグが追加されています（枠で囲まれた部分）。枠内の定義は、実際のファイルでは1行で書かれているので、横スクロールして確認してください。

```html
<!doctype html>
<html lang="en">
<head>
  <meta charset="utf-8">
  <title>Sample01</title>
  <base href="/">
  <meta name="viewport" content="width=device-width, initial-↩
scale=1">
  <link rel="icon" type="image/x-icon" href="favicon.ico">
</head>
<body>
  <app-root></app-root>
<script type="text/javascript" src="runtime.js"></script>
<script type="text/javascript" src="polyfills.js"></script>
<script type="text/javascript" src="styles.js"></script>
```

```
<script type="text/javascript" src="vendor.js"></script>
<script type="text/javascript" src="main.js"></script>
</body>
</html>
```

図2-22　index.html変更部分（一部のみ表示される）

　Visual Studio Codeには、2つのファイル内容を比較する機能があります。これを使うとビルド前後でのindex.htmlの変化を容易に知ることができます。操作手順は、次の通りです。

❶ 左ペインのファイル一覧から1つ目のファイル（src¥index.html）を右クリックで選択します。
❷ コンテキストメニューが表示されるので［比較対象の選択］をクリックします。
❸ 2つ目のファイル（dist¥index.html）を右クリックで選択します。
❹ コンテキストメニューが表示されるので、［選択項目と比較］をクリックします。
❺ コード編集エリアに2つのファイルを比較した結果が表示されます。

表2-9　index.html変更部分

```
<script type="text/javascript" src="inline.bundle.js"></script>
<script type="text/javascript" src="polyfills.bundle.js"></script>
<script type="text/javascript" src="styles.bundle.js"></script>
<script type="text/javascript" src="vendor.bundle.js"></script>
<script type="text/javascript" src="main.bundle.js"></script>
```

　手作業でindex.htmlを編集したいときは、src¥index.htmに対して行います。誤ってdist¥index.htmlに対し行うと、次のビルド時に消去され、何度編集しても反映されません。注意してください。

2.3.3　ng serveコマンド

2.3.3.1　処理フロー

　「ng serve」コマンドは、ビルドに加えて内蔵Webサーバーの起動、実行ファイルのロード、実行、ブラウザの起動までの一連の操作を自動で行います。

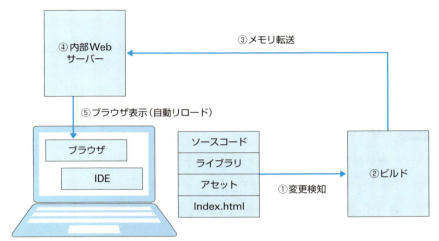

図2-23　ng serveコマンドの処理フロー

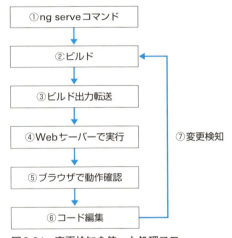

図2-24　変更検知を使った処理フロー

　さらに、ビルド実行後は、ソースコードの変更を監視し、自動で再ビルドを行います。ソースコードの変更検知機能が既定で有効になっているため、「ng serve」コマンドを初めに1回入力すれば、その後はコマンド入力なしでコード編集・ビルド・実行を繰り返します（図2-24）。とても便利なので、開発時はng serveをメインに利用するのが一般的です。

2.3.3.2　ng serveとng buildの使い分け

「ng serve」の方が高機能で便利ですが、ビルド結果をファイルに出力できないため、外部サーバーへファイル転送して実行ができません。ビルド出力ファイルが不要なときは「ng serve」、必要なときは「ng build」を使用します。

2.3.3.3　ng serveの操作

前の動作確認によるビルド出力と区別できるように、ソースコードの一部を変更してからビルドを実行してみましょう。

❶ Visual Studio Codeを起動し、プロジェクトルートフォルダを開きます。

❷ 左ペインのファイル／フォルダ一覧から、src¥app¥app.component.html（HTMLテンプレートファイル）をダブルクリックしてコード編集画面に表示します。

❸ app.component.htmlファイルを開き、その内容をすべて削除します。空白になったファイルに以下のHTMLを記述します。

```
<h1>タイトルは{{title}}</h1>
```

❹ 左ペインのファイル一覧から、src¥app¥app.component.ts（コンポーネントクラス定義ファイル）をダブルクリックしてコード編集画面に表示します。

❺ app.component.tsファイルの下から2行目「title = "sample01"[※8]」を「title="sample00"[※8]」に書き替えます。

❻ ターミナルのカレントディレクトリがsample01であることを確認します。異なる場合は移動します。

❼ ターミナルに「ng serve --open」コマンドを入力します。

❽ しばらくすると、メッセージが表示された後、ブラウザが起動し、出力が表示されます。

[※8] 文字列の定義はシングルクォーテーション（'）、ダブルクォーテーション（"）いずれも可能です。コードを生成するツールやバージョンによって異なっています。

図2-25 自動表示されるビルド結果

1）初めてビルドを行うときは、メッセージ表示されるまで数分かかることがあります
2）HTMLテンプレートに記述した「タイトルは{{title}}」の二重波括弧で囲まれた「title」の文字がコンポーネントのプロパティの名前と認識され、その値である「sample00」に置き換えられて表示されています。

❾ ターミナル画面を確認すると、「ng serve」コマンドは終了せずに、そのままコードの変更待ちをしています。

図2-26 常駐する ng serve コマンド

❿ app.component.ts ファイルで変更した「title = "sample00"」をさらに「title="sample02"」に書き替えます。

⓫ すぐに変更が検出され、ターミナル画面にメッセージが表示されます。ブラウザをリロードすると、sample02が表示されます。

図2-27 ソースコードの変更を検出し自動更新された画面

このように、「ng serve」コマンドを使うと、Webサーバーやブラウザ操作がほとんど自動化され、快適な開発が行えます。ng serveが動作しているターミナル画面で、Ctrl+Cキーを押してng serveを停止します。表示していたブラウザのタブを閉じます。

JavaScriptと異なり、TypeScriptではソースコードを保存しただけでは表示は変りません。ビルド完了後、実行ファイルがWebサーバーにロードされてから変更が反映されます。

2.3.4 変更監視オプション

「ng serve」の自動ビルドは便利でした。実は、「ng build」でも「--watch」コマンドオプションを付けると同等の機能を実現できます。

❶ app.component.tsファイルで「title="sample03"」に書き替えます。

❷ ターミナル画面に、「--watch」オプション付きの「ng build」コマンドを入力します。

```
ng build --watch --output-path=dist
```

❸ 1回目のビルドが終わった後、「ng build」コマンドは、変更監視を続けるのでプロンプトは戻ってきません。次のコマンド入力ができないので、新しく別のターミナル画面を開きます。ターミナル画面右上にある＋アイコンをクリックします。

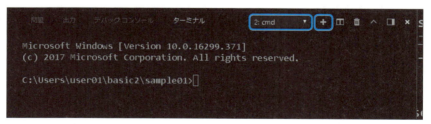

図2-28　ターミナル画面の追加

❹ 2つ目のターミナル画面にWebサーバー起動のコマンドを入力します。

```
http-server .¥dist -p4200 -c-1 -o
```

❺ しばらくすると「タイトルはsample03」の文字がブラウザに表示されます。

図2-29　ブラウザの出力画面

❻ app.component.tsファイルで「title="sample04"」に書き替えます。

❼ すぐに変更が検出され、ターミナル画面にビルド処理のメッセージが表示されます。ブラウザをリロードすると「タイトルはsample04」が表示されます。

図2-30　ブラウザの出力結果

このように、「ng build」に「--watch」オプションを付けると、「ng serve」コマンドと同じように自動で再ビルドができます。

2.3.5　運用向けビルド

運用向けビルド（「--prod」オプション）を試します。これまでの動作確認を行ってきた開発時のビルドとは処理内容が異なります。最適化が行われ、ファイルサイズが減少します。

❶ Visual Studio Codeでプロジェクトルートフォルダを開き、ターミナル画面に開発用のビルドコマンドを入力します。コマンドオプションを何もつけないと開発用ビルドが行われます。

```
ng build --output-path=dist
```

❷ ターミナルに表示されたバンドルファイルのサイズを確認します。

❸ ターミナル画面に運用向けのビルドコマンドを入力します。「--prod」コマンドオプションを付けると運用向けビルドが行われます。

```
ng build --prod --output-path=dist
```

❹ ターミナルに表示されたバンドルファイルのサイズを確認します。

```
■開発ビルド
>ng build --output-path=dist
Date: 2018-11-15T06:20:20.726Z
Hash: d0cbca789e59d0b7bf71
Time: 17712ms
chunk {main} main.js, main.js.map (main) 11.5 kB [initial] 
[rendered]
chunk {polyfills} polyfills.js, polyfills.js.map (polyfills) 223 
kB [initial] [rendered]
chunk {runtime} runtime.js, runtime.js.map (runtime) 6.08 kB 
[entry] [rendered]
chunk {styles} styles.js, styles.js.map (styles) 16.2 kB 
[initial] [rendered]
chunk {vendor} vendor.js, vendor.js.map (vendor) 3.24 MB 
[initial] [rendered]

■運用ビルド
ng build --output-path=dist --prod --vendorChunk=true※9
Date: 2018-11-15T06:31:31.534Z
Hash: d6584eed5b01b89565cc
Time: 51329ms
chunk {0} runtime.ec2944dd8b20ec099bf3.js (runtime) 1.41 kB 
[entry] [rendered]
chunk {1} main.77da32183ca4ed08c1f2.js (main) 4.56 kB [initial] 
[rendered]
chunk {2} polyfills.c6871e56cb80756a5498.js (polyfills) 37.5 kB 
[initial] [rendered]
chunk {3} styles.3bb2a9d4949b7dc120a9.css (styles) 0 bytes 
[initial] [rendered]
chunk {4} vendor.57348a56bd22aeb6a7dc.js (vendor) 261 kB 
[initial] [rendered]
```

図2-31 ファイルサイズの出力ログ

バンドルファイルは以下のように大幅に減少します[※10]。

[※9] 運用ビルドでは4個のファイル出力となり、開発モードを直接比較できません。このオプションで同じ5個のファイルを出力します。

[※10] ビルド後のファイルサイズはバージョンなどにより変化しますので目安としてください。

```
runtime  6.08KB   -->   1.4KB
main     11.5KB   -->   4.56KB
style    16.2KB   -->   0
vendor   3.24MB   -->   261KB
```

アプリの実装がされていませんので参考程度ですが、「--prod」オプションでファイルサイズが大幅に減少することを確認できました。ただし、運用向けビルドは開発用ビルドと比べ、ビルド時間が2倍程度かかります。使い分けが必要です。

このようにAngularでは、目的に応じてビルドコマンドとコマンドオプションを使い分けます。Angularビルドについては一通りの操作体験としくみが理解できました。

2.4 Angularの基本機能と用語（2）

2.4.1 コンポーネント

2.4.1.1 特徴

コンポーネントは、画面表示の機能を再利用可能な部品にします。これまでも、データ処理の部分はオブジェクト指向で部品化ができました。HTMLもテンプレートによる再利用が行われていました。しかし、CSSを含めた部品化の方法はありませんでした。CSS（カスケード・スタイル・シート）は、カスケード（数珠つなぎのような連鎖の関係）の名前の通り親子関係にあるHTML要素間で継承が行われるため、配置する場所によって他のCSSの影響を受けるからです。

Angularは、独自の方法でCSSの適用をコンポーネント内に限定するカプセル化を実装しています。その結果コンポーネントは、画面表示に必要なすべての要素（TypeScript、HTML、CSS）を含めた部品化が可能になり、独立性が高く再利用が容易です。

2.4.1.2 コンポーネントによる画面実装のメリット

コンポーネントで画面を開発するメリットについて、具体的な例を挙げて説明します。

■ メリット1：分割実装

図2-32のように、複数のブロックで構成された画面を、ヘッダー部分、左ブロック、右

ブロックに分割します。開発対象が単純になり実装を容易になります。また、チームによる作業分担が容易になるので、並行作業による開発期間の短縮ができます。多くのケースで活用できるパターンです。

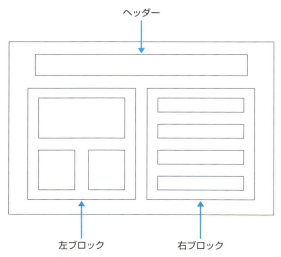

図2-32　ブロック単位に分割

■メリット2：複雑な機能やレイアウトの実装

　図2-33の塗りつぶしたコンポーネントのように、リスト表示の行単位の部品を作ると、1行の中に画面全体を実装するのと同等の複雑なレイアウトが可能になります。複雑なレイアウトがあれば、活用できるパターンです。

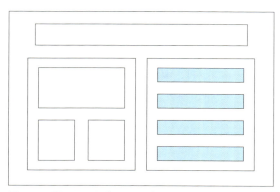

図2-33　繰り返し要素をコンポーネントで実装

■ メリット3：重複作業の削減

図2-34の共通コンポーネントのように、同じく部品を複数の画面で利用することで重複作業が軽減されます。ヘッダーやフッターなどの固定表示や、検索欄などが共通部品としてよく使われます。

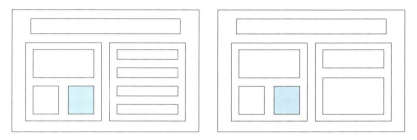

図2-34　重複部分を共通のコンポーネントで実装

■ メリット4：部品から画面を作る

部品を組み合わせて画面を作るというアプローチです。画面デザインの後に部品化の検討したのでは、部品として切り出しにくく、あえて部品化をすると似たような部品が沢山できてしまうことがあります。コンポーネント指向を全面的に採用するパターンでは、画面デザインの手順を逆転させます。部品の一覧を見ながら画面を組み立て、足りない部分のみ追加部品を開発します。これで、部品化の効果を最大限に活かすことができます。

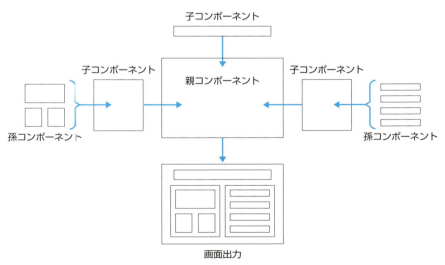

図2-35　部品から画面を作るアプローチ

図2-35は、部品から画面を作るイメージです。親コンポーネントと左右のブロックの子コンポーネントは、部品を入れるためのコンテナ（レイアウト枠とデータ連携の中継）の役割を行います。画面表示は、主に孫コンポーネント（さらに小さな部品で構成される場合も含む）が行います。コンポーネントは画面の完全な部品化ができるため、このような開発手順の逆転まで可能になります。

2.4.1.3 コンポーネントの構成

コンポーネントは、TypeScriptで記述されたクラス定義、Angular独自のテンプレート構文で機能拡張されたHTMLテンプレート、カプセル化されたCSSから構成されます。クラス定義とCSSは標準の構文、HTMLテンプレートはAngular独自の構文で作成します。それぞれの構成要素について順に説明します。

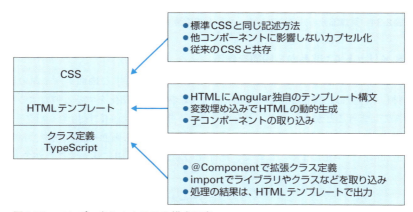

図2-36　コンポーネントクラスの構成要素

2.4.1.4 クラス定義

2.4.1.4.1 記述例

リスト2-1は、コンポーネントクラスを作成するための最小限の記述です。コンポーネントクラスは、通常のTypeScriptのクラス定義に@Componentデコレータを適用して、コンポーネントに必要なパラメータ（selector、templateUrl、styleUrlなど）と機能を追加します。

リスト2-1　コンポーネントクラスの記述例

```
000 import {Component} from "@angular/core";
001
```

```
002 @Component({
003   selector: "app-root",
004   templateUrl: "./app.component.html",
005   styleUrls: ["./app.component.css"]
006 })
007 export class AppComponent {
008   title = "app";
009 }
```

■コード解説

000行目	Componentデコレータのインポート
002-006行目	Componentデコレータのパラメータ定義
007行目	クラス定義
008行目	クラスのプロパティ「title」に文字列"app"を設定

1）デコレータ

　デコレータとは、クラス定義の内容を変更します。「@デコレータ名」で宣言します。Decoratorは記述する場所で適用先が決まります。対象としてクラス、メソッド、アクセサ、プロパティ、メソッドの引数を指定できます。ここでは、@Componentデコレータはクラス定義の先頭に記述してAppComponentクラスの加工を行います。何も継承していないAppComponentクラスをコンポーネントの機能を持ったクラスにします。

TypeScript公式サイト　Decorator
https://www.typescriptlang.org/docs/handbook/decorators.html

2）import

　TypeScriptでは別のファイルに定義されたクラスや関数をimport文で取り込みます。{}の中にimport対象を記述し、fromの後に取得先のパスを指定します。

　取得先が、node_modulesフォルダ内に保存されたパッケージの場合、パッケージフォルダまでのパスを省略できます。ここでは、"../../node_modules/@angular/core"を"@angular/core"と記述しています。

　なお、importのためには、提供側のクラスなどにexport定義をしておく必要があります。このサンプルコードでも、7行目にexport class AppComponentのようにexport定義を行い、別のファイルからの利用を可能にしています。

2.4.1.4.2　Componentデコレータに指定するパラメータ

　Componentデコレータには、通常3つのパラメータを設定します。

- **■selector:**
  コンポーネントの出力先タグ名（独自の名前）
- **■templateUrl:**
  HTMLテンプレートファイルの場所（相対パスで記述）
- **■styleUrls:**
  CSSファイルの場所（相対パスで指定、複数のCSSファイルも設定可能）

2.4.1.4.3 インラインでのパラメータ設定

HTMLテンプレートとCSSは、別のファイルに記述せず、クラス定義に直接記述（インライン）もできます。その場合のパラメータ名は、template,stylesを使います。

リスト2-2 パラメータの直接記述

```
@Component({
  selector: 'app-root',
  template: "<h1>タイトル{{title}}</h1>",
  styles: ".alert{color:red;}"
})
```

Componentデコレータに設定できる全パラメータについては、APIレファレンスを確認してください。

> **Angular公式サイト　APIレファレンス　Component**
> https://angular.io/api/core/Component

2.4.1.4.4 コンポーネントからのデータ出力

コンポーネントクラスが保持する値は、HTMLテンプレートに出力できます。HTMLテンプレートに||式||と記述すると、式の値を文字列に変換（データバインド）してテンプレートに埋め込めます。リスト2-3は、コンポーネントクラスのプロパティであるtitle値をHTMLタグに埋め込んで出力しています。コンポーネントの3つの要素（コンポーネントクラス定義、HTMLテンプレート、CSS）が連携してindex.htmlに出力する流れを図2-37にまとめています。この連携のしくみは重要ですので、この後さらに説明を加えます。

リスト2-3 コンポーネントクラスの`title`プロパティの値をHTML出力

```
<h1>タイトル{{title}}<h1>
```

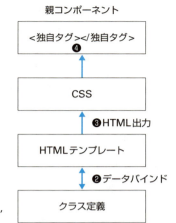

❶@Component
　selector:出力先独自タグ名,
　templateUrl:HTMLテンプレートのパス,
　styleUrls:出力に適用するCSSのパス

図2-37　コンポーネントクラスの生成からHTML出力までの処理の流れ
❶Componentデコレーターを使い、出力先の独自タグ名、HTMLテンプレートとCSSファイルのパスを指定したコンポーネントクラスを生成します。
❷コンポーネントクラスは、❶で指定されたHTMLテンプレート・ファイルを読み込み、結合（バインド）します。この結合により、フォーム入力欄とコンポーネントクラスのプロパティの同期や、ボタンのクリックなどのイベントの検出が可能になります。
❸❶で指定されたCSSを適用します。
❹❶で指定した独自タグに、データを書き出してして画面表示します。ここでは、❶でタグ名を「app-root」と指定していますので、index.htmlの<app-root></app-root>タグに出力されます。

2.4.1.4.5　入れ子（親子関係）コンポーネントの記述

　前項のサンプルコードでは、コンポーネントの出力先をindex.htmlの<app-root></app-root>に行いました。しかし、本格的にアプリを開発するときのコンポーネントの出力先は、他のコンポーネントのHTMLテンプレートに指定します。そうすると、コンポーネントが生成したデータは出力先のHTMLの一部として組み込まれ、あたかも1つのコンポーネントのように扱うことができます。

　このような連携をコンポーネント間で行うとき、Angularでは、組み込まれるコンポーネントを「子コンポーネント」、組み込み先のコンポーネントを「親コンポーネント」と呼び、2つのコンポーネントに親子関係かあるといいます。

　図2-38のように、1つの親コンポーネントに対し、複数の子コンポーネントを組み込めます。

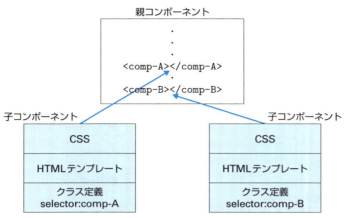

図2-38　親子コンポーネントの構成

　この親子コンポーネントの子コンポーネントに、さらに子コンポーネントを取り込むと、親・子・孫コンポーネントの3層構造を生成できます（図2-39）。
　図2-40のようにプログラムの構造が整理され管理が容易になります。

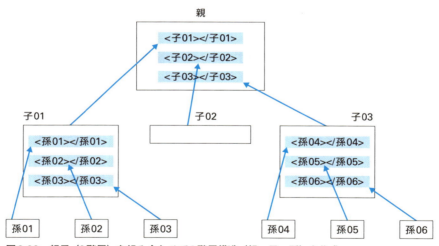

図2-39　親子（2階層）を組み合わせて3階層構造（親・子・孫）を作成

図2-40　階層構造を持つコンポーネント

　1つの画面をコンポーネントで階層構造に分割と聞くと、複雑だと感じる人もいるでしょう。慣れるまで少し我慢です。その後は、分割によりアプリ全体の見通しが良くなり、コンポーネント指向開発の良さが感じられると思います。

2.4.1.5　コンポーネントの実行

❶ sample01のプロジェクトルートフォルダ（［basic_YYYYMMDD¥app¥sample01］）をVisual Studio Codeで開きます。

❷ 左ペインのファイル／フォルダ一覧から、¥src¥app¥app.component.tsをダブルクリックして開きます。

❸ 表示されたコードを「2.4.1.4.1　記述例」の解説を参照しながら確認します。デコレータの設定から以下のことがわかります。

- 出力先タグは、<app-root>
- HTMLテンプレートは、app.component.htmlファイルに記述
- CSSは、app.component.cssファイルに記述

❹ HTMLテンプレートファイルである¥src¥app¥app.component.htmlを開きます。

```
<h1>タイトルは{{title}}</h1>
```

コンポーネントクラスのtitleプロパティ（title変数）の値を「タイトルは」の後に表示する記述がされています。

❺ ターミナル画面から以下のコマンドを入力して、アプリを実行します。

```
ng serve --open
```

❻ ブラウザに「タイトルはsample04」[※11]と表示されます。

❼ この表示の、HTMLコードを確認します。Google Chromeのメニューから、[その他のツール] → [デベロッパーツール] を選択します。

❽ Developer Toolsが表示されます。Developer Toolsのメニューから [Elements] を選択して、ソースコードを確認します。

図2-41 Developer Toolsの表示

❾ ブラウザ右側に表示されたHTMLコードから、<app-root>を展開します。

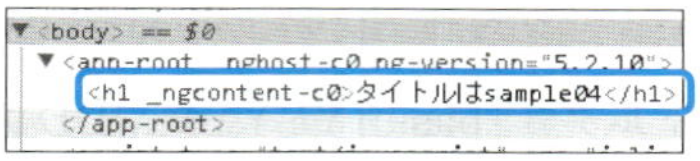

図2-42 コンポーネントクラスの出力先

app.component.tsファイルのselectorで指定した<app-root>タグの中に、App Componentコンポーネントクラスの出力が挿入されています。

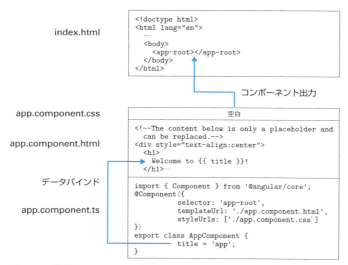

図2-43 複数のファイルが連携したコンポーネント出力

[※11] これまでsample01に行ってきた手順を行った場合にsample04が表示されます。行っていない場合はsample01とAngularのロゴマークが表示されます

コンポーネントがHTMLを出力するまでの流れ（図2-43）を追うと、複数のファイルが連携しているため、慣れるまではパズルを解くようにとても難しく感じるかもしれませんが、頑張って理解してください。

2.4.1.6 コンポーネントの組み合わせ

コンポーネントクラス単体の基本動作は確認できました。コンポーネント指向開発では複数のコンポーネント組み合わせて画面を構成することが一般的です。次は、複数コンポーネントの組み合わせについて解説します。

2.4.1.6.1 フレームとコンポーネントの違い

画面を複数に分割して実装する方法として、フレーム（frameタグ）やインラインフレーム（iframeタグ）を利用する方法があります。

しかし、これらの方法は、部品を組み合わせて構成してゆくコンポーネント指向に向いていません。フレーム本来の目的は名前の通り、異なるHTMLのページを1つの画面に組み合わせて表示することです。別のHTMLページですからフレーム間の連携には限界があります。逆に言うと他のフレームの影響を受けずに自由に組み合わせて1つの画面に表示することにメリットがあります。

一方コンポーネントは、複数の部品が合成されて1つのHTMLページとして利用します。したがって完全に一体化した連携が可能になります。

複雑な1つのソースコードを複数の関数に分割するようなイメージです。

分割の方法もフレームとは全く異なります。デコレータのselectorで任意の独自タグ名を付けて呼び出せるので利用も簡単です。1つの画面を何階層ものコンポーネントで構成できます。フレームでは扱わない最小単位の部品化も行えます。たとえば、複雑な処理を行う入力ボックス1つを部品化して複数画面で再利用することもあります。部品として利用する柔軟性がとても高いのが特徴です。

2.4.1.6.2 コンポーネントの追加

これまで動作確認してきたプロジェクトに子コンポーネントを追加します。

❶ Visual Studio Codeで、Sample01のプロジェクトルートフォルダを開きます。

❷ 2個のコンポーネントを作成します。ターミナル画面から以下の「ng generate」コマンドを入力します。

```
ng generate component child01
ng generate component child02
```

「ng new」コマンドがプロジェクト全体のひな型を生成したのに対し、「ng generate」コマンドは、「ng generate ＜部品の種類＞ ＜ファイル名＞」で部品単位のひな型を生成します。サービスなどの他の部品も生成できます。追加した2つのコンポーネントは、この後の手順でAppComponentの子コンポーネント（Child01Component）、と孫コンポーネント（Child02Component）に設定します。

❸ ターミナル画面のメッセージを見ると、コンポーネントの3つの構成要素が生成された以外に、app.module.tsが更新されたと出力されています。app.module.tsを開いて内容を確認します。なお、拡張子がspec.tsのファイルは単体テスト用のひな型です。ここでは説明を割愛します。

```
sample01>ng generate component child01
（省略）
.¥node_modules¥.bin¥ng.cmd generate component child01
CREATE src/app/child01/child01.component.html (26 bytes)
CREATE src/app/child01/child01.component.spec.ts (635 bytes)
CREATE src/app/child01/child01.component.ts (273 bytes)
CREATE src/app/child01/child01.component.css (0 bytes)
UPDATE src/app/app.module.ts (479 bytes)
sample01>ng generate component child02
（省略）
```

図2-44 ターミナル画面に表示されるメッセージ

❹ 新規に生成したコンポーネント（Child01Component、Child02Component）がapp.module.tsに自動で登録（import文とdeclarationプロパティ）されています。

```
import { AppComponent } from './app.component';
import { Child01Component } from './child01/child01.component';
import { Child02Component } from './child02/child02.component';
@NgModule({
  declarations: [
    AppComponent,
    Child01Component,
    Child02Component
  ],
  imports: [
```

図2-45 app.module.tsに自動登録された2つのコンポーネント

「ng generate」コマンドは、Angular CLIの初期バージョンには含まれていません。これが追加される前は、コンポーネントを追加するたびにapp.module.tsを編集するのが面倒でした。さらに追加を忘れがちで、ビルドエラーもよく発生していました。

❺ 生成されたコンポーネントの内容を確認します。2つのコンポーネントはそれぞれ新規で追加された［child01］と［child02］フォルダ内にあります。ファイルの内容を見て、出力内容と出力先の独自タグ名を確認します。child01.component.cssは内容が空白で、ここでは処理の流れに関係しないため説明を割愛しました。

図2-46　生成されたコンポーネントをファイル一覧で確認

■Child01コンポーネントの出力

child01.component.tsファイル（図2-47）とchild01.component.htmlファイル（図2-48）の内容を確認すると、以下の出力が行われることがわかります。

▷ 出力先　`<app-child01></app-child01>`

▷ 出力内容　child01 works!

```
import { Component, OnInit } from '@angular/core';
@Component({
  selector: 'app-child01',
  templateUrl: './child01.component.html',
  styleUrls: ['./child01.component.css']
)
export class Child01Component implements OnInit {
  constructor() { }
  ngOnInit() {
  }
}
```

図2-47　child01.component.tsの内容

```
<p>
  child01 works!
</p>
```

図2-48　child01.component.htmlの内容

■Child02コンポーネントの出力
Child01と同様に以下の出力が行われることが確認できます。
▷ 出力先　<app-child02></app-child02>
▷ 出力内容 child02 works!

❻ AppComponent、Child01Component、Child02Componentの境界を識別するために、子コンポーネントのCSSファイルにサイズと背景色を指定します。リスト2-4とリスト2-4で示したスタイルを記述して保存します。Child01の表示エリアはベージュ色、Child02は水色になります。

リスト2-4　`child01.component.css`

```css
p{
  background-color:beige;
  height:10em;
  margin:1em;
  padding:1em;
}
```

リスト2-5　`child02.component.css`

```css
p{
  background-color:lightblue;
  margin:1em;
  padding:1em;
}
```

❼ 現在表示しているコンポーネント（親コンポーネント）に、子コンポーネント（Child01Component）を追加して親子関係を作ります。app.component.tsを開き、子コンポーネントクラスをインポートする記述（青文字の行）を追加して、保存します（リスト2-6）。

リスト2-6　`app.component.ts`

```typescript
import { Component } from '@angular/core';
import { Child01Component } from './child01/child01.component';
```

❽ app.component.htmlを開き、子コンポーネントが出力するためのタグ（青文字の行）を追加して保存します（リスト2-7）。

リスト2-7　`app.component.html`

```html
<h1 class="text-color">タイトルは{{title}}</h1>
<app-child01></app-child01>
```

❾ すでに「ng serve」コマンドが動作中であれば、ブラウザの表示を確認します。動作していない場合は、「ng serve --open」コマンドをターミナル画面から実行します。

❿ ブラウザに子コンポーネント（Child01）が追加で表示されます。背景の白い部分は親コンポーネント（AppComponent）の表示、ベージュ色の部分は子コンポーネント（Child01Component）が表示しています。

図2-49　表示された子コンポーネント

2.4.1.6.3　親子コンポーネントの作成

今度は、Child01を親として子コンポーネント（Child02）を追加します。初めに表示していたコンポーネント（AppComponent）から見ると孫コンポーネントになります。

ここで注目すべき点は、入れ子のコンポーネントの定義は直接の親に記述することです。従来のHTMLでは図2-50の左のように、入れ子の階層が深くなるほどコードが読みづらくなっていました。Angularでは、図2-50の右のように、階層が増えてもコードはシンプルなままです。安心して複雑な構造を記述できます。

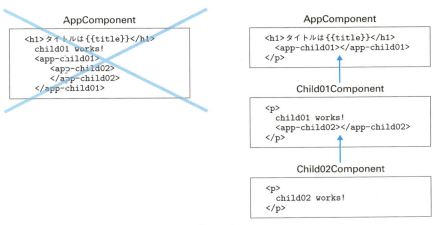

図2-50　階層増えても複雑にならないタグの記述

❶ child01.component.tsを開き、以下のインポート文（青文字の行）を追加し、保存します（リスト2-8）。

リスト2-8　**child01.component.ts**
```
import { Component, OnInit } from '@angular/core';
import { Child02Component } from '../child02/child02.component';
```

❷ child01.component.htmlを開き、Child02が出力するためのタグ（青文字の行）を追加し、保存します（リスト2-9）。

リスト2-9　**child01.component.html**
```
<p>
  child01 works!
  <app-child02></app-child02>
</p>
```

❸ ブラウザにコンポーネント（child02）が追加で表示されます。

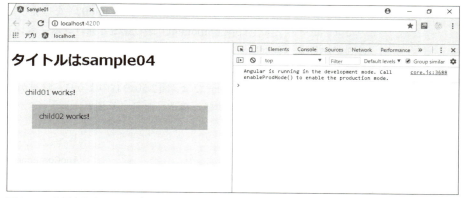

図2-51　表示された子コンポーネント

2.4.1.6.4 コンポーネントの繰り返し追加

今度は、同じコンポーネント（Child01）を複数追加します。行ごとに1つのコンポーネントを使ったリスト表示などに利用できます。テーブルタグやリストタグと比べると、1行に文字、画像、操作ボタンなどを容易に配置できます。コンポーネントは本来1画面分の表示をこなせる機能を持っており、それを行単位で利用するためレイアウトが複雑になるほど威力を発揮します。ここでの動作確認は、固定表示の繰り返しになりますが、実際

の利用では、渡すデータを変えることで各行は異なった内容を表示します。

　Child01はChild02を子コンポーネントとして持っているので、コード記述なしで、2つのコンポーネントが合成されたものが繰り返し表示されます。

❶ app.component.htmlを開き、以下の記述（青文字を付けた行を追加）に変更し、保存します（リスト2-10）。

リスト2-10　`app.component.html`

```html
<h1 class="text-color">タイトルは{{title}}</h1>
<div *ngFor="let i of [1,2,3,4,5]">
  <app-child01></app-child01>
</div>
```

　*ngForはこの後紹介する構造化ディレクティブで、For文の結果に基づき、繰り返しタグを生成します。ここでは、子コンポーネントを5回（配列のサイズ分）繰り返し生成しています。

　*ngForは、通常のfor文と同様の動作をします。配列の要素を1から順番に取り出し、変数iに代入します。ここでは、iの値は使用していません。<app-child01></app-child01>を、配列の要素数分繰り返して出力する目的で使っています。

❷ ブラウザの表示が図2-52のようになることを確認します。

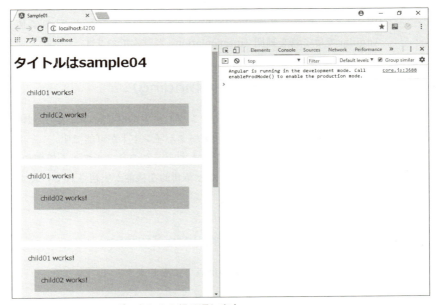

図2-52　Child01コンポーネントの繰り返し出力

お疲れ様でした。コンポーネントの扱いに少し慣れ、部品で画面を作るというメリットもぼんやりとわかってきたのではないでしょうか。

ここまでで表示したのは、まだ固定の文字列です。次は、プログラムと連動して出力を行うために必要なHTMLテンプレートの使い方について学習します。

2.4.2 HTMLテンプレート

HTMLテンプレートは、コンポーネントを構成する要素です。TypeScriptで記述されたクラス定義と連携してHTMLを動的に出力します。名前の通り、あらかじめ作成したHTMLのひな型（テンプレート）に対し、コンポーネントクラスから動的に値を挿入します。Office Wordの差し込み印刷と同じような機能です。

画面データをすべてプログラムで作成するのと比べ、HTMLベースですから作成しやすく保守も容易です。AngularのHTMLテンプレートは、「テンプレート構文」と呼ばれる独自の機能拡張が行われています。この機能拡張で、コンポーネントからHTMLテンプレート、HTMLテンプレートからコンポーネントへのデータ渡し、コンポーネントとHTMLテンプレート同期などが自由に行えます。

2.4.2.1 片方向の結合（one way binding）

プログラムからHTMLテンプレートへのデータ渡しは、これまでもサーバー側でWebの画面データを作成する際に使われてきました。たとえば、JavaのJSPは<%=式 %>、PHPは<?=式?>、Angularでは{{式}}でHTMLテンプレートに値を埋め込みます。Angularではこれを補間（interpolation）と呼んでいます。

2.4.2.2 双方向の結合（two way binding）

さらに、AngularではHTMLテンプレートのフォームに入力された値をクラスのプロパティの値と同期する、「双方向データバインド」が可能です。

従来のWebではできなかった、入力データのリアルタイム処理や、入力データの変更にプログラムなし自動対応するなど革新的な機能が実現されています。実装コードの最小化と容易な保守を実現します。

2.4.2.3 テンプレート構文（Template Syntax）

テンプレート構文の主なものは以下になります。

●補間

```
{{式}}
```

すでに経験済みの構文です。コンポーネントが保持する値を出力します。式は、コンポーネントのプロパティまたはメソッドを利用できます。

●繰り返し出力

```
*ngFor="let 変数 of 配列"
```

*ngForを記述した要素とその子要素を、配列長と同じ回数繰り返し出力します。

●出力のON/OFF

```
*ngIf="式"
```

指定した式の真偽値で、*ngIfを記述した要素とその子要素の出力のON/OFFを行います。

テンプレート構文の詳細は、公式サイトを参照してください。

Angular公式サイト　TemplateSyntax
https://angular.io/guide/template-syntax#template-syntax

2.4.2.4　ディレクティブ

　Angularでは、HTMLテンプレートで利用する独自タグや属性を「ディレクティブ」と呼びます。テンプレート構文に含まれる*ngIfや*ngForは、Angularに内蔵しているディレクティブなので組み込みディレクティブと呼びます。
　ディレクティブは開発者が独自に作成できます。コンポーネントも、独自のタグに出力されるのでディレクティブになります。ここまで動作確認で作成したコンポーネントも、すべてディレクティブです。
　つまり、独自に開発したプログラムをライブラリとして配布する方法に加えて、ディレクティブ（独自タグ）として配布する方法が選択できるのです。特にユーザーインタフェースやグラフなどHTMLを直接出力するプログラムについては、ディレクティブで

配布するとHTMLの記述だけでほとんどの実装ができるので有利です。

Angular向けのUIツールであるmaterial2も、ほぼすべての実装をディレクティブで行います。今後、ディレクティブを使った部品の流通が始まると、Angularのコンポーネント指向はさらに広がりを持つことになります。

2.4.2.5 パイプ

パイプは、数字にカンマを付けたり、書式を変更したりするデータ変換を行います。プログラムの中でも利用できますが、HTMLテンプレートでの使用が一般的です。Angular標準で含まれている組み込みパイプに加え、独自のパイプの作成もできます。

●Angular組み込みパイプ「DecimalPipe」の使用例

|で区切られた左辺の値「value」を、右辺の「number」が3桁区切りのカンマ付け加工をして出力しています。

```
value=1000のとき
{{value | number}}の出力は1,000
```

2.4.2.6 HTMLテンプレート記述の制限

HTMLテンプレートを記述する際に、次のような制限があります。

1） HTML記述の制限

HTMLテンプレートに以下の標準HTMLタグを記述できません。

```
script、html、body、base
```

2） テンプレート構文の制限

- ブラウザのグローバルスコープのオブジェクト（windowやdocumentなど）は利用できません。たとえば、windowオブジェクトから画面幅の取得や、console.log出力はできません。
- コンポーネント内のプロパティとメソッドが利用できます。
- 以下の演算子は利用できません。
    複合代入（+=、-=、...）
    インクリメント、デクリメント（++または--）
    ビット演算（|または&）
    オブジェクト生成（new）

第2章　Angularアプリ開発の基礎知識

※裏技として、本来利用できないグローバルスコープのオブジェクトをコンポーネントクラスのプロパティとして登録すると利用できます。たとえばconsoleオブジェクトへの参照をコンポーネントクラスのプロパティに追加すると、HTMLテンプレートでconsole.logが利用でき、デバッグが容易になります。ただし裏技なので、今後利用できなくなる可能性があります。

2.4.3　CSSのカプセル化

　CSSは、クラスやタグ名ごとにスタイルを定義したファイルをindex.htmlのhead内に配置するのが一般的です。しかし、この方法ではスタイルの適用範囲（スコープ）がページ全体ですので、複数の部品を組み合わせるコンポーネント指向開発では、名前が同じクラスやタグのスタイル定義が上書きされて異常が発生します。

　この問題を解決するため、Angularはコンポーネント単位でCSSの適用範囲を閉じ込める「CSSのカプセル化」を提供しています。

　また、コンポーネントを入れ子にした場合、一部のCSSのプロパティは外部のタグに適用されたスタイルが、内部のタグに継承されます。これもコンポーネント指向開発においては障害となる特性ですので、無効にする設定を行います。

　それでは、ここまでの説明について動作確認しましょう。テスト環境として親・子・孫の3階層構造のコンポーネントを使います（図2-53）。CSSの設定場所を従来と同じ①と、Angularで設定するコンポーネントごとの②に、設定して表示結果を確認します。また②にCSSを適用した場合の孫コンポーネントへのスタイル継承の無効化も行います。

```
［土台］index.html①　　　［ページ全体CSS適用］styles.css
［親］　　app.component.html　　　　app.component.css
［子］　　child01.component.htm　　 child01.component.css②
［孫］　　child02.component.html　　child01.component.css
```

図2-53　CSSカプセル化のテスト環境

2.4.3.1　通常のHTMLにおいて外部CSSの影響を受ける例

❶　src¥index.htmlを開き、リスト2-11の青文字部分を追加入力して実行します。従来のCSS設定方法です。

リスト2-11　`src¥index.html`

```html
  <link rel="icon" type="image/x-icon" href="favicon.ico">
  <style>
    h1,p{
      color: blue;
```

```
      }
    </style>
  </head>
  <body>
```

❷ ブラウザで確認すると、全ての文字を青色に変わっています（図2-54）。ページ全体にスタイルが適用され、h1またはpタグ内の文字が青文字に変わります。

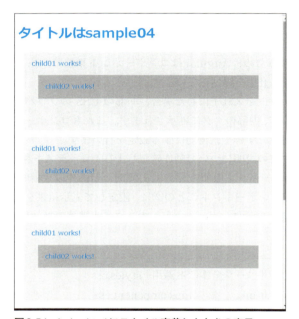

図2-54　index.htmlにスタイル定義したときの表示

❸ index.htmlに、同じ名前のタグに適用する青文字部分のスタイルを追加してみます。複数のCSSを組み合わせてスタイル定義が重複したときのシミュレーションです。

リスト2-12　¥src¥index.html

```
  <link rel="icon" type="image/x-icon" href="favicon.ico">
  <style>
    h1,p{
      color: blue;
    }
  </style>
  <style>
    h1,p{
      color: black;
```

```
        }
    </style>
</head>
<body>
```

❹ スタイルの設定が上書きされて、文字の色がすべて黒に変わります。青い文字が残っている場合は、ブラウザのリロードを行ってください。

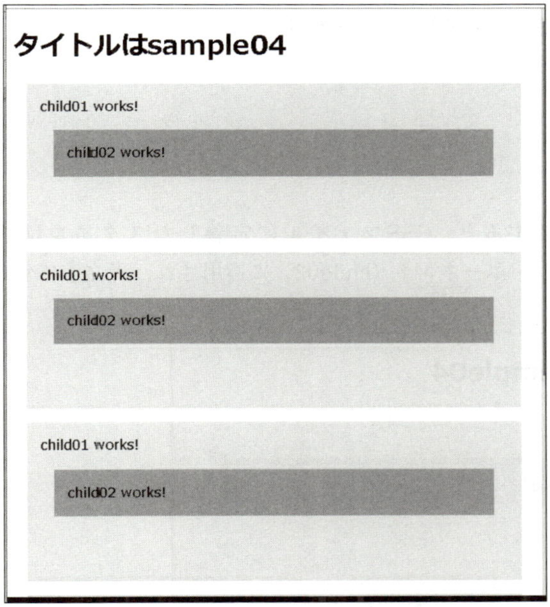

図2-55　スタイル定義の上書きが行われたときの表示

このように、同じ適用先のスタイル定義が複数あると、後に書かれたスタイルで上書きされます。

❺ 手順❶と❸でindex.htmlに追加したスタイル定義をすべて削除してリスト2-13の状態に戻します。

リスト2-13　¥src¥index.html

```
…..
<link rel="icon" type="image/x-icon" href="favicon.ico">
<body>
```

2.4.3.2　AngularのCSSカプセル化の例

今度は、AngularのコンポーネントごとのCSSファイルにスタイルを定義してみます。CSSのカプセル化が有効になります。

❶ ¥src¥app¥child01.component.cssを開き、リスト2-14の青文字部分を入力して実行します。

リスト2-14　**¥src¥app¥child01.component.css**

```
h1,p{
  color: blue;
}
```

❷ ブラウザで確認すると、CSSファイルに定義したスタイルは子コンポーネント（child01）と孫コンポーネント（child02）に適用され、青文字に変わっています。

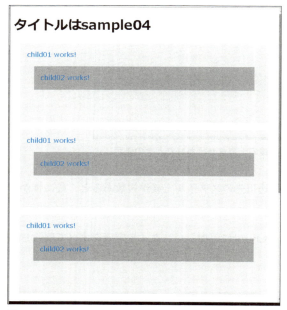

図2-56　child01.component.cssにスタイル定義したときの表示

❸ 孫コンポーネントが影響を受けているのはCSS継承によるものです。これを無効にするCSS設定を行います。孫コンポーネントに直接設定も可能ですが、ページ全体で無効にしたい場合は、styles.cssに記述します。

❹ ¥styles.cssを開き、リスト2-15の青文字部分を入力して実行します。これは、CSSの
colorプロパティに値の設定がない場合、プロパティの初期値を利用する設定です。こ
の設定がなければ親コンポーネントから継承した値が設定されます。

リスト2-15　**¥styles.css**

```
p{
  color: initial;
}
```

❺ ブラウザで確認すると、CSSファイルに定義したスタイルは子コンポーネント
（child01）のみに適用され、青文字に変わっています。つまりCSSの適用範囲がコン
ポーネント内に限定されています。

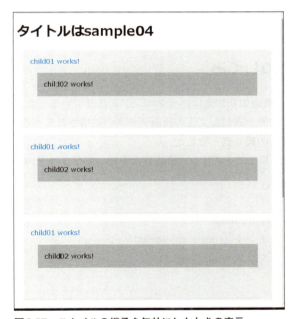

図2-57　スタイルの継承を無効にしたときの表示

ここまでで、CSSカプセル化の動作確認が出来ました。CSSカプセル化は、各コンポー
ネントのCSSファイルだけでなく、テンプレートファイルに記述したスタイルタグの定
義にも適用されます。

CSSのカプセル化は優れた機能ですが、開発の現場では従来の方法からすぐに切り替え
るのが難しいこともあります。従来どおり、index.htmlにスタイルを記述する方法も継続
または併用できます。

2.5 Angularの基本機能と用語（3）

Angularの基本機能についての紹介と用語解説を行った後、テストプログラムでその内容確認します。

2.5.1 リアクティブフォーム

Angularで双方向データバインドを実装する方法の1つです。Angular2から使われてきたテンプレート稼働型とは異なる新しい方式で、フォーム要素とフォームコントロールがリアルタイムで同期します。フォームコントロールはグループ化して階層構造を持たせることができます。グループ単位、階層単位で入力データの取得やリセットを一括で行えるので便利です。

2.5.2 画面切り替えのしくみ

従来のWebでは、画面切り替えはバックエンドに任せていました。リンクや送信ボタンをクリックしてデータを送信して次の画面データが送信されてくるのを待ち、受信したデータを表示することの繰り返しでした。

Angularは、これと同じことを4つの構成要素を使ってブラウザ内で行います。

1. ルーター（router）
2. ルートマップ（route map）
3. ルートコンポーネント（root component）
4. コンポーネントクラス（component）

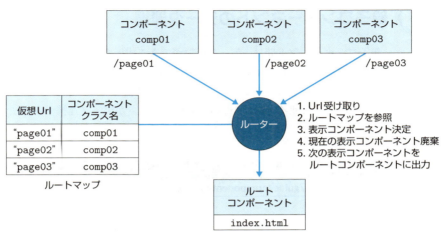

図2-58　画面切り替えの構成要素

　コンポーネントクラス名と仮想URLの関係を示す、ルートマップを作成しておきます。ルーターが切り替え先のURLを受け取ると、ルートマップを参照して次に表示するコンポーネントのクラス名を取得します。現在表示しているコンポーネントは廃棄し、次に表示するコンポーネントをルートコンポーネントの子コンポーネントとしてインスタンス化します。

　ルートコンポーネントはアプリの起動時から終了時までインスタンス化が継続されますが、他のコンポーネントは画面切り替えのたびに、インスタンスの生成と廃棄が繰り返されます。

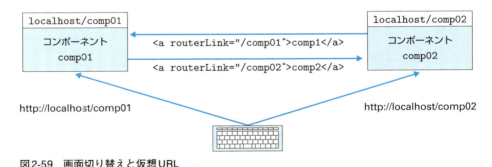

図2-59　画面切り替えと仮想URL

　画面の切り替えをコンポーネントクラス名の指定ではなく、仮想URL経由で行うのは、通常のWebサイト操作との整合性をとるためです。キーボードからの直接URL入力、リンクのクリック、ブラウザの戻る・進むボタンに違和感なく対応できます。

2.5.3 親子コンポーネントのデータ連携

親子コンポーネント間は、データ交換ができます。たとえば、親コンポーネントで生成したデータを子コンポーネントへ渡して表示したり、子コンポーネントで入力されたデータを親コンポーネントへ渡してバックエンドへ送信したりできます。

Angularの公式サイトには2つのコンポーネントがデータ連携する方法が何パターンも紹介されています。

Component Interaction
https://angular.io/guide/component-interaction

その中から目的や環境に合わせて選択しますが、実装が容易で柔軟性の高い方法を1つずつ紹介します。

●親→子

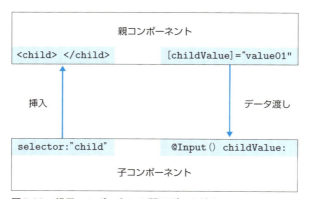

図2-60　親子コンポーネント間のデータ渡し

子コンポーネントが持つ独自タグのプロパティ経由で値を渡します。子コンポーネントは、プロパティに設定された値を@Inputデコレータで宣言したプロパティで受け取ります。通常のHTMLのプロパティには文字列しか渡せませんが、この方式では任意のオブジェクトを渡すことができます。

●子→親

画面間のデータ渡し同じように、サービスを介してデータ渡しを行います。

2.5.4 コンポーネントのライフサイクル

従来のWebでは、ページがロードされ準備できた時点で呼び出されるwindow.onloadなどをトリガーとしてプログラムを開始していました。

Angularでは、コンポーネントクラスにある「ライフサイクル・フック」と呼ばれるインタフェースで同様のしくみを実装します。主なインタフェースに以下のものがあります。インタフェースを実装するメソッド名は、[ng+インタフェース名]になります。

- OnInitインタフェース
  コンポーネントクラスの初期化完了時に呼ばれます。
  ngOnInit()メソッドを実装します。このメソッド内に実装するクラスの初期化処理を記述します。
- AfterViewInitインタフェース
  子コンポーネント初期化完了時に呼ばれます。
  ngAfterViewInit()メソッドを実装します。このメソッド内に子コンポーネントに対する初期化処理を記述します。
- OnDestroyインタフェース
  コンポーネントの廃棄直前に呼ばれます。
  ngOnDestroy()メソッドを実装します。このメソッド内で、イベントや通知のリスナー（サブスクリプション）など保持しているリソースを解放します。

リスト2-16　**OnInit**インタフェースの実装（**ngOnInit**メソッド）

```
import {OnInit} from "@angular/core";
export クラス名  implements OnInit{
  ngOnInit(){
    //実装するクラスの初期化処理
  }
}
```

2.5.5 サービスとDI（依存性注入:Dependency Injection）

サービスは、表示機能を持たないデータ処理用の構成要素です。コンポーネントに、DIで簡単に取り込めます。アプリの開始から終了まで常駐するので、表示が切り替わるたびに生成・廃棄されるコンポーネント間のデータ受け渡しやアプリ共通のデータ保持などに利用します。サービス同士もDIで結合できます。DIは、取り込み先クラスのコンストラクタの仮引数にサービスのクラス名を指定するだけで、すぐに利用できるしくみです。DIを行うサービスは@Injectableデコレータで修飾したクラスを利用します（リスト

2-17）。DIを受け入れるクラスは、コンストラクタの引数として受け取ります。

リスト2-17　DI可能なサービスクラスの実装例
```
//クラス宣言に@Injectableデコレータを付ける
import {Injectable} from "@angular/core

@Injectable()
export class StoreService {
```

リスト2-18　DIを受け入れるコンポーネントまたはサービスクラスの実装例
```
constructor(
  private storeService: StoreService,
  private router: Router,
  private title: Title
) {
}
```

コンストラクタの引数としてDIするサービスは、DI先クラスのプロパティとして扱われますので、改めて変数宣言の必要はありません。

DIしたサービスはクラス内で使うためアクセス修飾子をprivateにするのが基本ですが、HTMLテンプレートから直接呼び出されることもあります。この場合は、DIしたサービスはアクセス修飾子をpublicにします。

2.5.5.1　import文

import文は、外部のファイルでexport宣言されたクラスや関数などを取得します。よく使われる構文は以下になります。

```
import{取得対象名} from "取得場所"`
```

取得場所の指定は、相対パスとパスが省略された記述の2種類があります。

- ●相対パス
  import文のあるファイルを基準とした相対パスを検索します
- ●パス省略
  プロジェクト内の`node_modules`フォルダを検索します

import文はIDEを利用すると多くのケースで自動生成してくれますが、よく質問を受けますので、参考情報として解説します。

import文のファイル探索
拡張子を除いた名前で、ファイルまたはフォルダ内のインデックスファイルから探します。インデックスファイルの複雑な連鎖をたどってゆくこともあります。以下にいくつかの例を示します。

例1）取得場所のファイルをすぐに解決できるケース
```
import {Child01Component} from './child01/child01.component';
```
./child01/child01.component.tsファイルからChild01Componentクラスをインポート

例2）インデックスファイルの連鎖をたどって解決できるケース
```
import {OnInit} from "@angular/core";
```
1) node_modules¥@angular¥coreフォルダを検索
2) core.d.tsファイル内を検索
3) core.d.tsファイルの記述から、public_api.d.tsファイル内を検索

```
export * from './public_api';
```
4) public_api.d.tsファイルの記述から、.¥src¥core.d.tsファイル内を検索

```
export * from './src/core';
```
5) .¥src¥core.d.tsファイルの記述から、.¥metadata.d.tsファイル内を検索

```
export * from './metadata';
```
6) .¥metadata.d.tsファイルの記述から、.¥metadata¥lifecycle_hooksファイル内を検索

```
export { ....,OnInit } from './metadata/lifecycle_hooks';
```
7) .¥metadata¥lifecycle_hooks.d.tsファイルの記述から、OnInitインタフェースの定義を発見
```
export interface OnInit {
    ngOnInit(): void;
}
```

2.6 テストプログラム

2.6.1 テストプログラムの概要

2.6.1.1 テストプログラムの起動

❶ Visual Studio Codeを起動し、［basic_YYYYMMDD¥app¥sample02］フォルダを開きます。

❷ ターミナルのカレントディレクトリがsample02であることを確認します。異なる場合は、このディレクトリに移動します。

❸ ターミナルに以下のコマンドを入力します。

```
ng serve --open
```

❹ しばらくするとブラウザが起動し、1ページ目の画面が表示されます。

2.6.1.2 画面構成

テストプログラムは2画面で構成されています。

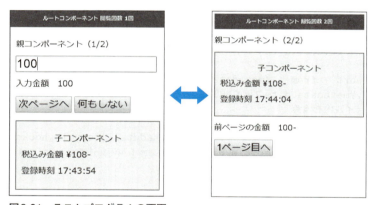

図2-61 テストプログラムの画面
①1ページ目と2ページ目両方に共通のヘッダーは、ページの閲覧回数を表示します。
②1ページ目の画面で金額を入力すると、入力欄の直下に同じ値がリアルタイムで表示されます。
③［次ページへ］ボタンをクリックすると、次のページに入力した値が渡され、表示されます。1ページ目と2ページ目の消費税の金額表示欄は、同じコンポーネントを利用しています。
④この時点では［何もしない］ボタンは無視してください。
⑤子コンポーネントとして組み込んだ画面が消費税込の金額と更新された時刻を表示します。

2.6.1.3 ファイル構成

❶ Visual Studio Codeで、sample02のプロジェクトルートを開きます。

❷ 画面左のファイル一覧から、ソースコードが保存されている［src¥app］フォルダを展開します。

❸ 7個のファイルから構成されていることを確認します。これらのファイルの関係をまとめたのが図2-60です。

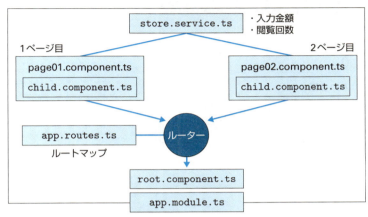

図2-62　テストプログラムの構成図
　　● app.module.ts
　　　作成するアプリの構成要素を登録しています。
　　● app.routes.ts
　　　ルーターが画面を切り替える際に利用します。仮想URLとコンポーネントクラスの名前を関連付けるルートマップです。
　　● child.component.ts
　　　画面共通の表示部分を子コンポーネントとして提供します。
　　● page01.component.ts
　　　1ページ目を表示するコンポーネント。
　　● page02.component.ts
　　　2ページ目を表示するコンポーネント。
　　● root.component.ts
　　　ルートコンポーネント。画面の共通機能であるヘッダー表示に閲覧回数を表示します。
　　● store.service.ts
　　　画面共通のデータ（入力金額と閲覧回数）を保存します。

2.6.2　動作確認

2.6.2.1　HTML出力

❶「ng serve --open」コマンドをターミナル画面から実行し、テストプログラムの1ページ目をブラウザで表示した状態で、リロードを行って表示を初期化します。

❷ Developer Toolsを起動し、[Elements]メニューを選択し、表示画面のHTMLコードを表示します。HTMLコード内の▶アイコンをクリックして折りたたみ表示を展開します。

図2-63　Developer ToolsでHTML出力を確認

❸ 金額を入力して、子コンポーネントを表示させます。

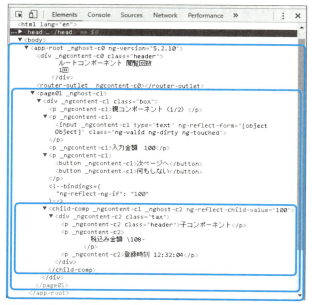

図2-64　Page01の子コンポーネント表示のHTML出力

❹ 初めにコードされたindex.htmlの上に、ルートコンポーネント、その上にPage01コンポーネント、さらにChildコンポーネントのHTMLが追加された4階層の入れ子構造が確認できました。

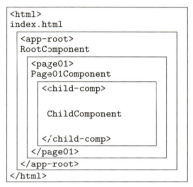

図2-65　4階層の入れ子構造

❺ ［次のページへ］ボタンをクリックして2ページ目の画面に進みます。

❻ Rootコンポーネントの出力は変化なく、page01とpage02の出力が入れ替わっています。

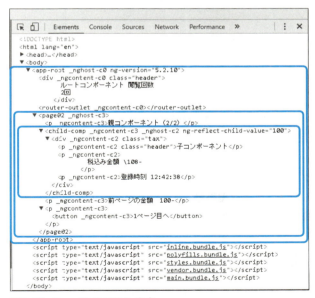

図2-66　Page02のHTML出力

これで、解説したルーターのしくみどおりのHTML出力が確認できました。

2.6.2.2 コンソールログ

❶ Developer Toolsを起動し、[Console]メニューを選択してログ出力を確認します。

図2-67　Developer Toolsのコンソール出力

❷ ログのクリアは、コンソール画面左上のクリアボタンをクリックします。ログのフィルタ表示は、コンソール画面上の入力欄に表示したいログが含む文字を入力後、Enterキーを押します。また、フィルタ右隣の表示ログレベルが「Default levels」であることを確認します。

テストプログラムでは、すべてのメソッド内にconsole.logを記述しています。コンポーネントで実装したメソッドは■■■、ライフサイクルフックは@@@、サービスで実装したメソッドは●●●マークが先頭に付いています。

2.6.2.3 アプリの起動シーケンス

アプリの起動シーケンスをコンソールログで確認してみましょう。

❶ 1ページ目の画面を表示します。

❷ Developer Toolsを起動し、［Console］メニューを選択します。

❸ ログ画面上部のログのクリアボタンをクリックし、ログを消去します。

❹ ブラウザのリロードを行います。

❺ ログが表示されます。

❻ フィルタ入力欄に、以下を入力して起動シーケンスを追跡します（正規表現のフィルタは / で囲みます）。

```
/load|const/
```

❼ 次のようにloadまたはconstを含む行のみが表示されます。

```
load: index.html
main.ts:7 load: main.ts
app.module.ts:34 @@@constructor
store.service.ts:16 @@@constructor
root.component.ts:56 @@@constructor
page01.component.ts:55 @@@constructor
```

　HTML出力で確認したように、初めにindex.htmlファイルがロードされ、main.tsが呼び出され、その後は、AppModule、StoreService、RootComponent、Page01Componentのインスタンス化が順番に行われています。

2.6.2.4　コンポーネント実装のライフサイクル

　コンポーネントのライフサイクルフックを確認してみましょう。

❶ 1ページ目の画面を表示し、ログを消去します。

❷ ブラウザのリロードを行います。

❸ ［次ページへ］ボタンをクリックします。

❹ フィルタ入力欄に、以下を入力します。重要なライフサイクルフックの呼び出しのみ追跡できます。

```
/@@@ngOnInit|@@@ngAfterViewInit|@@@ngOnDestroy/
```

❺ 次のようなログを確認します。

```
root.component.ts:78  @@@ngOnInit         ――①
root.component.ts:94  @@@ngAfterViewInit  ――②
page01.component.ts:60  @@@ngOnInit         ――①
page01.component.ts:98  @@@ngAfterViewInit  ――②
page01.component.ts:106 @@@ngOnDestroy      ――③
page02.component.ts:54  @@@ngOnInit         ――①
child.component.ts:63   @@@ngOnInit         ――①
child.component.ts:83   @@@ngAfterViewInit  ――②
page02.component.ts:85  @@@ngAfterViewInit  ――②④
```

ログの内容から以下がわかります。

① ngOnInit（初期化フック）は、constructor呼び出しと同じ順番で行われている。
② ngAfterViewInitは、コンポーネントごとにngOnInitの後に呼ばれている。
③ Page01Componentは、Page02が初期化される前に廃棄されている。
④ 子コンポーネントの初期化終了後に、親コンポーネントのngAfterViewInitが呼ばれている。

2.6.2.5 画面切り替えの実装

❶ src¥app¥app.routes.tsを開きます。このファイルにはルートマップが定義されています。

```
//パッケージのインポート
  import {Page01Component} from "./page01.component";
  import {Page02Component} from "./page02.component";

//ルートマップの定義
export const ROUTES = [
  {path: "page02", component: Page02Component},  ――①
  {path: "page01", component: Page01Component},  ――②
  {path: "**", component: Page01Component}       ――③
];
```

① URLパスが、/page02のときは、Page02Componentクラスを表示します。
② URLパスが、/page01のときは、Page01Componentクラスを表示します。
③ URLパスが、ここまで定義したパスと一致しない場合、Page01Componentクラスを表示します。

では、未定義のパスが呼び出された時の動作を確認してみます。

❶ app.routes.tsの❸行を、コメント文に変更します。

❷ 1ページ目の画面を表示し、Developer ToolsのConsoleメニューを選択。ログを消去します。フィルタ入力欄を空白にします。

❸ ブラウザのURL入力欄に http://localhost:4200/page03 という存在しないページのURLを入力して改行キーを押します。

❹ コンソールにエラーメッセージが表示され、ページの内容が表示されません。

❺ app.routes.tsの❸行を、有効にします。

❻ 再度、ブラウザのURL入力欄に http://localhost:4200/page03 を入力して改行キーを押します。

❼ 今度は、Page01が表示されます。

2.6.2.6　データ同期（two way binding）

　Google Chrome Developer Toolsを使い、金額入力欄とフォームコントロールがデータ同期を行う様子を、ブレークポイントを指定して値を確認します。データの流れを片方向ずつ確認します。

■入力欄→フォームコントロール

❶ Page01を表示します。

❷ Developer Toolsの［Source］メニューを選択します。

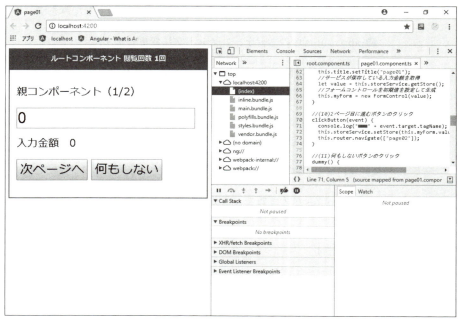

図2-68　Developer ToolsのSource画面

❸ 左ペインの［雲のマークのwebpack://］→［.］→［src］→［app］→［page01.component.ts］を選択して、右ペインにpage01.comonent.tsのソースコードを表示します。

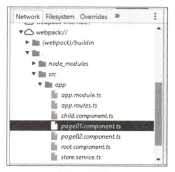

図2-69　デバッグ対象ファイルの選択

❹「console.log("@@@ngDoCheck");」の行番号をクリックしてブレークポイントを指定します。位置は、「(12)以降はイベント履歴の記録用」というコメントのある、2番目のメソッドです。

図2-70 デバッグ対象ファイルの選択

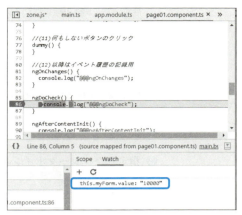

図2-71 ［this.myForm.value］の値を確認

❺ 右下のペインの［Scope］［Watch］タブから［Watch］を選択します。ペイン左上端の［+］ボタンをクリックします。入力欄が表示されるので「this.myForm.value」と入力してください。

❻ 金額入力欄の値を変更すると指定したブレークポイントでプログラムが停止します。

❼ 右下のペインからWatchに登録した［this.myForm.value］の値を確認すると入力金額と一致しています。

❽ 画面左の▶（Resume script execution）ボタンをクリックして処理を進ませます。

❽ 同様に入力欄の金額を変更すると、myForm.valueの値が一致します。

❾ 設定したブレークポイントを再度クリックして削除します。

これで、金額入力欄の値がフォームコントロールのプロパティへ反映されることを確認できました。

■フォームコントロール→入力欄

❶ page01.component.tsファイルの初期化処理の最終行「this.myForm = new FormControl(value);」の行番号をクリックしてブレークポイントを指定します。ここで、フォームコントロールのvalueプロパティの初期値を設定しています。

図2-72 ブレークポイントの指定

❷ page01をリロードします。

❸ 指定したブレークポイントでプログラムが停止します。

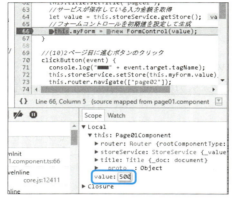

図2-73 変数の値を上書き

❹ 右下のペインから、ローカル変数の値を確認します。0となっている値を、ダブルクリックして500に変更します。

❺ 画面左の▶（Resume script execution）ボタンをクリックして処理を進ます。

❻ 金額入力欄の値が500になり、myForm.valueの値と一致します。

❼ 設定したブレークポイントを再度クリックして削除します。

これで、データ同期の動作が確認できました。

2.6.2.7 親子コンポーネントのデータ連携

親コンポーネントから子コンポーネントへのデータ渡しは、子コンポーネントの独自タグ（ディレクティブ）のプロパティを経由して行います。ここでは、親コンポーネントのフォームコントロールのvalueプロパティ（入力金額の値）を、子コンポーネントが@Inputデコレータで定義したchildValueプロパティで受け取っています。

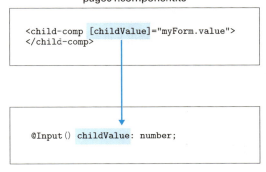

図2-74　親子データ連携の全体像

❶ child.comonent.tsを開き、addTax()メソッド内のconsole.log文にブレークポイントを設定します。

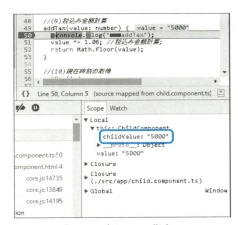

図2-75　ブレークポイントの指定

❷ 親コンポーネントの金額入力欄の値が、childValueに渡されています。

❸ 金額の値を変更すると、childValueの値も同じ値に変化することを確認します。

親から子コンポーネントへの値渡しが確認できました。しかし、ちょっと不思議だと思いませんか？ 入力欄の金額が変化するたびに、addTax()メソッドを呼び出すプログラムはどこにも書いていません。その謎を解くのが次の変更検知です。

2.6.2.8 変更検知（Change Detection）

コンポーネントが表示を更新する方法は、今までとは全く違う大胆なものです。項目単位ではなく、画面単位で考えます。また変更の検出と更新をコンポーネントに任せます。

1) 従来の表示更新の方法

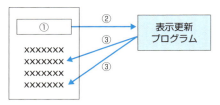

図2-76　従来の表示更新
①表示を更新するHTML要素（input、select、textareaなど）で発生するイベントを事前に登録しておく。
②登録したイベント受信して、変更後の値を受け取る。
③変更値を元に、必要な項目を個別に更新。

2) コンポーネントの表示更新の方法

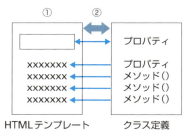

図2-77　コンポーネントの表示更新
①プロパティが変化、または非同期の操作（マウスのクリック、データ受信、タイマーの終了など）をコンポーネントが検出。
②コンポーネントが表示しているすべてを自動更新。

この方式は、画面の更新処理をAngularが自律的に行うため、基本的にプログラム不要になります。プログラムがないので、表示項目を増やしたり変更したりしても、処理漏れのリスクを回避でき、生産性が大幅に向上します。

全く新しい方式ですので、動作確認をしっかり行いましょう。

■1つのプロパティ変更での画面全体の更新

❶ Page01を表示します。

❷ 金額欄に値を入力します。

❸ 金額が変化するたびに、全く関連性のない登録時刻が更新されます。

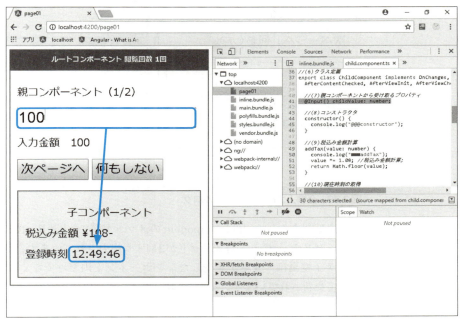

図2-78　金額入力のたびに登録時刻が更新される

　これは、入力欄の値の変化を検出したコンポーネントが、他の表示項目を同時に更新することを示しています。

■更新対象範囲の確認

❶ Developer Toolsを開き、[Console]メニューを選択します。

❷ コンソール画面をクリアした後、同様に金額を変更するとログが出力されます。

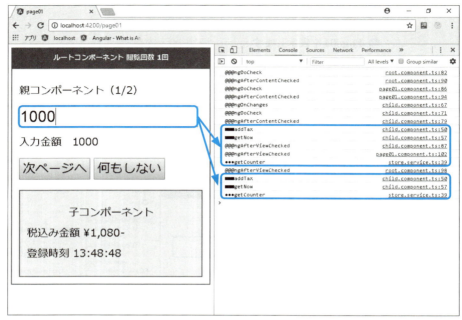

図2-79　金額入力時のコンソールログ

❸ ログを確認すると、ChildComponentのメソッドが2つと、RootComponentが呼び出すサービスのgetCouter()メソッドが2回ずつ出力されています。コンポーネントのプロパティ変更は、変更が発生したコンポーネント内だけでなく、親や子などをまたがって更新されています。2回ずつ呼び出される理由は、この後の「自動更新の検証機能」で説明します。

■ イベントによる自動更新

　AngularJS（バージョン1）の頃は、深い階層構造のオブジェクトなどプロパティの変化をうまく検知できないことがたびたび発生していました。その対策として、プロパティの変更処理が完了した時点で、Angularに変更を伝える実装をしていました。しかし、検出漏れの可能性があるようでは自動更新のしくみは成り立ちません。

　Angular2以降では、値が変化したという結果を検出するだけでなく、変更が行われるときは非同期処理を伴うという発想のもと、変更の原因となるキーやマウスの操作、通信完了、データベース処理完了などのイベントを元に更新を行います。原因から監視するので、基本的に検出漏れは発生しません。安心して利用できます。この動作を再現してみます。

❶ Page01を開きます。

❷ ［何もしない］ボタンをクリックします。このボタンは、空のメソッドを呼び出すだけです。

❸ 入力金額を変化させたときと同じようにログが出力されます。マウスクリックをトリガーとして更新処理が行われることがわかりました。

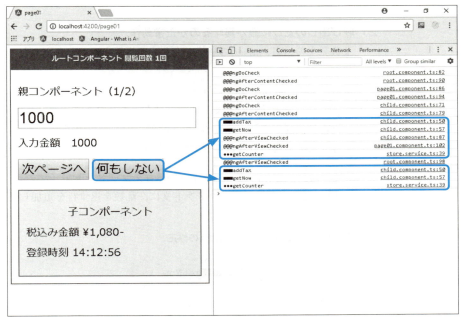

図2-80　クリックイベント発生時のコンソール

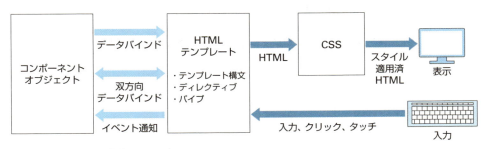

図2-81　自動更新の全体図

■ 自動更新の検証機能

　最後に自動更新の検証機能について確認します。開発モード（既定値）でビルドを行った場合、Angularではコンポーネントの自動更新を2回行い、値が変化している場合はエラーを出力します。このエラーが検出される原因は2つ考えられます。

1) 自動更新のしくみでは不具合があるケース
  プロパティ同士が書き替えを行うループ処理になっている、複数回呼ばれることを想定していないなど

2) 呼び出しのたびに値が異なるのが正常動作
  乱数発生の出力、msecの単位で変化する機器からのデータなど

　運用モード（prodオプション付きビルド）を行った場合は検証機能は働かないので、正常と確認できた場合はそのままで構いません。不具合があるケースは調査を行います。
　自動更新の検証を確認するため、登録時刻表示を乱数の表示に変更してみます。これで更新を行うたびに異なった値を返す動作を確認できます。

❶ child.component.tsファイルのgetNow()メソッドを下記（青文字）のように変更します。時刻文字列を返す行をコメント文に、乱数を返す行を追加します。

リスト2-19　**child.component.tsの修正**

```
getNow() {
    console.log("■■■getNow");
  //return (new Date()).toLocaleTimeString()
    return Math.random();
  }
```

❷ Page01を表示し、金額を入力します。

❸ 金額入力と同時に、コンソールログにエラーが表示されます。

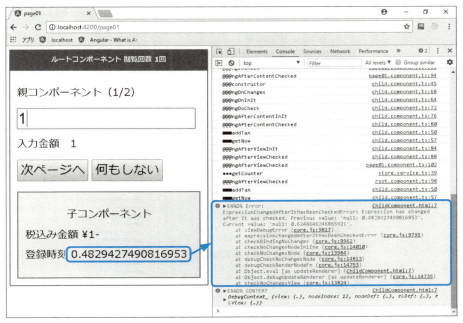

図2-82　更新検証機能によるエラー表示

❹ エラーメッセージは、「ExpressionChangedAfterItHasBeenCheckedError: Expression has changed after it was checked.」となっています。

❺ 今度は、運用モードでビルドして実行します。

```
ng serve --prod --open
```

❻ エラーは表示されず、正常に動作します。

図2-83　運用モードでビルドしたときはエラー表示なし

　ここまでAngular変更検知について確認を行いました。今までに新しい考え方なので把握するのに時間がかかります。確認作業を何度も繰り返し試してください。

2.6.3　ソースコードの解説

2.6.3.1　1ページ目

　page01.component.tsのコードを分割して解説します。

■インポート

リスト2-20　`page01.component.ts`（その1）

```
//(1)パッケージのインポート
import {
  AfterContentChecked, AfterContentInit, AfterViewChecked,
  AfterViewInit, Component, DoCheck, OnChanges,
  OnDestroy, OnInit} from "@angular/core";      ──①
import {StoreService} from "./store.service";    ──②
import {FormControl} from "@angular/forms";      ──③
import {Router} from "@angular/router";          ──④
```

```
import {Title} from "@angular/platform-browser";  ――⑤
```

(1)-①は、コンポーネントのライフサイクルイベントを取得するためのインタフェースです。動作確認のため検出可能なインタフェースをすべてインポートしています。通常は0〜数個を利用します。
(1)-②は、このプログラムで独自作成したサービスクラスです。
(1)-③は、入力フォームとフォームコントロールを同期するクラスです（AngularAPI）。
(1)-④は、画面切り替え（ルーター機能）を提供するクラスです（AngularAPI）。
(1)-⑤は、表示するページのタイトルを設定するクラスです。ここで設定した名前はブラウザの閲覧履歴に記録されます（AngularAPI）。

■ デコレータ

リスト2-21　**page01.component.ts**（その2）

```
//(2)デコレータ
@Component({

  //(3)出力先タグ名
  selector: "page01",

  //(4)HTMLテンプレート
  template: `
    <div class="box">
      <p>親コンポーネント (1/2) </p>
      <p><input type="text" [formControl]="myForm"/></p>  ――①
      <p>入力金額 {{myForm.value}}</p>
      <p>
        <button (click)="clickLink($event)">次ページへ</button>  ――②
        <button (click)="dummy">何もしない</button>
      </p>
      <!--子コンポーネント出力先-->
      <child-comp [childValue]="myForm.value"  ――③
                  *ngIf="myForm.value"></child-comp>
    </div>
  `,
  //(5)CSS
  styles: [
    `.box {
    border: gray solid 2px;
    padding: 1em;
  }`
  ]
})
```

テストプログラムはコード量が少ないため、HTMLテンプレートとCSSを別ファイルにしていません。デコレータの中に記述（インライン）しています。その場合、パラメータ名をtemplateUrl->template, styleUrls->stylesに変更します。

(4)-① の[formControl]は、Angular組み込みのディレクティブで、フォームコントロールのインスタンスと入力フォームの同期を行います。詳しくは下記のサイトの説明を見てください。

> **FormControlDirective**
> https://angular.io/api/forms/FormControlDirective

ここではコンポーネントクラスで生成したフォームコントロール（myForm）と入力フォームの紐付けを行っています。その結果、金額入力欄に表示された値とmyFormのvalueプロパティの値が同期します。

(4)-② の(イベント名)="メソッド名($event)"は、HTMLで発生したイベントをコンポーネントに渡します。$event変数には、イベントが保持するデータオブジェクトが渡されます。

(4)-③ <child-comp [childValue]="myForm.value"
　　　　*ngIf=myForm.value></child-comp>

この記述は、以下の3つの要素に分解できます。

A）子コンポーネント出力タグ
このプログラムで利用する子コンポーネントは、selectorで「child-comp」を指定しているので、このタグの中に出力されます。

B）プロパティ経由での親から子へのデータ渡し
[childValue]="myForm.value"
プロパティを使った親から子コンポーネントへのデータ渡しです。ここでは、子コンポーネントのchildValueプロパティにフォームコントロールの値、すなわち入力欄の値を渡しています。

C）表示・非表示の切り替え
*ngIf="myForm.value"

*ngIfは、Angularの組み込みディレクティブです。右辺の真偽値に応じて、このディレクティブが記述されたHTML要素に含まれる表示をオン/オフします。ここでは、入力欄の値が空白や0のときはmyForm.valueは偽になるため、子コンポーネントは非表示となり、数字が入力されるとmyForm.valueが正となり、子コンポーネントが表示されます。

(5)は、Page01Componentの表示領域に枠を表示するCSSです。

■ クラス定義リスト

リスト2-22　**page01.component.ts**(その3)

```
//(6)クラス定義
export class Page01Component implements OnChanges, OnInit,
  DoCheck, AfterContentInit, AfterContentChecked,
  AfterViewInit, AfterViewChecked, OnDestroy {

  //(7)フォームコントロール
  myForm;

  //(8)コンストラクタ(サービスのDI)
  constructor(
    private storeService: StoreService,
    private router: Router,
    private title: Title
  ) {
    console.log("@@@constructor");
  }

  //(9)コンポーネント初期化処理
  ngOnInit() {
    console.log("@@@ngOnInit");
    //ページタイトルの設定
    this.title.setTitle("page01");    ——①
    //サービスが保存している入力金額を取得
    let value = this.storeService.getStore();    ——②
    //フォームコントロールに初期値を設定して生成
    this.myForm = new FormControl(value);    ——③
  }

  //(10)2ページ目に進むボタンのクリック
  clickButton(event) {
    console.log("■■■" + event.target.tagName);
    this.storeService.setStore(this.myForm.value);    ——①
    this.router.navigate(["page02"]);    ——②
  }

  //(11)何もしないボタンのクリック
```

```
    dummy() {
    }

    //(12)以降はイベント履歴の記録用
    ngOnChanges() {
      console.log("@@@ngOnChanges");
    }
（以下省略）
```

(6) は、Page01Componentクラスの宣言文です。implementの後はコンポーネントのライフサイクルイベントを取得するためのインタフェースです。通常は0～数個程度を実装します。動作確認のため検出可能なインタフェースをすべてインポートしています。

(7) では、金額入力欄と双方向データバインドするフォームコントロールmyFormを宣言しています。

(8) は、コンストラクタでDI（Dependency Injection：依存性の注入）を行い、外部のサービスを利用可能にします。ここでは、このプログラムで独自作成したStoreServiceクラスとRouter、TileCounterServiceをDIしています。

(9) のngOnInit()メソッドは、コンポーネント本体の初期化が完了した時点で呼び出されるライフサイクルフックです。コンポーネントクラスの初期化処理を行っています。

(9)-① では、ページのタイトルをindex.htmlのtitleタグで設定するので、コンポーネント内では直接呼び出すことができません。そのため、Angularではタイトルの読み書き専用のTitleクラスをAPIとして提供しています。ここではページ名を「page01」に設定しています。

(9)-② では、DIで取り込んだStoreServiceが保持する金額の値を取得します。入力欄があるのにサーバーから値を取得するのは、2ページ目から戻ってきたケースへの対応です。入力欄の値は2ページ目に遷移するときに、コンポーネントごと廃棄されています。

(9)-③ では、フォームコントロールクラスのインスタンス化を行います。その際、(9)-②のサーバーから取得した値を初期値として設定し、2ページ目に移動する前の状態を復元します。

(10) は、HTMLテンプレート(4)-②でボタンのクリックイベントとバインドされたメソッドの処理です。

(10)-① で、入力フォームの値をフォームコントロールから取得（this.myForm.value）し、storeService.setStore()メソッドで保存しています。

(10)-② で、ルーターに2ページ目のURLである"page02"を渡し、画面を切り替えます。

2.6.3.2 2ページ目

page02.component.tsのコードを分割して解説します。

■ インポート

リスト2-23　**page02.component.ts（その1）**

```
//(1)パッケージのインポート
import {
  AfterContentChecked, AfterContentInit, AfterViewChecked,
  AfterViewInit, Component, DoCheck, OnChanges,
  OnDestroy, OnInit} from "@angular/core";      ──①
import {StoreService} from "./store.service";    ──②
import {Router} from "@angular/router";          ──③
import {Title} from "@angular/platform-browser"; ──④
```

(1)-①は、コンポーネントのライフサイクルイベントを取得するためのインタフェースです。動作確認のため検出可能なインタフェースをすべてインポートしています。通常は0?数個を利用します。
(1)-②は、このプログラムで独自作成したサービスクラスです。
(1)-③は、画面切り替え（ルーター機能）を提供するクラスです（AngularAPI）。
(1)-④は、表示するページのタイトルを設定するクラスです。ここで設定した名前はブラウザの閲覧履歴に記録されます（AngularAPI）。

■ デコレータ

リスト2-24　**page02.component.ts（その2）**

```
//(2)デコレータ
@Component({

  //(3)出力先タグ名
  selector: "page02",

  //(4)HTMLテンプレート
  template: `
    <div class="box">
      <p>親コンポーネント (2/2) </p>
      <!--子コンポーネント出力先-->
      <child-comp [childValue]="value02"></child-comp>   ──①
      <p>前ページの金額　¥{{value02 | number}}-</p>      ──②
      <p>
        <button (click)="clickButton($event)">1ページ目へ</button>  ──③
      </p>
    </div>
```

```
    `,
    //(5)CSS
    styles: [
      `.box {
        border: gray solid 2px;
        padding: 1em;
      }`
    ]
})
```

(4)-①は、プロパティを使った親から子コンポーネントへのデータ渡しです。ここでは、子コンポーネントのchildValueプロパティにPage02Componentのvalue02プロパティの値、すなわちサービスから取得した入力欄の値を渡しています。

(4)-②の{{value02 | number}}のnumberはAngular組み込みのパイプです。詳しくは下記のサイトの説明を見てください。

> **DecimalPipe**
> https://angular.io/api/common/DecimalPipe

数字の3桁ごとにカンマを追加した文字に変換します。

(4)-③の(イベント名)="メソッド名($event)"は、HTMLで発生したイベントをコンポーネントに渡します。$event変数には、イベントが保持するデータオブジェクトが渡されます。

(5)は、Page02Componentの表示領域に枠を表示するCSSです。

■ クラス定義

リスト2-25　**page02.component.ts**(その3)

```
//(6)クラス定義
export class Page02Component implements OnChanges, OnInit,
    DoCheck, AfterContentInit, AfterContentChecked,
    AfterViewInit, AfterViewChecked, OnDestroy {

  //(7)前ページで入力された金額
  value02;

  //(8)コンストラクタ(サービスのDI)
  constructor(
    private storeService: StoreService,
    private title: Title,
    private router: Router
```

```
  ) {
    console.log("@@@constructor");
  }

  //(9)コンポーネント初期化処理
  ngOnInit() {
    console.log("@@@ngOnInit");
    //ページタイトルの設定
    this.title.setTitle("page02");        ──①
    //サービスが保存している入力金額を取得
    this.value02 = this.storeService.getStore();  ──②
  }

  //(10)1ページ目へ戻るボタン
  clickButton(event) {
    console.log("■■■" + event.target.tagName);
    this.router.navigate(["page01"]);     ──③
  }

  //(11)以降はイベント履歴の記録用
  ngOnChanges() {
    console.log("@@@ngOnChanges");
  }
(以下省略)
```

(6) は、Page02Componentクラスの宣言文です。implementの後はコンポーネントのライフサイクルイベントを取得するためのインタフェースです。通常は0～数個程度を実装します。動作確認のため検出可能なインタフェースをすべてインポートしています。

(7) は、サービスに保存された金額を代入するプロパティvalue02を定義しています。

(8) は、コンストラクタでDI（Dependency Injection：依存性の注入）を行い、外部のサービスを利用可能にします。ここでは、このプログラムで独自作成したStoreServiceクラスとRouter、TileCounterServiceをDIしています。

(9) のngOnInit()メソッドは、コンポーネント本体の初期化が完了した時点で呼び出されるライフサイクルフックです。コンポーネントクラスの初期化処理を行っています。

(9)-① では、ページのタイトルをindex.htmlのtitleタグで設定するので、コンポーネント内では直接呼び出すことができません。そのため、Angularではタイトルの読み書き専用のTitleクラスをAPIとして提供しています。ここではページ名を「page01」に設定していまず。

(9)-② は、DIで取り込んだStoreServiceが保持する金額の値を取得します。入力

欄があるのにサーバーから値を取得するのは、2ページ目から戻ってきたケースへの対応です。入力欄の値は2ページ目に遷移するときに、コンポーネントごと廃棄されています。

(10)は、HTMLテンプレート(4)-③でボタンのクリックイベントとバインドされたメソッドの処理です。

(10)-①では、ルーターに1ページ目のURLである"page01"を渡し、画面を切り替えます。

2.6.3.3 子コンポーネント

child.component.tsのコードを分割して解説します。

■ インポート

リスト2-26　**child.component.ts**（その1）

```
//(1)パッケージのインポート
import {
  AfterContentChecked, AfterContentInit, AfterViewChecked,
  AfterViewInit, Component, DoCheck, Input, OnChanges,
  OnDestroy, OnInit} from "@angular/core";
```

(1)は、コンポーネントのライフサイクルイベントを取得するためのインタフェースです。動作確認のため検出可能なインタフェースをすべてインポートしています。通常は0～数個を利用します。この中でInputは例外です。親コンポーネントから受け取るプロパティの定義に使います。

■ デコレータ

リスト2-27　**child.component.ts**（その2）

```
//(2)デコレータ
@Component({

  //(3)出力先タグ名
  selector: "child-comp",

  //(4)HTMLテンプレート
  template: `
    <div class="tax">
      <p class="header">子コンポーネント</p>
      <p>
        税込み金額 ¥¥{{addTax(childValue) | number}}    ——①
      </p>
```

```
      <p>登録時刻 {{getNow()}}</p>  ──②
    </div>
  `,
  //(5)CSS
  styles: [
    `.header {   ──①
      display: flex;
      justify-content: center;
      align-items: center;
    }`,
    `.tax {   ──②
      background-color: beige;
      border: gray solid 2px;
      padding: 1em;
    }`]
})
```

(4)-①は、金額を加工して表示する部分です。親コンポーネントからプロパティ経由で受け取ったchildValueの値をaddTaxメソッドで税込み金額にした後、DecimalPipe(number)で3桁ごとにカンマを付けて出力します。

(4)-②は、子コンポーネントの getNow() メソッドを呼び出し、現在時刻を出力します。

(5)-①は、子コンポーネントのタイトル文字を中央に表示します。

(5)-②は、背景色をベージュ色にし、子コンポーネントの表示域をグレーの枠で囲います。

■ クラス定義

リスト2-28　**child.component.ts**（その3）

```
  //(6)クラス定義
  export class ChildComponent implements OnChanges,
      OnInit, DoCheck, AfterContentInit, AfterContentChecked,
      AfterViewInit, AfterViewChecked, OnDestroy {

    //(7)親コンポーネントから受け取るプロパティ
    @Input() childValue: number;

    //(8)コンストラクタ
    constructor() {
      console.log("@@@constructor");
    }

    //(9)税込み金額計算
```

```
  addTax(value: number) {
    console.log("■■■addTax");
    value *= 1.08; //税込み金額計算;
    return Math.floor(value);
  }

  //(10)現在時刻の取得
  getNow() {
    console.log("■■■getNow");
    return (new Date()).toLocaleTimeString();
  }

  //(11)以降はイベント履歴の記録用
  ngOnInit() {
    console.log("@@@ngOnInit");
  }
(以下省略)
```

(6) は、ChildComponentクラスの宣言文です。implementの後はコンポーネントのライフサイクルイベントを取得するためのインタフェースです。通常は0～数個程度を実装します。動作確認のため検出可能なインタフェースをすべてインポートしています。

(7) は、親コンポーネントから受け取るプロパティchildValueをnumber型（数値）として宣言しています。

(9) では、addTax()メソッドが数字を受け取り消費税額を返します。

(10) では、getNow() メソッドが現在時刻を文字列で返します。

2.6.3.4　ルートコンポーネント

root.component.tsのコードを分割して解説します。

■インポート

リスト2-29　**root.component.ts**（その1）

```
//(1)パッケージのインポート
import {
  AfterContentChecked, AfterContentInit, AfterViewChecked,
  AfterViewInit, Component, DoCheck, OnChanges, OnDestroy,
  OnInit} from "@angular/core";      ──①
import {StoreService} from "./store.service";      ──②
import {NavigationStart, Router} from "@angular/router";      ──③
```

(1)-①は、コンポーネントのライフサイクルイベントを取得するためのインタ

フェースです。動作確認のため検出可能なインタフェースをすべてインポートしています。通常は0〜数個を利用します。

(1)-② は、このプログラムで独自作成したサービスクラスです。

(1)-③ のRouterは、画面切り替え（ルーター機能）を提供するクラスです（AngularAPI）。NavigationStartは、ページ切り替えが始まるときに発生するイベントクラスです（AngularAPI）。詳しくは下記のサイトの説明を見てください。

NavigationStart
https://angular.io/api/router/NavigationStart

■ デコレータ

リスト2-30　`root.component.ts`（その2）

```
//(2)デコレータ
@Component({

  //(3)出力先タグ名
  selector: "app-root",

  //(4)HTMLテンプレート
  template: `
    <div class="header">
      ルートコンポーネント 閲覧回数
      {{storeService.getCounter()}}回     ——①
    </div>
    <router-outlet></router-outlet>`,     ——②

  //(5)CSS
  styles: [
    `.header {
      display: flex;
      background-color: steelblue;
      color: white;
      fcnt-weight: bold;
      height: 3em;
      align-items: center;
      justify-content: center
    }`
  ]
})
```

(3では、出力先タグ名をapp-rootに指定しています。このタグは、index.htmlに固定文字列で記述されているので、その中にルートコンポーネントが出力を行いま

す。

(4)-①では、storeService.getCounter()メソッドでサービスから閲覧回数を取得しています。ルートコンポーネントは、サービスのようにインスタンスを保持するので、ルートコンポーネント単体でも閲覧回数を保持できます。サービスを利用すると、他のコンポーネントと値を共有可能という柔軟性があります。

(4)-②では、<router-outlet></router-outlet>の直下に、ルーターで選択されたコンポーネントの出力が挿入されます。

(5)では、画面上部3emの高さをルートコンポーネントの表示域に指定しています。残りのエリアには、ルーターで選択されたコンポーネント出力が表示されます。

■ クラス定義

リスト2-31 **root.component.ts**（その3）

```
//(6)クラス定義
export class RootComponent implements OnChanges, OnInit,
  DoCheck, AfterContentInit, AfterContentChecked,
  AfterViewInit, AfterViewChecked, OnDestroy {

  //(7)ページ切り替え通知の予約
  subscription;

  //(8)コンストラクタ(サービスのDI)
  constructor(
    public storeService: StoreService,
    private router: Router
  ) {
    console.log("@@@constructor");
    //(9)ルーターのページ切り替えイベント発生時の処理
    this.subscription = router.events.subscribe((event: any) => {
      if (event instanceof NavigationStart) {
        //(10)サービスが保管しているの閲覧回数を加算する
        storeService.addcounter();
      }
    });
  }

  //(11)リソース開放
  ngOnDestroy() {
    console.log("@@@ngOnDestroy");
    this.subscription.unsubscribe();
  }

  //以降はイベント履歴の記録用
  ngOnChanges() {
```

```
        console.log("@@@ngOnChanges");
    }
(以下省略)
```

　(6) は、RootComponentクラスの宣言文です。implementの後はコンポーネントのライフサイクルイベントを取得するためのインタフェースです。通常は0〜数個程度を実装します。動作確認のため検出可能なインタフェースをすべてインポートしています。

　(7) は、ルーターからのページ切り替えの通知予約を行います。このプロパティを使ってクラス廃棄時にリソースを解放します。

　(8)-①で、StoreServiceをDIしています。(8)-①でHTMLテンプレートから直接呼び出されるので、アクセス修飾子をpublicにします。

　(9) は、ルーターのページ切り替えイベントの通知を登録しています。

　(10) では、NavigationStart（ページ切り替え開始）イベントの通知を受けるたびに、storeService.addcounter()メソッド呼び出し閲覧回数を増加させます。

　(11) のngOnDestroyは、クラスの廃棄時に呼び出されるライフサイクルフックです。イベント通知を受信するために保持していたリソースを開放します。

2.6.3.5　ストアサービス

store.service.component.tsのコードを解説します。

リスト2-32　**store.service.component.ts**

```
//(1)パッケージのインポート
import {Injectable} from "@angular/core";

//(2)DI可能なクラスとして宣言
@Injectable()
export class StoreService {

  //(3)入力金額を保持
  private _value = 0;

  //(4)閲覧回数を保持
  private _counter = 0;

  //(5)コンストラクタ
  constructor() {
    console.log("@@@constructor");
  }
```

```
    //(6)受け取った値を保存
    setStore(value: number) {
      console.log("●●●setStore");
      this._value = value;
    }

    //(7)保存した値を読み取り
    getStore(): number {
      console.log("●●●getStore");
      return this._value;
    }

    //(8)閲覧回数を加算する
    addcounter() {
      console.log("●●●addCounter");
      this._counter++;
    }

    //(9)閲覧回数を返す
    getCounter() {
      console.log("●●●getCounter");
      return this._counter;
    }

}
```

(1)では、Injectableをインポートします。DI元のクラスのデコレータに使います。

(2)は、StoreServiceをDI可能なクラスとして@Injectableデコレータで宣言します。

(6)のsetStore()メソッドで値を受け取り、(3)の_valueプロパティで保持し、(7)のgetStore()メソッドで値を返します。

(3)は_counterプロパティの値を保持します。

(8)は_counterプロパティの値を1増加させます。

(9)は_counterプロパティの値を返します。

2.7　技術情報

2.7.1　Angular公式サイト

　Angularの開発者向け情報が整理されています。プルダウンメニューを選択することで、過去のバージョンのAPIも確認できます。

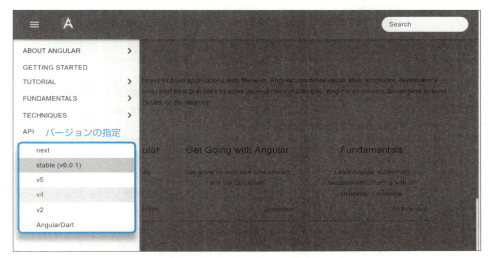

図2-84　Angular公式サイトの技術ドキュメントページ（https://angular.io/docs）

2.7.2　MDN（Web開発一般）

　JavaScriptやHTML5全般の情報が、サンプルコードとともに豊富に提供されています。

図2-85　MDN公式サイト（https://developer.mozilla.org/ja/）

2.7.3 TypeScript

　TypeScriptの公式サイトです。TypeScriptは頻繁にバージョンアップと機能拡張が行われています。定期的に確認することをお勧めします。なお、Angularで利用するTypeScriptのバージョンはAnular CLIのバージョンで変わります。

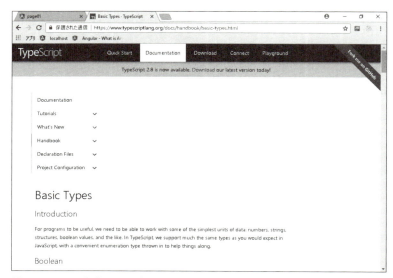

図2-86　MDN公式サイト（https://www.typescriptlang.org/docs/handbook/basic-types.html）

2.7.4 RxJS（非同期処理パッケージ）

AngularではRxJSライブラリを使っています。その部分はAngular APIではカバーされないので、こちらのAPIリファレンスを参照します。

図2-87　RxJS APIサイト（http://reactivex.io/rxjs/）

2.7.5 StackOverflow

Angular関連のトラブル対応やTipsが質問に対する回答の形式で大量に提供されています。Angularはバージョンよって動作が異なることがありますので、回答が対象としているAnularのバージョンを必ず確認します。

図2-88　StackOverflowのAngular質問ページ（https://stackoverflow.com/questions/tagged/angular）

第3章 PWA実装の基礎

2015年Google Chromeの開発エンジニアであるFrances BerrimanとAlex Russellは、ネイティブアプリより優れた革新的なモバイルWebアプリPWA(Progressive Web Application)を提唱しました[※1]。PWAの要件は表3-1に示した3つです[※2]。開発したアプリをPWAと呼ぶには、この3要件を満たす必要があります。

表3-1 PWAの要件[※3]

要件1. 高い信頼性
　ネットワークの状態に関わらずアプリが利用可能であること

要件2. 素早い応答
　ユーザーの操作に対し、素早い反応と滑らかな動きをすること

要件3. 没入感
　アプリの操作に集中できる魅力的な表示と操作性を持つこと

要件1の補足．モバイルアプリが利用する無線ネットワークは、通信状態が不安定なことがあります。ネットワークが切断または低速であってもアプリを利用可能にします。

※1　PWAを提唱したイベントのビデオ。
　　 https://www.youtube.com/watch?v=MyQ8mtR9WxI
※2　PWAの要件についての引用元。
　　 https://developers.google.com/web/progressive-web-apps/
※3　PWAの要件、チックリストなどは、英語の原文の直訳ではなく、意図を重視した解説文にまとめなおしています。

要件2の補足．旧型のモバイルデバイスや遅い回線[※4]であっても、ユーザーの操作に対して違和感のない素早い反応をします。起動と画面切り替えについては10秒以内、同じ画面で行う応答（画面スクロール、アニメーション、タッチ時の外観変化など）は50〜100ミリ秒以内で滑らかに行います。

要件3の補足．ネイティブアプリと変わらない全画面での操作、使用するデバイスの画面サイズに最適化された見やすいレイアウト、タッチ操作で使いやすいユーザーインタフェースを備えます。

これらPWAの3要件は、Webアプリがネイティブアプリと比べて劣ると指摘されていた課題そのものです。つまり、Webアプリがこれらの要求を満たせば、ユーザーにとってネイティブアプリとの違いはなくなります。そうなれば、インストール不要ですぐに利用できるWebアプリの方が、高く評価されるのは間違いありません。

要件の中には、これまでの技術では解決できないことが含まれています。モダンWeb（ブラウザへの分散処理アーキテクチャ）と「Service Worker」[※5]を初めとするブラウザのAPI拡張が、これまでの不可能を可能にしました。

この要件を見て「もっともな内容だが、抽象的すぎて設計や実装と関連付けができない」と感じた人も多いと思います。しかし心配は無用です。PWAは概念を表すだけの用語ではなく、すでにアプリを実装するために必要な手順書や開発ツールが準備されています。

要件を具体的な項目に落とし込んだ「実装チェックリスト」を基に設計ができます。また「Lighthouse」という実践評価ツールが、開発中のプログラムのPWAへの適合評価と推奨する対策の提案を自動で行ってくれます。安心してPWAの開発に着手できます。

図3-1　PWAでは開発に必要な情報やツールが準備されている

※4　3G回線（1.5Mbps）、Nexus5（最新機種の半分程度の処理能力）の環境と定義されています。
※5　PWAのコア技術となるブラウザのAPI。「3.2 Service Workerとは」参照。

3.1 PWA実装チェックリスト

　PWAの要件を実現するために必要な項目をまとめたチェックリストが用意されています。チェック項目は、基本（Baseline）8個と拡張（Exemplary）22個、計30個からなります。Baselineはすべてのアプリに、Exemplaryは対象のアプリが該当する場合にのみ適用します。たとえばサーバーからのプッシュ通知を実装する際のチェック項目は、プッシュ通信機能を持つアプリにのみ適用されます。それでは各チェック項目を説明します。

> 引用元　Progressive Web App Checklist
> https://developers.google.com/web/progressive-web-apps/checklist

3.1.1　基本（Baseline）チェック項目

基本項目-1. https通信の利用

　PWAのオフライン機能に必要なService Workerは、https通信でのみ動作します[※6]。そのため、Webサーバーはhttps対応が必要です。

　忘れがちなのがhttpへの対応です。httpsのみに対応では、過去に作成したお気に入り（ブックマーク）を使ったり、URLの手入力などで誤ってhttpへアクセスあった場合に接続エラーとなり利用できません。http通信があった場合は、httpsにリダイレクトして、エラー発生を回避するのが一般的です（図3-2）。

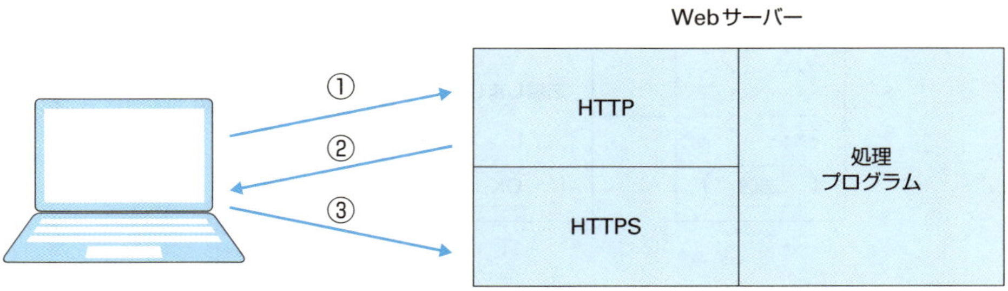

図3-2　httpリクエストはhttpsにリダイレクト
①http リクエストを送信
②https URL のリダイレクト要求を返信
③https URL へ接続

※6　例外として開発時に利用するlocalhostからはhttp通信で利用可能。

基本項目-2. タブレットとスマートフォンの両方に対応

レスポンシブデザインによる一般的なモバイル対応です。デバイスごとに異なる画面の縦と横の比率、サイズ、縦または横に画面を回転させたときなど、さまざまな表示に柔軟に対応します。これまで蓄積されたレスポンスデザインの技術をそのまま利用できます。

注意点として、画像ファイルなどは表示するデバイスの画面サイズに合わせて複数用意します。表示先ごとに切り替えて利用することで、サーバーとの通信時間と画面の描画時間を最小化します。

基本項目-3. すべてのURLがオフラインで読み込み可能

通信が切断した状態（オフライン）であっても、アプリを利用可能とし、ブラウザに通信エラーを表示させません。オフラインが困難なページについては、代替の表示をします。

サーバーから受信が必要なデータは、Service Workerを使って事前にキャッシュします。Service Workerは、キャッシュデータ表示している場合でも、ブラウザのURL欄はサーバーのURLを指しています。ユーザーにはサーバーに接続しているように見えます。

送信が必要なデータは、オンライン/オフラインにかかわらず送信データをブラウザ内に一時保管した後、送信可能になった時点でアップロードします（図3-3）。ユーザーには受信と同様にサーバーに接続しているように見えます。この機能を実装する手間を省きたい場合は、5章で紹介する分散データベースを利用します。データの保管と自動送信を分散データベースが自動で行うため、実装が不要になります。

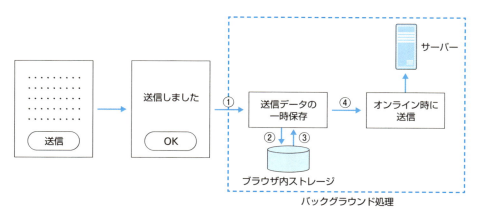

図3-3　ネットワークの状況に影響されないデータ送信
　　　①送信データの受付
　　　②ブラウザ内ストレージに送信データを保存
　　　③サーバがオンラインのときにデータ読み取り
　　　④サーバーへ送信

オフラインでも動作するというレベルではなく、ユーザーがオフラインとオンライン時の操作の違いを意識する必要がないシームレスな操作性を目指します。

基本項目-4．ホームスクリーンに登録可能

Android スマートフォンでは、マニフェストファイルを準備すると、ダウンロードするアプリのようにPWAをホーム画面にアイコン登録できます。

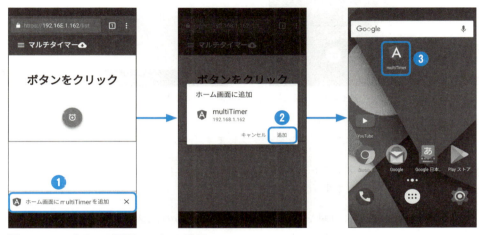

図3-4　PWAをホーム画面にアイコン登録

❶ ブラウザでURLを入力してWebアプリを開くと、画面下にアイコン登録を促すポップアップが表示されます（図3-4左）。

❷ ポップアップをクリックすると、確認ダイアログが表示されます（図3-4中央）。

❸ 追加を承諾すると、ホーム画面上にネイティブアプリと同じようにアプリアイコンとして該当するページが登録されます（図3-4右）。

登録した後は、アイコンのタップだけで起動できます。Webアプリでありながら、URLの入力不要で全画面表示になり、操作の手順と外観がネイティブアプリと同一になります。

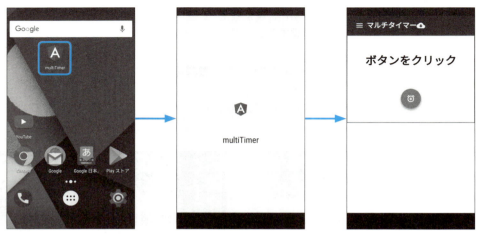

図3-5　アイコンから起動すると全画面表示になる

❶ 登録したアイコンをタップします（図3-5左）。

❷ マニフェストファイルに設定したアイコン（ロゴ）が起動画面（Splash Screen）に表示されます（図3-5中央）。

❸ URL入力欄などのブラウザ操作のためのUI表示がない全画面でアプリが起動します（図3-5右）。

このように AndroidではPWAをアプリとして受け入れる準備が既に整っています。Angular CLIは、マニフェストファイルのひな型を自動生成するので、作成したアプリをすぐにアイコンとして登録できます。ここでも、自動生成したファイルやアイコンをそのまま使っています。

基本項目-5. 3Gネットワークでも十分な速さで動作

チェックリストでは、3Gネットワークと旧型のスマートフォンNexus 5を速度評価の環境と想定しています。この環境で、10秒以内にアプリの起動や画面の切り替えができるように、パフォーマンスのチューニングを行います。国内では旧式の無線方式とデバイスの組み合わせです。Googleは新興国を想定しているため、このような評価環境になっています。国内のモバイル環境とかなり異なるので、目安を知るため実測を行いました。

●デバイスの処理速度

Nexus 5は国内では2013年発売の機種なので、処理速度はかなり低いことが推測されます。Nexus 5実機のHTML5のベンチマークの測定結果は、最近のスマートフォン（Galaxy S8+）の半分程度でした。

図3-6　基準スマートフォンの処理能力は現在の半分程度

●3Gネットワークの速度

　3Gネットワークは、Google Chrome Developer Toolsにシミュレーション機能があるので、高速ネットワークに接続してツールによる速度制限を実測しました。Developer ToolsのFast 3Gは最大1.5Mbpsでした。PWA向けのテストツール「Lighthouse」はSlow 4Gをシミュレーションしており、1.6Mbpsです。Fast3Gとほぼ同じ値です。

基本項目-6. 主要なブラウザで動作

　Chrome、Edge、Firefox、Safariで動作を確認します。AngularのProtractorなどのE2Eテストツールを利用すると確認作業の自動化ができます。

基本項目-7. 遅いネットワークでも動作がブロックされない

　ネットワーク性能の一時的な劣化への対応です。ネットワーク関連のチェック項目は、これで3項目です。目を通しただけでは同じ内容の繰り返しに見えるかもしれません。ここで違いを確認します。

- 基本チェック項目の3番目「すべてのURLがオフラインで読み込み可能」
  ▷ ネットワークが全く利用できない状態への対応（無線の圏外など）
- 基本チェック項目の5番目「3Gネットワークでも十分な速さで動作」
  ▷ 低速なネットワークサービスへの対応1.5Mbps程度）

　これら2項目に対応しているため、このチェック項目を見落としてしまいアプリの利用開始後にトラブルとなることがあります。5番目のチェック項目で1.5Mbpsの低速ネットワークには対応できているので、1Mbps以下程度が対応の目安になります。

ネットワーク性能の一時的な劣化は新興国だけでなく、ネットワークインフラが整備された国内でも対応が必要です。大量の人が集まるイベント会場や、利用者が集中する時間帯の格安SIM事業者のデータ通信サービスなどでは、ネットワークの性能が一時的に低下して1Mbps以下になるケースがあります。

極端に遅いネットワークでは、「1.4.4 応答速度向上のテクニック」で紹介した方法を組み合わせても、結局は通信待ちが発生します。このような状況下でも、画面が固まって操作不能になることを回避します。実装例として、同じ画面のまま通信待ちのアニメーションを表示する方法が紹介されています。オフライン対応モードに自動で切り替えるという方法もあります。つまり、通信待ちで次の処理へ進めないときでも、なんらかの応答を即座に返します。

基本項目-8. ページごとにURLを持つ

アプリケーションフレームワークを使ってWebアプリを作れば、ページごとに異なるURLが関連付けられます。しかし、それらのURLはブックマークやURLからの呼び出しには、ほとんど役立ちません。詳細は、「3.6 URLによるアプリ共有」で解説します。

3.1.2 拡張（Exemplary）チェック項目

全部で22項目ありますが必要なチェック項目のみ行います。たとえばプッシュ通信についてのチェック項目は、その機能を持つアプリについてのみ適用するので、1つのアプリに多くのチェック項目が該当することはないと思います。

■ 検索エンジンとSNS対応Webサイト

拡張項目-1. Googleの検索インデックスに登録され、リンクのクリックで正しく表示されるコンテンツを作成する。

拡張項目-2. メタ情報はSchema.orgの形式で提供する。
https://schema.org/

拡張項目-3. メタ情報はThe Open Graphの形式で提供する。
http://ogp.me/

拡張項目-4. 同じコンテンツを複数のURLで提供している場合は<link rel=canonical>を使用する。

拡張項目-5. ヒストリーAPIを使うときは、URLに＃！などの識別子を使わない。

■ 操作性

拡張項目-6. ページ読み込み中に、レイアウトの崩れが発生しないようにする。体感的な応答速度を高めるために、画像を含むページは、文字情報を先に表示し、画像はその後に順次という実装が一般的である（「1.4.4.2 遅延

ロード」)。この場合、通常 HTML の書き方では、ロードが完了した画像が、先に表示した文章に割り込んで配置されるため、文字のレイアウトが刻々と変わる。ロードが完了する前に、文字情報を提供することが目的だが、動いてる文字では読みづらくて役に立たない。そこで、画像が表示される場所にダミーの領域を事前に確保し、読み込み中にレイアウトの変化崩れがないようにする。

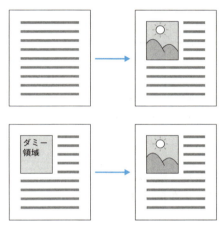

図3-7　画像のロードと共にレイアウトが変化するWebページ（上）と
　　　　ダミー領域の事前確保で文字のレイアウトが変化しないWebページ（下）

拡張項目-7.　詳細情報画面からリスト画面に戻ったときにスクロール位置を復元する。たとえば図3-8で商品一覧をスクロールして111番目を選択、商品情報を確認後、［戻る］ボタンで一覧に戻ったときにスクロール位置を復元する。

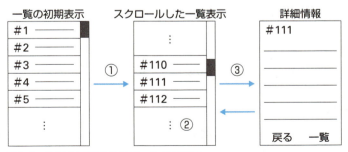

図3-8　リスト画面のスクロール位置復元
　　　　①スクロール
　　　　②目的のデータ項目をタップ（ここでは#111）
　　　　③詳細情報を表示

詳細情報画面でボタンをクリックすると画面切り替えが行われる。
［戻る］　スクロール位置を復元して一覧表示
［一覧］　一覧の初期表示

拡張項目-8. スマートフォンの場合、ソフトキーボードが画面の一部を隠して表示エリアが狭くなった状態でも、操作に支障がない画面レイアウトにする。

拡張項目-9. 全画面など表示モードが変わってもSNS共有ボタンを利用できる。

拡張項目-10. スマートフォン、タブレット、PCなど異なるサイズの画面で適切な表示ができる（基本チェック項目の2番目ではスマートフォンとタブレット対応だったが、ここではPCが追加されている）。

■ 不適切な動作

拡張項目-11. アプリのインストールを強制しない。

拡張項目-12. ホーム画面の登録を強制しない。

■ パフォーマンス

拡張項目-13. Nexus 5と3G回線の環境で5秒以内のレスポンスを目指す（基本チェック項目の10秒より望ましい値を目指す）。

■ キャッシュ

拡張項目-14. キャッシュを優先して利用する。

拡張項目-15. オフラインになったとき、ユーザーに適切な表示を行う。

■ プッシュ通知

拡張項目-16. 通知がどのように使われるかユーザーに説明をする。

拡張項目-17. プッシュ通知の許可を強制しない。

拡張項目-18. プッシュ通知の許可ダイアログ表示は、発見しやすいように背景を暗くする。

拡張項目-19. プッシュ通知の内容は、タイムリーで正確かつユーザーに関係のあること。

拡張項目-20. ユーザーが通知を有効または無効にする方法を提供する。

■ その他

拡張項目-21. ログインが必要なサイトでは、Credential Management APIの利用を検討する。

拡張項目-22. 支払い処理を行うサイトでは、Payment Request APIの利用を検討する。

3.2 Service Worker とは

3.2.1 Service Worker の役割

Service Worker[7]は、PWAの根幹を支える機能です。今までのWebアプリでは不可能だった機能を追加し、ネイティブアプリと同等レベルにまで高めてくれます。

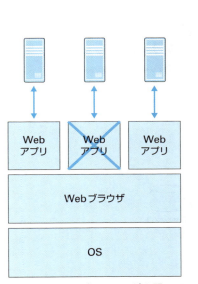

図3-9 Webアプリはページを開いていないとデータ受信できない

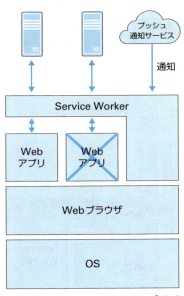

図3-10 Service Worker はアプリが停止中も動作可能

モダンWebのアーキテクチャを使って機能や性能を向上させたWebアプリでも、ネイティブアプリにかなわない機能がありました。バックグラウンドでの処理です。

ネイティブアプリでは、サービスやデーモンと呼ばれるしくみです。アプリが停止中でもバックグラウンドで処理を行い、アプリを使っていないときに更新作業を行ったり、サーバーからのプッシュ通知を漏らすことなく受信できます。

一方Webアプリは、外部と通信のやり取りを行うにはアプリのページが開かれていることが前提のため、ページを閉じている間はバックグラウンドの更新やプッシュ通知の受信ができませんでした。

Service Workerが、この課題を解決します。Webブラウザのページと別のスレッドで動

---

[7] Service Worker API 技術情報
https://developer.mozilla.org/ja/docs/Web/API/ServiceWorker_API

作するJavaScriptが、ページを閉じているときでもアプリの代わりにデータの更新作業やサーバーからの通知の受信を行ってくれます。これでネイティブアプリと同様の処理ができるようになりました。

Service Workerはさまざまな用途で利用できますが、簡単に実装できるのは、以下の2つです。

●アプリケーションキャッシュ

ブラウザからアクセスがなくても設定ファイル（ngsw-config.json）に基づき、アプリの起動時にダウンロードを行いキャッシュします（プリフェッチ機能）。プリフェッチ機能を使用すると、これから見る予定のページも事前にダウンロードできるので、アプリを初めて起動した直後からオフライン対応ができます。アプリ起動後は、ブラウザと外部との通信を中継し、事前に設定したルールに基づきキャッシュします。キャッシュしたデータの保管は、ブラウザのキャッシュAPIが行います。

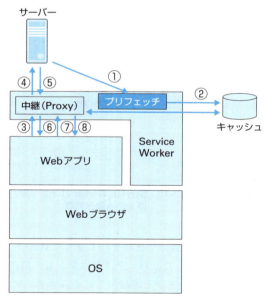

図3-11　Service Workerを使ったアプリケーションキャッシュ
　　　　①②アプリ起動時、指定したデータをダウンロードしてキャッシュに保存（プリフェッチ機能）
　　　　③～⑥Service Workerは、ブラウザとサーバーとのやり取りをプロキシのように中継し、受信データをキャッシュへ保存
　　　　⑦⑧Service Workerは、キャッシュ済データをブラウザへ応答

●サーバーからのプッシュ通知

サーバーからのプッシュ通知を漏らすことなく受信します[8]。受信した通知は、通知

---

[8] 登録したサイトとの接続は不要です。ブラウザ本体が終了しているときの動作は、実行環境によって異なります。主にスマートフォンでは受信してすぐに通知、PCではブラウザが開いたときにまとめて通知になります。

API（Notification API）を使って、OSの通知ダイアログに表示します。

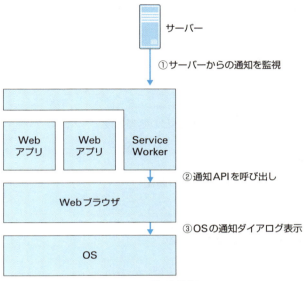

図3-12　サーバーからのPush通知を監視
　①Service Workerがサーバーからのプッシュ通知を受信
　②Service Workerが通知 APIを呼び出し
　③通知APIがOSに対し通知ダイアログの表示を要求

3.2.2　ネイティブアプリと同等の機能を実現

Service Workerによる機能強化で、Webアプリとネイティブアプリと機能の差は、ほぼなくなりました（表3-2）。

表3-2　ネイティブアプリ、PWA、従来のWebアプリの比較

	ネイティブアプリ	PWA	従来のWebアプリ
応答時間	○	○	×
タッチ操作	○	○	△
処理速度	◎	○	×
オフライン動作	○	○	×
Push通知	○	○	×
APIの豊富さ	◎	○	○
開発コスト	△	○	○
1クリック実行	×	○	○

[表3-2の比較項目についての補足]

●応答時間
　ユーザーの操作で画面が切り替わるまでの所要時間

●タッチ操作
　フリック、スワイプ、ピンチなど、マウスイベントが対応していない操作

●処理速度
　処理と描画に時間のかかる3D画像などの処理速度

●オフライン動作
　無線接続でネットワーク圏外の場合の動作

●Push通知
　サーバーから一方的に通知をする機能

●開発コスト
　アプリ開発にかかるコスト

●APIの豊富さ
　アプリ開発に利用できるAPIの機能

●1クリック実行
　インストール作業なしですぐに実行できる

　ほぼ同等と説明したのは、OSごとに開発されたネイティブアプリほどWindows、iOS、Androidが持つ大量のAPIをブラウザで使えるわけではありませんし、3Dの高速処理が要求されるゲームでは表示速度に課題が残るからです。

　しかし、多くのアプリでは、ユーザーが使ってみてWebアプリとは気づかないレベルにまで実装可能になりました。機能や操作性が同等となったこれからは、Webアプリのマルチプラットフォーム対応による開発コストの削減や、リンクのクリックですぐに利用できる手軽さなどの特徴が再認識されます。PWAの目標通り、ネイティブアプリを超えることが可能です。

3.2.3 Service Workerをサポートするブラウザ

　Google Chromeの開発チームはService WorkerをChromeに追加することで、PWAを可能にしました。当初は他のブラウザのService Worker対応は僅かでしたが、PWAの普及と共に、Edge、Safari、FirefoxなどのブラウザでもService Workerへの対応が進み、現在では全ての主要ブラウザで利用可能になっています。

　ただし、対応しているのは最新バージョンのブラウザです。

　iPhoneやiPadで使われているiOSのSafariはバージョン11.4から対応し、MicrosoftのEdgeも対応していますが、旧製品のInternet Explorerは対応していません。

　また、プッシュ通知はiOS 12.0では対応しておらず、今後対応予定です。Android、iOS共に有償サービスでのプッシュ通知は従来から幅広い機種で利用可能です。

図3-13　Service Worker に対応しているブラウザ一覧
　　　　（数字はブラウザのバージョン、薄いグレーは非対応）
　　　引用元　https://caniuse.com/#feat=serviceworkers

3.2.4 Service Workerの注意点

　執筆時点において（2018年11月）、AngularとAngular CLIの組み合わせでService Workerを使ったPWA開発を行うにはいくつかの注意点があります。

> 1. ng serve コマンドで動作確認ができない[※9]
> 2. 開発用にWebサーバーが必要
> 3. production オプション付き(--prod)のビルドが必要
> 4. localhost以外からのアクセスには https 通信が必要
> 5. ng add コマンドでプロジェクトの変更が必要

※9　https://ar.gular.io/guide/service-worker-getting-started　に利用不可の記載があります。

3.3 PWAの開発環境

3.3.1 事前準備

■ngxコマンドツール

「2.2 Angular CLI」で紹介したngxの拡張コマンド機能を利用します。慣れるまでしばらくは、ngコマンドとngxコマンドの両方で操作説明をします。

3.3.1.1 実習ファイルの準備

「本書を読む前に」を参照して実習環境を準備します。既に準備済みのときは、次の手順へ進んでください。まだの場合はダウンロードサイトで「実習環境の準備」のリンクをクリックしてGitBookを開き、その手順に沿ってください。

> **本書のダウンロードサイト**
> http://ec.nikkeibp.co.jp/nsp/dl/05453/

3.3.1.2 フォルダ構造の確認

管理者権限でコマンドプロンプトを開きます。コマンドプロンプトで、実習ファイルの［basic_YYYYMMDD¥template］フォルダへ移動します。［template］フォルダ内に［node_modules］フォルダのみあることを確認します。［BASIC_YYYYMMDD］フォルダの中には［template］フォルダのほかに［app］や［install］フォルダがありますが、ここでは利用しません。

```
template
|
|
+--node_modules
```

3.3.2 新規プロジェクトの作成

図3-14 新規プロジェクト作成の手順

3.3.2.1 新規プロジェクトの生成

❶ コマンドプロンプトを開き、カレントディレクトリをbasic_YYYYMMDD¥templateへ移動します。

❷ npmキャッシュによる不具合を防止するため、キャッシュの検証を行います。

```
>npm cache verify
```

※キャッシュの検証を行わないと入力したコマンドの処理が失敗することがあります。ここでは確実に実行させるため、コマンド処理が完了するごとにキャッシュを検証しますが、適宜省略して構いません。

❸ 「ng new」コマンドで新規プロジェクト「pwa01」を生成します。

```
>ng new pwa01
```

❹ 新規生成したプロジェクトフォルダ[pwa01]へ移動します。

```
>cd pwa01
```

■ngxコマンド（❷〜❹の手順を一括で処理します）

```
>ngx pwaNew  pwa01
```

3.3.2.2 プロジェクトのビルド

❶ pwa01プロジェクトのビルドを行います。設定したオプションは以下の通りです。
- ▷ --prod　　　　　　　　　　Productionモードでビルド
- ▷ --output-path=dist　　　　　ビルドの出力先はdistフォルダ
- ▷ --delete-output-path=true　　ビルドの前に出力先フォルダを削除する

```
>ng build --prod --output-path=dist --delete-output-path=true
```

■ ngxコマンド（❶手順を一括処理、デフォルトオプション指定）

```
>ngx pwaBuild
```

3.3.2.3 http-server起動

❶ ビルドの出力結果をWebサーバーにロードします。
- ▷ ./dist　　ドキュメントルートの指定
- ▷ -p3000　　3000番ポートで待ち受け
- ▷ -c-1　　　データのキャッシュを行わない
- ▷ -o　　　　サーバー起動後にブラウザを自動で起動

```
>http-server ./dist -p3000 -c-1 -o
```

■ ngxコマンド（❶の手順を一括処理、デフォルトオプション指定）

```
>ngx web
```

3.3.2.4 ブラウザへ表示

❶ ブラウザが自動起動してサンプル画面が表示されます。上手く表示されないときは、ブラウザのリロードを行ってください。

```
pwa01>http-server ./dist -p3000 -c-1 -o
Starting up http-server, serving ./dist
Available on:
  http://192.168.1.168:3000
  http://127.0.0.1:3000
Hit CTRL-C to stop the server
```

```
[Mon Dec 24 2018 22:54:30 GMT+0900 (GMT+09:00)]
"GET /" "Mozilla/5.0 (Windows NT 10.0; Win64; x64)...
[Mon Dec 24 2018 22:54:30 GMT+0900 (GMT+09:00)]
"GET /runtime.js" "Mozilla/5.0 (Windows NT 10.0; Win64; x64)...
[Mon Dec 24 2018 22:54:30 GMT+0900 (GMT+09:00)]
"GET /polyfills.js" "Mozilla/5.0 (Windows NT 10.0; Win64; x64)...
[Mon Dec 24 2018 22:54:30 GMT+0900 (GMT+09:00)]
"GET /styles.js" "Mozilla/5.0 (Windows NT 10.0; Win64; x64)...
[Mon Dec 24 2018 22:54:30 GMT+0900 (GMT+09:00)]
"GET /vendor.js" "Mozilla/5.0 (Windows NT 10.0; Win64; x64)...
[Mon Dec 24 2018 22:54:30 GMT+0900 (GMT+09:00)]
"GET /main.js" "Mozilla/5.0 (Windows NT 10.0; Win64; x64)...
```

図3-15　コマンドプロンプト画面にhttp-serverのログが表示される

図3-16　pwa01プロジェクトが出力したサンプル画面

❷ ブラウザを閉じます。http-serverを起動したコマンドプロンプトでCtrl+Cキーを入力し、http-serverを停止します。

ここまでの手順で、Angularプロジェクトのひな型が準備できました。

3.3.3　PWAプロジェクトの作成と実行

図3-17　PWAプロジェクト作成の手順

3.3.3.1 既存プロジェクトにPWAモジュールを追加

❶ コマンドプロンプトを開きカレントディレクトリがpwa01であることを確認します。

❷ キャッシュを検証します。

```
>npm cache verify
```

❸ PWA関連のモジュールを既存のプロジェクトに追加します。

```
>ng add @angular/pwa@0.12
```

❸のコマンドで追加変更される内容は、以下の通りです。

1. 追加モジュール/ファイル
   a. ngsw-config.json　　　　　　Service Workerの動作設定
   b. manifest.json　　　　　　　インストールするための情報
   c. npm_modules¥@angular¥pwa　AngularのPWA関連パッケージ
   d. assets¥icons¥icon-xx.png　　ホーム画面登録用アイコン
2. 内容が変更されるモジュール/ファイル
   a. src¥index.html
   b. npm_modules¥@angular¥cli
   c. angular.json
   d src¥app¥app.module.ts

■ ngxコマンド（❷〜❸の手順を一括処理、デフォルトオプション指定）

```
>ngx pwaAdd  projectNamesd
```

3.3.3.2 ビルドと実行

❶ ビルドを実行します。

```
>ng build --prod --output-path=dist --delete-output-path=true
```

❷ http-serverを起動します。

```
>http-server ./dist -p3000 -c-1 -o
```

❸ ブラウザが自動起動し、サンプル画面が表示されます。この時点でバックグラウンドでService Workerも動作を開始しています。次の動作確認で検証します。

■ ngxコマンド（❷～❸の手順を一括処理、デフォルトオプション指定）

```
>ngx pwaBuild
>ngx web
```

3.3.4 動作確認（Service Worker有効のとき）

3.3.4.1 キャッシュ動作

❶ F12キーまたはGoogle Chromeのメニューから［その他のツール］→［デベロッパーツール］を選択して、Google Chrome Developer Toolsを開きます。

図3-18　Google developer Toolsを開く

❷ Developer Toolsの［Network］メニューを選択します。ブラウザのリロード（F5キーまたはCtrl+Rキー）を行います。通信ログが表示されます。

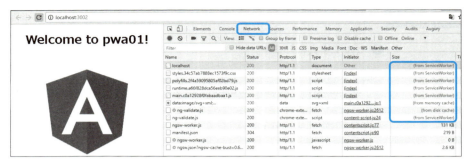

図3-19　通信ログのサイズ欄を確認

❸ 通信のログのSize欄を見ると、(from ServiceWorker) と表示され、表示されているページのデータはService Workerから受け取っています。

3.3.4.2　Service Workerの状態

❶ Developer Tools の [Application] メニューを選択します。左側面のメニューから [Service Workers] をクリックします。画面中央のstatus表示に緑のランプが点灯し、[activated and running] と表示されます。Service Workerが稼働していることがわかります。

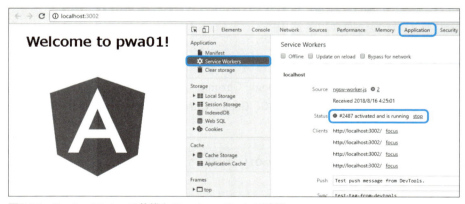

図3-20　Service Worker の状態を Developer Toolsで確認

3.3.4.3　オフライン動作

❶ 再度、Developer Tools の [Network] メニューを選択します。[Offline] のチェックボックスをチェック（有効）します。これでネットワークは切断されましたが、ブラウザはリロードを行っても正常に表示されます。

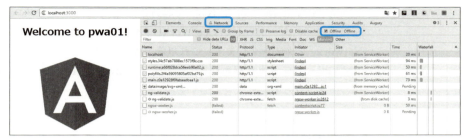

図3-21　オフラインでも動作可能

3.3.4.4　終了

❶ ブラウザを閉じます。http-serverを実行中のコマンドプロンプトにCtrl+Cキーを入力し、http-serverを停止します。

3.3.5　動作確認（Service Worker無効のとき）

同様の確認をService Workerを無効にして確認します。

3.3.5.1　Service Workerの無効化

Google Chrome Developer Toolsの設定で、Service Workerのキャッシュ機能を迂回する通信が可能です。

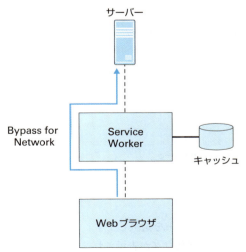

図3-22　Service Workerを回避したネットワーク接続

❶ Google Chrome Developer Tools を起動し、アプリケーションメニューを選択します。左側面のメニューから［Service Worker］を選択します。画面上部にある［Bypass for Network］をチェックします。これ以降、Webアプリの通信はService Workerを経由せずにサーバーと直接行われます。なお、左の2項目（［Offline］と［Update on reload］）は、チェックなしにしてください。

図3-23　［Bypass for Network］をチェックしてService Workerを回避

3.3.5.2　キャッシュ動作

http-serverが実行中の場合は、Ctrl+Cキーの入力で停止します。

※「3.3.4 動作確認（Service Worker有効）」から引き続きこの手順を行う場合は、ビルドとWebサーバー再起動は省略できます。

❶ キャッシュを検証します。

```
>npm cache verify
```

❷ ビルドを行います。PWAのビルドは--prodオプションを付けて行う必要があります。

```
>ng build --prod --output-path=dist --delete-output-path=true
```

❸ http-serverを起動します。

```
>http-server ./dist -p3000 -c-1 -o
```

❹ Webブラウザが自動的に開きます。

❺ Developer Toolsの［Network］メニューを選択します。ブラウザのリロード（F5キーまたはCtrl+Rキー）を行います。通信ログが表示されます。

第3章　PWA実装の基礎

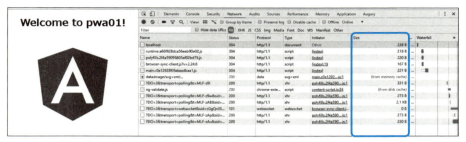

図3-24　通信ログのサイズ欄を確認

❻ 通信のログのSize欄を見ると、受信データサイズが表示されています。サーバーから直接データを受け取っていることがわかります。

■ ngx コマンド（❶～❹の手順を一括処理、デフォルトオプション指定）

```
>ngx pwaBuild
>ngx web
```

3.3.5.3　オフライン動作

❶ ［Offline］をチェック（有効）します。ブラウザのリロードを行うと、エラー画面が表示されます。

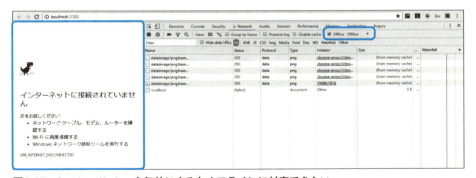

図3-25　Service Worker を無効にするとオフラインに対応できない

❷ ［Offline］と、Application メニューの［Bypass for Network］のチェックを外します。

3.3.5.4　終了

❶ ブラウザを閉じます。コマンドプロンプトにCtrl+Cキーを入力し、http-serverを停止します。

ここまでの確認作業で、Service Workerのキャッシュ機能とオフライン機能の確認ができました。このように、Angular CLIのng addコマンドがPWAの環境をプロジェクトに自動で追加してくれるため、設定を全く行わなくても、PWAの基本動作を行ってくれます。キャッシュ機能の詳細設定については、「3.5.4 アプリケーションキャッシュの実装」で解説します。

3.3.5.5 Service Worker関連ツール

PWAを開発中に便利なツールがあります。ここでは、Service Workerの状態確認ツール「Service Worker Detector」とリセットツール「Clear Service Worker」のインストールと使い方を解説します。PWAの開発が初めての人にとってService Workerはバックグラウンドで動作することや、強力なキャッシュ機能のため変更したコードの反映がされなかったりして、理解しづらいものです。2つのツールで、内部の挙動を確認して理解を深め、強制リセットで古いキャッシュデータによるトラブルを防ぎます。

❶ Chromeウェブストアにアクセスします。

```
https://chrome.google.com/webstore/category/extensions?hl=ja
```

❷ 検索キーワード欄に「service worker」と入力して改行します。

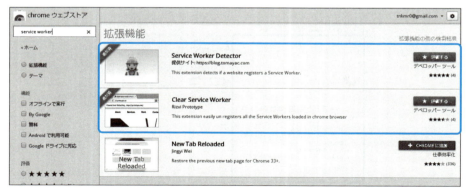

図3-26 サービスワーカー関連ツールのインストール

❸ 「Service Worker Detector」と「Clear Service Worker」を［CHROMEに追加］ボタンをクリックしてインストールします。

❹ Service Worker Detectorでは、サービスワーカーの状況とソースコード、マニフェストファイルの内容、キャッシュの状況が確認できます。Google Chrome の Developer Toolsよりも情報が整理され見やすくなっています。初期表示の状態では、サービスワーカーしか見えないので次の手順で利用します。

❺ Service Worker Detectorのアイコンをクリックしてダイアログを表示する。

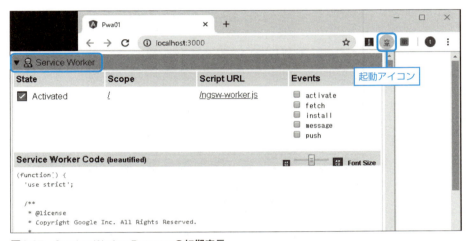

図3-27　Service Worker Detectorの初期表示

❻ このままではサービスワーカーの内容の確認しかできないように見えます。Service Workerのヘッダー左端の三角アイコンをクリックして折りたたみます。

❼ 3つの項目のヘッダーが表示されます。

図3-28　折りたたまれた3つの項目

❽ 残り2つの項目もヘッダーをクリックすると展開できます。

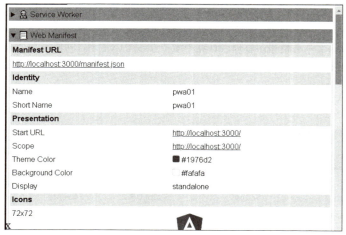

図3-29　マニフェストファイル

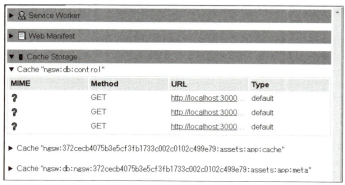

図3-30　キャッシュの状況

❾ Clear Service Workerは、Service Workerのリセットができます。Clear Service Workerのアイコンをクリックします。消去の確認メッセージが表示されます。

図3-31　Service Worker がクリアされた状態の確認

❿ Service Workerが停止するため、Service Worker Detectorのアイコンがグレーになり、クリックしてもウィンドウが開かないことを確認します。

3.3.6 PWA評価ツール「Lighthouse」

Lighthouseは、Webアプリに対してPWA実装チェックリストの項目に対応したテストを自動で行い、評価結果を100点満点のスコアで表示します。チェックリスト以外にも、Accessibiliaty、BestPractices、SEOなどの評価が可能です。

満点を取るために不足している実装項目が示され、そのガイドに従って修正を加えていくことで、スコアが上がってきます。ゲーム感覚で楽しみながら、効率の良い開発ができます。

なお、Lighthouseが評価するのはPWAチェックリストの一部です。残りの項目は手作業で確認します。

3.3.6.1 インストール

❶ Chromeウェブストアにアクセスします。

Chromeウェブストア
https://chrome.google.com/webstore/category/extensions?hl=ja

❷ 検索文字入力欄に「Lighthouse」と入力した後、改行します。

図3-32　ストアからLighthouseを検索

❸ 検索結果の一覧が表示されます。「Lighthouse」の行にある［Chromeに追加ボタン］をクリックします。

図3-33　Lighthouseのインストール

❹ いくつかの確認ダイアログが表示された後、青いボタンが緑色の［評価する］ボタンに変わればインストールは完了しています。

図3-34　Lighthouseのインストール完了の確認

3.3.6.2　評価の実施

先ほどテストしたpwa01プロジェクトを対象に、Lighthouseで評価してみましょう。

❶ pwa01プロジェクトのページがブラウザで表示されているときは閉じます。

Lighthouseは、対象のURLが複数のタブで開いていると評価の実施ができません。

❷ http-serverが実行中の場合は、Ctrl+Cキーの入力で停止します。

❸ これまでと同様に、ビルド、http-serverの起動を行います。

```
>npm cache verify
>ng build --prod --output-path=dist --delete-output-path=true
http-server ./dist -p3000 -c-1 -o
```

■ ngxコマンド（❸の手順を一括処理、デフォルトオプション指定）

```
>ngx pwaBuild
>ngx web
```

❹ Chromeブラウザが自動的に開きます。

❺ ChromeブラウザのLighthouseのアイコンをクリックします。

❻ Lighthouseのダイアログが表示されます。

❼ ［Options］のボタンをクリックします。

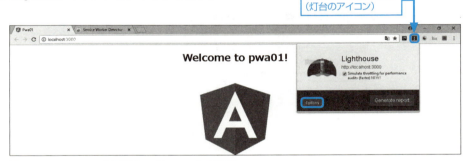

図3-35　Ligthouseを起動後、［Options］を選択

❽ 評価対象のカテゴリーが選択できます。ここでは全ての項目を選択した後、［OK］ボタンをクリックします。

図3-36　作成するレポートのカテゴリーを選択

❾ ［Generate report］ボタンをクリックし、評価を開始します。

図3-37　レポート作成の開始

❿ 画面が自動で操作され、評価が実施されている様子がわかります。

図3-38　レポート作成中は灯台のアニメーションが表示される

⓫ 別ウィンドウが開き、評価レポートが表示されます。

3.3.6.3　レポートの読み方

今回作成したpwa01プロジェクトを使い、Lighthouseが出力するレポートの読み方と、使い方について説明します。

3.3.6.3.1　レポートの概要

レイアウトは図3-39 〜 3-43のようになっています。総合評価の後に、評価カテゴリーごとの評価レポートが続き、末尾に評価条件の詳細が記述されています[※10]。

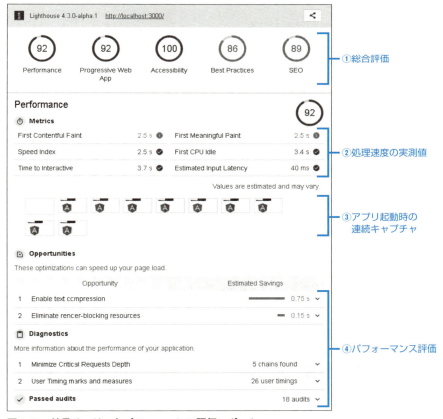

図3-39　結果サマリーとパフォーマンス評価レポート

※10　Lighthouseの出力はバージョンにより大きく異なります。

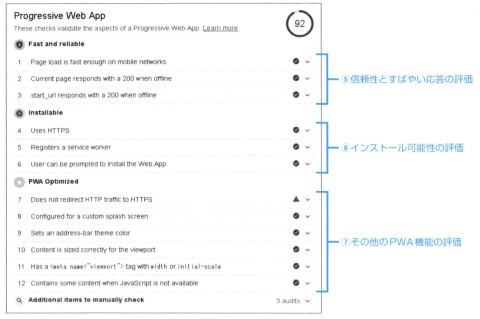

図3-40　PWA適合評価レポート

図3-41　Webアクセシビリティ評価レポート

Webアクセシビリティ評価についての基準は、下記URLを参照してください。

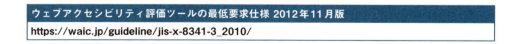

図3-42　ベストプラクティス実施評価レポート

図3-43　検索エンジン最適化評価レポート

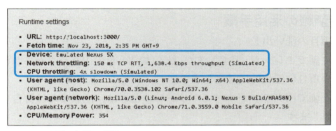

図3-44　評価条件の詳細

　図3-44枠内の記述から、スマートフォンNexus 5xの処理能力と1.6Mbpsのネットワークをシミュレーションした環境で評価を行ったことがわかります。

3.3.6.3.2　レポート詳細情報

　Lighthouseのレポートは、アイコンや項目名をクリックすると、詳細情報を確認できます。たとえば、First Contentful Paintの測定結果の右にあるアイコンをマウスオーバーすると、この項目の意味を教えてくれます。

図3-45　マウスオーバーで項目名の説明

　パフォーマンスの評価項目「1.Enable text compression」の行をクリックすると、折りたたまれていたデータが展開して表示されます。ここでは、サーバーとブラウザ間の通信を圧縮すべきと記述されています。さらに圧縮した場合の効果（通信データ量の削減）の予測まで付いてきます。至れり尽くせりの情報提供です。

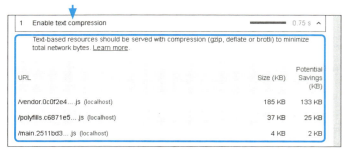

図3-46　項目行のクリックで関連する詳細情報

3.3.6.4　レポート情報の活用手順

❶ 対処する項目の洗い出し

（ア）総合評価でオレンジ（注意）または赤（警告）色の円グラフがあれば、そのカテゴリーの項目に優先的に対処します。

（イ）総合評価で円グラフがすべてグリーンのときは、注意または警告された項目に順に対処します。

❷ 原因の分析と対策検討

（ア）注意または警告された項目行をクリックして詳細情報を表示します。
項目名の意味と対処方法、ならびに関連情報を取得します。

（イ）提案された対策を実施するか否かの判断を行います。
オレンジ（注意）のときは、緊急度が高くないため提案を先送りすることがあります。バックエンド側の変更が必要な提案は、他への影響大きいため断念することがあります。

❸ 採用した対策の実施

❹ キャッシュとService Workerのリセット

（ア）ブラウザとサーバーとの間はService Workerでキャッシュされているので、そのままでは変更したプログラムは反映されません。「3.3.5.5　Service Worker関連ツール」を使って、キャッシュの消去とService Workerの停止を行います。
※代替として強制リロードやChrome Developer ToolsのUpdate on reloadを使う方法もあります。

（イ）ブラウザの再読み込み（リロード）を行います。これを行わないと、Service Workerが止めたままで動作しないことがあります。

❺ 効果の確認

（ア）再度Lighthouseで評価します。

（イ）対処前の値と比較して改善を確認します。

❶〜❺の手順を繰り返して、品質を向上させます。

3.3.6.5 サンプルで手順確認

ここまで解説したLighthouseの使い方をサンプルで体験します。すでに生成済みの、pwa01プロジェクトのレポートを使います。

❶ 対処する項目の洗い出し

レポートを見ると、総合評価でBest PracticeとSEOがオレンジ（注意）ですので、この2つのカテゴリーの改善から始めます。Best Practiceは2個、SEOは1個の警告が確認できます。

❷ 原因の分析と対策検討

(ア)改善対象項目の確認

警告された3個の項目行をクリックして詳細情報を表示し、警告内容と対策を確認します。

① Best Practice（1番目）

警告の理由:

サーバーとブラウザ間でより高速なデータのやり取りができるため、HTTP/2プロトコルを利用すべきです。

対応策:

WebサーバーをHTTP/2対応に変えます。

採用の可否:

サーバーの置き換えが必要なため、今回は見送ります（4章で実施）。

② Best Practice（2番目）

警告の理由:

document.write()はパフォーマンス低下を招くので使用すべきではありません。

対応策:

document.write()を使ったコードの書き替えをします。

採用の可否

今回はコードを書いていないので変更する箇所がありません。ライブラリ内部で呼び出されていると推測されます。今回は対応を見送ります。

③ SEO

警告の理由:

サイトの説明をしたメタ情報が提供されていないため、検索結果が正しく表示できない。

対応策:

index.htmlのmetaタグにDescriptionの定義を追加します。

採用の可否

すぐに実施します。

❸ 採用した対策の実施

採用の可否で残った、メタ情報の追加のみ行います。

（ア）src¥index.htmlにmetaタグを追加します。

　　※［dist］フォルダにもindex.htmlがありますが、こちらはビルドのたびに消去されるので変更内容が反映されません。

（イ）http-serverが実行中の場合は停止します。

（ウ）「ng build --prod --output-path=dist --delete-output-path=true」コマンドでビルドします。

（エ）「http-server ./dist -p3000 -c-1 -o」コマンドでWebサーバーを起動します。

リスト3-7　`src¥index.html`に着色部分を追記

```
<head>
  <meta charset="utf-8">
  <title>Pwa01</title>
  <base href="/">
  ......
  <meta name="Description" content="Remarks: PWAテスト">
  .........
</head>
```

❸ キャッシュとService Workerのリセット

「Service Worker Detector」と「Clear Service Worker」を使ったキャッシュの消去は説明済みですので、ここでは別の方法でリセットしてみます。

（ア）Chrome Developer Toolsを起動します。

（イ）［Application］メニューを選択後、左側面のサブメニューから［Service Worker］を選択します。

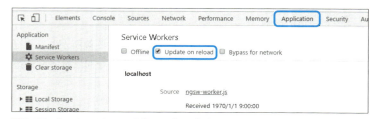

図3-47　Service Workerのキャッシュをリロードでリセット

❺ ブラウザのリロード（再読込）を行います。

［Update on reload］が有効になっているときは、リロードでキャッシュがクリアされます。

❻ 改善の確認

これまでと同じ手順でLighthouseによる評価を行います。

図3-48　metaタグ追加後のLighthouseのスコア

　注意のアイコンが消えてSEOカテゴリーの円グラフはグリーンになり、スコアは89から100点満点に上昇しています。対策の効果が確認できました。

　Lighthouse、いかがでしたでしょうか。これまでのようにエラーメッセージを見て、わからないときはインターネット検索を行う作業が自動化されています。エラーが発生したという報告ではなく、Lighthouseが最適な対処法を提案してくれるので助かります。アプリの開発において、単純な繰り返し手作業の自動化は進んでいますが、このように調査や分析も自動化できると、開発はとてもやりやすくなります。ちなみに「Lighthouse」は日本語では「灯台」です。進むべき方向を指し示してくれる名前がついています。

3.3.7　開発環境のまとめ

　AngularのPWA開発環境をまとめたものが表3-3です。新技術をふんだんに使っているにもかかわらず、情報や開発環境が整備されています。

表3-3　AngularのPWA開発環境

	提供されている環境
実行環境	1. Webブラウザに新API追加 　ブラウザを閉じていてもバックグラウンド処理可能なService Worker
設計指針	1. PWAの機能要件 2. 実装チェックシート
開発環境 （Angular）	1. Angular CLI 　PWA開発に必要なファイル構成を、既存のプロジェクトに追加 2. Angularクラス 　Service Worker専用クラスSwUpdate（リソースの保存と更新）、SwPush（プッシュ通知） 3. Angularビルド 　ServiceWorker動作設定ファイルの自動生成
テスト環境	1. Lighthouse 　PWAの機能要件への適合を評価 2. Google Chrome Developer Tools 　ApplicationメニューにService Workerの項目追加

3.4 サンプルアプリ

3.4.1 マルチタイマーの概要

PWAのガイドラインに沿って作成したサンプルアプリとして、マルチタイマーを用意しました。従来のWebアプリとの違いや、PWAの便利さを実感できます。

3.4.1.1 アプリ概要

マルチタイマーは、複数のタイマーを同時にセットできます。たとえば、3分間で出来上がる「カップラーメン」と、5分間の「カップうどん」と、8分間のパスタの麺を、まとめて作るときに便利です。

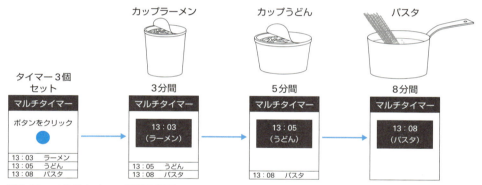

図3-49 マルチタイマー利用の様子

タイマーの通知が終わるまで、このアプリのページを開いたままにする必要はありません。設定した時間になると、Service Workerがバックグラウンドでサーバーからの通知を受けてアラームメッセージを表示します。

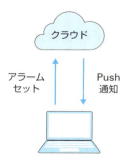

図3-50 プッシュサービスを使ったタイマーアラーム

3.4.1.2　機能一覧

- オフラインで利用可能
- サーバーに依頼してプッシュ通知でアラームを表示
- 最大10分まで複数のアラームをセット可能
- ブラウザ内のタイマーを使ってアラームを表示
- テーマの切り替えで配色を変更可能
- タイマーはキャンセル可能

3.4.1.3　Lighthouseのスコア

全ての項目でスコアは緑色になっています。

図3-51　マルチタイマーアプリのLighthouseスコア

3.4.1.4　画面フロー

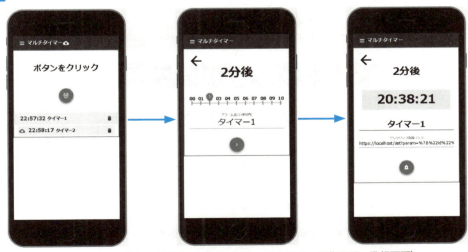

図3-52　マルチタイマーは3つの画面で構成（左からリスト画面、編集画面、登録画面）

1. リスト画面
   登録済みのタイマーを一覧表示します。登録済みのタイマーがない場合は空白です。
2. 編集画面
   新規タイマーに必要な値を入力します。タイマー時間とアラームで表示するメッセージを設定できます。
3. 登録画面
   設定内容確認してタイマーを登録します。登録後、リスト画面へ戻ります。

3.4.2 サンプルアプリの操作

3.4.2.1 アプリの起動

❶「本書を読む前に」を参照して実習環境を準備します。既に準備済みのときは、次の手順へ進んでください。まだの場合はダウンロードサイトで「実習環境の準備」のリンクをクリックしてGitBookを開き、その手順に沿ってください。

> **本書のダウンロードサイト**
> http://ec.nikkeibp.co.jp/nsp/dl/05453/

❷ 展開したフォルダのbasic_YYYYMMDD¥app¥timer¥run.batをダブルクリックして実行します。コマンドプロンプトウィンドウが開き、処理状況が表示されます。

❸ しばらくすると、Webブラウザが自動で起動します。

❹ マルチタイマーのリスト画面が表示されます。表示が乱れているときはリロード（Ctrl+Rキー）してください。

図3-53　マルチタイマーの起動画面

❺ アプリを終了するときは、起動時に開いたコマンドプロンプトを閉じてください。

❻ スマートフォンのような外観で表示する場合は、Google Chrome Developer Toolsを開き、スマートフォン表示モードのボタンを選択します。

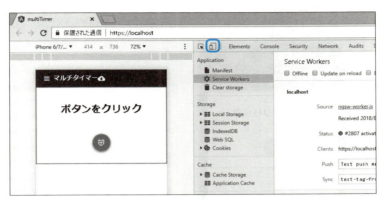

図3-54　表示モードをスマートフォン用に変更

❼ スマートフォン表示画面の右上メニューボタンをクリックして、[Show device frame]を選択します。[Show device frame]の代わりに[Hide device frame]が表示しているときはそのままで、次に進みます。

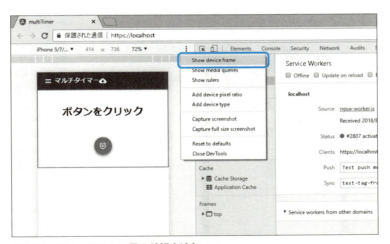

図3-55　スマートフォン用の外観を追加

❾ フレーム付きのページが表示されます。フレームが表示されないときは、次に進みます。

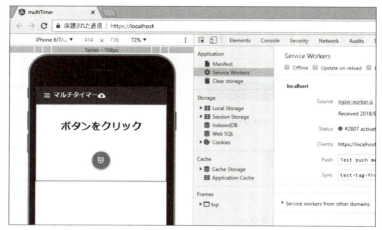

図3-56　スマートフォンの外観でページを表示

❿ 機種は，左上のプルダウンメニューから選択できます。フレームが表示されない機種もありますので、数種類変更して試してください。

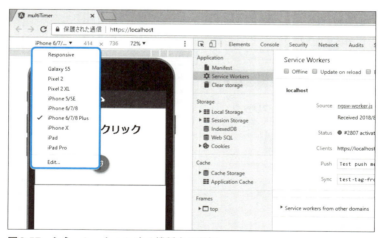

図3-57　シミュレーションする機種名の選択

3.4.2.2 基本操作

それでは操作してみましょう。

❶ すでにマルチタイマーが表示されているときは、一度ブラウザを閉じます。Google Chromeブラウザでhttps://localhostにアクセスします。

❷ リスト画面が表示されます。

図3-58　リスト画面

❸ PWAですから瞬時に起動します。登録済みのタイマーが画面下部に表示されますが、初めて起動したときには何も表示されません。

❹ 画面左上のメニューボタンをクリックし、メニューからリセットを選択します。これでアプリの初期化が完了しました。

図3-59　プルダウンメニューからリセットを選択

❺ 赤いボタンをクリックして、編集画面へ進みます。

❻ 編集画面が表示されます。

❼ スライダーを操作してタイマー時間を1分に設定します。タイマーの名前を「タイマー<連番>」から「タイマーのテスト」に変更します。赤いボタンをクリックして確認画面へ進みます。

図3-60　編集画面

❽ 確認画面が表示されます。

図3-61　登録画面

❾ 編集画面で入力した値が反映されていることを確認した後、赤いボタンをクリックします。

※画面中央にある「1-click操作のリンク」については「3.5 PWAのURL実装の価値」で解説します。

❿ リスト画面が表示されます。

図3-62　登録されたタイマーの一覧表示

⓫ 登録したタイマーの表示を確認します。タイマーをキャンセルしたいときはゴミ箱アイコンをクリックします。

⓬ 1分経過すると、画面上部にアラームメッセージが表示されます。

図3-63　タイマーアラームの表示

3.4.2.3 オフライン対応の確認

❶ Google Chrome Developer Toolsを起動し、ネットワークメニューから［Offline］にチェックを入れます。これでブラウザは、オフライン状態になりました。

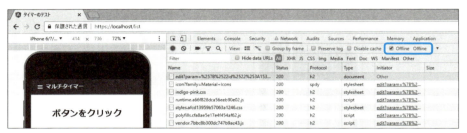

図3-64　オフラインモードへの切り替え

❷ 前の操作と同様に操作をすると、同じようにアラームメッセージが表示されます。

図3-65　オフラインであってもアラームが表示される

❸ ［Offline］のチェックを外し、元に戻します。

　オンラインとオフラインで操作に違いは全くありません。PWAの要件の1番目であるオフラインを意識することなく利用できています。

3.4.2.4　プッシュ通知

❶ リスト画面左上のメニューボタンをクリックして、通知ONを選択します。

❷ タイトルバーに雲アイコンが表示され、サーバーからのプッシュ通知が有効になったことが確認できます。

図3-66　プッシュ通知モード時は雲アイコンが表示

❸ 前の操作と同様に、編集画面、確認画面を使いタイマーを登録します。プッシュサーバーへの通信時間も必要ですので、前回の1分間より長めの3分間に設定します。

❹ 確認画面で登録ボタンを押すと、通知の許可を求めるダイアログが表示されるので、［許可］ボタンをクリックします。

図3-67　プッシュ通知表示の許可ダイアログ

※［ブロック］ボタンをクリックしたり、許可されていないなどのメッセージが表示されたときは、URL入力欄の左にある［保護された通信］、または鍵アイコンをクリックして表示されるダイアログで変更できます。

図3-68　通知の承認状況を確認・変更するダイアログ

❶ タイマー一覧にはプッシュ通知を表す雲のアイコンが左端につきます。

図3-69　プッシュ通知対応したタイマーには雲のアイコンマークが表示

❷ 3分間経過すると、画面左上にアラームメッセージが表示された後、画面右下にOSの通知ダイアログが表示されます。通知ダイアログが表示されないときは、「3.5.5.7 プッシュ通知実装の注意点」を参照してください。

図3-70　外部の通知サービスからのメッセージをダイアログで表示

3.4.2.5 バックグラウンド処理の確認

今度は、マルチタイマーのページを閉じているときの、プッシュ通知の動作を確認します。

❶ 前の操作と同様に、プッシュ通知を行うタイマーを設定します。

図3-71　タイマーを3分後に設定

❷ アラームメッセージが表示される前に、マルチタイマーのページを閉じます。空白ページを表示します。

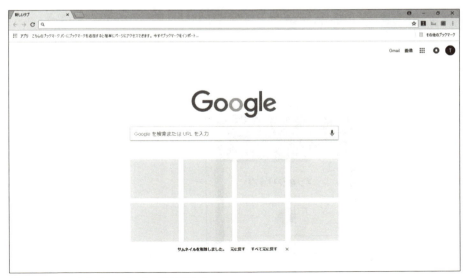

図3-72　マルチタイマーのページを閉じる

❸ タイマー設定の時刻になると、画面右下にOSの通知ダイアログが表示されます。
※プッシュサービスの処理に遅延が発生することがあります。

図3-73　マルチタイマーを閉じてもプッシュ通知は有効

　マルチタイマーのページを開いていなくても、Service Workerがバックグラウンドで動作し、サーバーからのプッシュ通知を受信できました。

3.4.2.6　テーマの変更

❶ リスト画面のメニューからテーマ3種類を選択すると、画面の配色の変更ができます。デフォルトはテーマ1で設定しています。

図3-74　プルダウンメニューを使いテーマを変更

3.4.3 PWAチェックリストへの対応

3.4.3.1 システム構成

マルチタイマーは「3.5.PWA評価ツール」で対応していなかったPWAの項目にも対応しています。

1. httpリクエストのhttpsへのリダイレクト
2. HTTP/2プロトコルへの対応
3. ブラウザとサーバー間のデータ圧縮

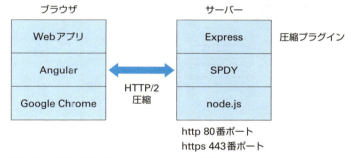

図3-75　PWA対応のためのバックエンド構成

Webサーバーは http（80番ポート）、https（443番ポート）の2つのポートでブラウザからのリクエストを待機します。80番ポートリクエストがあった場合は、httpsへリダイレクトします。

執筆時点（2018年11月）でExpressはHTTP/2をサポートしていないので、SPDYと組み合わせています。

サーバーとブラウザとの通信はExpressのcompressionプラグインで行っています。http/2サーバー環境構築の詳細手順は4章を参照してください。

3.4.3.2 PWA対応の確認

実際に動作させて、リダイレクトなどの動作を確認します。

❶ ブラウザのURL入力欄にhttp://localhostと入力して改行すると、URL入力欄の表示がhttps://localhostに強制的に変更され、タイマーリスト画面が表示されます。これでhttpプロトコルからhttpsプロトコルへのリダイレクトが確認できました。

図3-76　httpプロトコルでの呼び出し

❷ タイマーリスト画面を表示します。Google Developer Toolsを開き、［Network］メニューを選択します。強制再読み込み（Ctrl+Shift+Rキー）を行います。この場合は、Service Workerを使わずサーバーに直接データを取りに行くので、通信プロトコルを確認できます。通信ログのプロトコル欄を見ると、h2になっています。h2はhttp/2プロトコルの通信を表しているので、動作が確認できました。

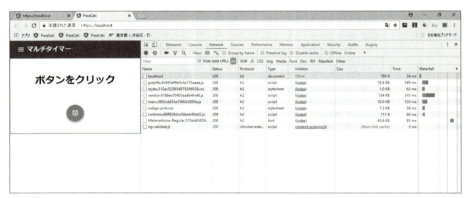

図3-77　通信ログのプロトコル欄でhttp/2対応を確認

❸ 通信ログの項目にProtocolの項目が見つからない場合は、項目名をマウスで右クリックすると、ログで表示可能な項目名の一覧が表示されます。その中からProtocolにチェックを入れます。

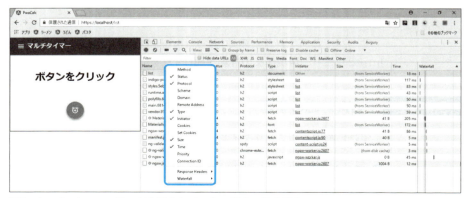

図3-78　プロトコルエラーが表示されていない場合の設定操作

❹ localhostの行をダブルクリックしてログ明細を見ます。

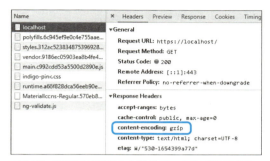

図3-79 通信ログ明細から通信データの圧縮を確認

❺ サーバーからのResponse Headersに、「content-encoding:gzip」とあります。サーバーからブラウザへの応答データがzip圧縮されていることがわかります。

3.4.4 アプリケーションキャッシュの実装

Service Workerを使ったアプリケーションキャッシュを使うと、従来のブラウザに組み込まれてキャッシュではできなかった、アプリ起動時の一括キャッシュやキャッシュの自動更新など、オフライン対応に必要な機能を提供してくれます。

3.4.4.1 ブラウザ組み込みキャッシュ機能との違い

Webブラウザには標準で「HTTPキャッシュ」という機能が組み込まれています[11]。ブラウザが過去に受信したデータを保存（キャッシュ）しておき、同じデータを呼び出すときは、キャッシュを読み込むしくみです。このキャッシュ機能の無効化や有効期限などは、HTTPヘッダーを使って制御できます。

Service Workerを使ったアプリケーションキャッシュは、ブラウザが過去に受信したデータに加えて、指定したデータをブラウザからのリクエストなしでアプリ起動時に一括して受信・キャッシュします。この動作を事前読み込み（Prefetch）と呼びます。事前読み込みのおかげで、アプリの起動時からすぐにオフラインに対応できます。さらにService Workerはバックグラウンドで保存したキャッシュの自動更新も行います。

※11 HTTPキャッシュについての解説
https://developer.mozilla.org/ja/docs/Web/HTTP/Caching

表3-4 HttpキャッシュとアプリケーションキャッシュΦ違い

	HTTPキャッシュ	アプリケーションキャッシュ
ブラウザの受信データ	キャッシュ可能	キャッシュ可能
キャッシュの制御	HTTPヘッダー	ngsw-config.json
キャッシュの自動更新	不可	可能
事前読み込み	不可	可能

3.4.4.2 キャッシュ設定ファイル

　Service Workerのキャッシュ動作を制御する設定ファイルが、ngsw-config.jsonファイルです。このファイルは、「ng add @angular/pwa」コマンドでプロジェクトにPWAの機能を追加した際に、Projectのルートフォルダに生成されています。

　ngsw-config.jsonで指定できる、キャッシュ動作の設定可能項目を表3-5、表3-6にまとめています。リソースを対象とする「asset」グループと、サーバーが動的に生成するデータを対象とする「data」グループに分けて設定します。

表3-5 assetグループに設定可能な項目（index.html, JavaScript, CSS, iconなどのリソース）

設定項目と設定値	内容
name 文字列	設定するグループの名前
installMode prefetch または lazy	アプリ起動時のキャッシュ動作 ・prefetch：事前読み込み ・lazy：ブラウザが受信時に読み込み
updateMode prefetch または lazy	内容の変更検出時の動作 ・prefetch：すぐに読み込み ・lazy：ブラウザが受信時に読み込み
resources	キャッシュ対象のデータを指定
ファイル名またはURL文字列	・ファイル名の配列 　複数ファイルの指定に以下の構文が利用可能 　　● ** は、0個以上のパスセグメントに一致 　　● * は、厳密に0個以上の / を除く文字に一致 　　● ? は、厳密に1個の / を除く文字に一致 　　● ! は、パターンに一致しないファイル ・URLの配列 　複数URLの指定に以下の構文が利用可能 　　● ** は、0個以上のパスセグメントに一致 　　● * は、厳密に0個以上の / を除く文字に一致

表3-6 dataグループに設定可能な項目（ブラウザのリクエストに応じて動的に生成）

設定項目と設定値	内容
name 文字列	設定するグループの名前
urls URLの配列	キャッシュ対象データの取得先 ・URLの配列 　複数URLの指定に以下の構文が利用可能 　　●**は、0個以上のパスセグメントに一致 　　●*は、厳密に0個以上の/を除く文字に一致
version 整数（デフォルト0）	この値が変わったときは、再キャッシュが必要
maxSize 整数	最大キャッシュ数（これ以上になった時点で古いキャッシュを消去）
maxAge 期間を表す文字列	キャッシュの保持期間 期間の書式　d：日, h：時, m：分, s：秒, u：ミリ秒
timeout 期間を表す文字列	サーバーからの応答待ち時間の上限、これ以上のときはキャッシュを利用 期間の書式　d：日, h：時, m：分, s：秒, u：ミリ秒
strategy performance または freshness	サーバーとキャッシュのどちらを優先するか ・performance：キャッシュを優先。キャッシュの保持期間がmaxAgeを過ぎているときは、サーバーから取得 ・freshness:サーバーデータを優先。timeout以内に取得できないときはキャッシュを利用

3.4.4.3　設定ファイルの内容

リスト3-8　マルチタイマーの`ngsw-config.json`ファイル（`¥ngsw-config.json`）

```
{
  "index": "/index.html",        <-----indexページの場所
  "dataGroups": [                <------ dataグループの設定
    {
      "name": "api",             <------ 設定グループの名前
      "urls": [
        "/api/pubKey"            <------ 対象のURL
      ],
      "cacheConfig": {           <------ キャッシュ動作の設定
        "maxSize": 10,           <------ 10個までのキャッシュを保持
        "maxAge": "1d",          <------ キャッシュの有効期限は1日
        "timeout":"30s",         <------ 受信待ちは最大30秒
        "strategy": "freshness"  <------ サーバーデータ優先
      }
    } ]
  ,
  "assetGroups": [{              <------ assetグループの設定
    "name": "app",               <------ 設定グループの名前
```

```
          "installMode": "prefetch",     <------  起動時にキャッシュ
          "resources": {                 <------  対象のリソース
            "files": [                   <------  対象のファイルを指定
              "/favicon.ico",            <------  ブックマークのアイコン
              "/index.html",             <------  アプリ起動ファイル
              "/*.css",                  <------  ルートの全CSSファイル
              "/*.js",                   <------  ルートの全JavaScriptファイル
              "/assets/css/deeppurple-amber.css",  <------ 既定のテーマ
              "/assets/icons/info_icon_96.png" <------ 通知ダイアログアイコン
            ]
          }
        }, {
          "name": "assets",              <------  設定グループの名前
          "installMode": "lazy",         <------  リクエスト時にキャッシュ
          "updateMode": "prefetch",      <------  変更検知時はすぐにキャッシュ
          "resources": {                 <------  対象のリソース
            "files": [                   <------  対象のファイルを指定
              "/assets/**"               <------  assetsフォルダ以下全て
            ]
          }
        }]
      }
```

ngsw-config.jsonファイルは対象のファイルを選択するルールを記載し、プロジェクトのビルド時に、実際のファイル名やURLに置き換えたngsw.jsonファイルを生成します。Service Workerはngsw.jsonを参照してキャッシュ動作を行います。

条件指定　　　　　　　　　　　　　　　　具体的な記述

図3-80　ビルドによってngsw-config.jsonはngsw.jsonへ変換

リスト3-9　マルチタイマーの`ngsw.json`ファイル（`¥dist¥ngsw.json`）

```
{
  "configVersion": 1,
  "index": "/index.html",
  "assetGroups": [
    {
      "name": "app",
      "installMode": "prefetch",
      "updateMode": "prefetch",
```

```
      "urls": [                       <------ ファイル指定をURLに変換
        "/assets/css/deeppurple-amber.css",
        "/assets/icons/info_icon_96.png",
        "/favicon.ico",
        "/index.html",
        "/main.d8a323b6f93615bc0b3d.js", <------ *.js,*cssから変換
        "/polyfills.f9786ffa3c0c21456d44.js",
        "/runtime.a66f828dca56eeb90e02.js",
        "/styles.7eb0af4b7e81f9b52573.css",
        "/vendor.fe927e58051bd735096e.js"
      ],
      "patterns": []
    },
    {
      "name": "assets",
      "installMode": "lazy",
      "updateMode": "prefetch",
      "urls": [
        "/assets/css/indigo-pink.css",   <------ /asset/**から変換
        "/assets/css/pink-bluegrey.css",
        "/assets/icons/icon-128x128.png",
        "/assets/icons/icon-144x144.png",
        "/assets/icons/icon-152x152.png",
        "/assets/icons/icon-192x192.png",
        "/assets/icons/icon-384x384.png",
        "/assets/icons/icon-512x512.png",
        "/assets/icons/icon-72x72.png",
        "/assets/icons/icon-96x96.png"
      ],
      "patterns": []
    }
  ],
  "dataGroups": [
    {
      "name": "api",
      "patterns": [
        "\\/api\\/pubKey"              <------ URLから正規表現へ変換
      ],
      "strategy": "performance",
      "maxSize": 10,
      "maxAge": 86400000,              <------ 時間指定文字列からmsecへ変換
      "timeoutMs": 30000,
      "version": 1
    }
  ],
（以下省略）
```

このしくみのおかげで、キャッシュすべきファイルの名前が変わったり、削除されたり、追加されたりしてもビルドすれば期待したキャッシュ動作が継続され、運用の負担が軽減されます。たとえば、assetsグループは、キャッシュの対象として"/assets/**"（assetsフォルダ以下全てのファイル）を指定しているので、assetsフォルダにアイコンファイルやCSSファイルが追加されても、ngsw-config.jsonファイル変更の必要はありません。

3.4.4.4 インストールモードの使い分け

assetグループのキャッシュは、アプリの起動時に一括して行う「prefetch」モードと、ブラウザがデータデータを受信したときに行う「lazy」モードがあります。

この2つのモードの使い分けに3種類の実装パターンがあります。

1. 実行速度重視パターン
   assetグループの対象の全リソースをprefetchモードでキャッシュします。サーバーとの通信回数は最小限で済み、高速な画面切り替えや起動直後からオフラインに対応ができます。ただし、リソースデータの容量が大きな場合、初めてアプリを起動するときに時間がかかります。

2. 起動速度重視パターン
   初めてのアプリ起動で時間がかかると、遅いアプリという印象を与えてしまいます。assetグループの対象の全リソースをlazyモードでキャッシュします。初めての起動時間は最小限で済みます。ただし、起動直後はPWAの要件であるオフライン対応が困難です。

3. オフライン重視パターン
   assetグループの対象のリソースのうち、オフライン動作に必須のものをprefetchモードでキャッシュします。残りは、lazyモードで設定します。
   起動直後からオフラインに対応ができます。マルチタイマーの設定はこのパターンを利用しています。

たとえば、[￥assets￥css]フォルダにある3つのテーマファイルのうち、デフォルトで利用するdeeppurple-amber.cssをprefetchモードで、残りのCSSファイルをlazyモードでキャッシュしています。

図3-81　テーマファイルの保存場所

3パターンの実装を紹介しましたが、どのパターンを選択しても、2回目以降の起動で同じ操作をするのであればキャッシュデータを使った動作をするので、違いはほとんどありません。

3.4.4.5　キャッシュのリフレッシュ

アプリケーションキャッシュの保持力は強力で、ブラウザのリロードを行ったくらいでは更新されず、プログラムリソースの変更が反映されません。そのため、開発中は変更を反映させるためにキャッシュをリフレッシュする特殊な操作が必要になります。3つの方法があります

1. Google Chrome Developer Tools

    Applicationメニューから ServiceWorker画面を開き、[Update on reload]にチェックを入れます。この設定以降は、リロードでリフレッシュができます。

図3-82　[Update on reload]を有効にするとリロードでリフレッシュできる

2. Google Chrome 拡張機能

    Clear Service Workerを使います。手順は、「3.3.5.5 Service Worker関連ツール」を参照してください。

3. ブラウザ操作

    「スーパーリロード」と呼ばれる、強力なリロードです。Chromeブラウザでは、Ctrl+Shift+Rキーで実行します。操作方法は異なりますが、多くのブラウザで利用

できます。

3.4.4.6 キャッシュのデバッグ

ngsw-config.jsonで設定したキャッシュの動作確認は、Google Chromeの拡張機能「Service Worker Detector」で可能です。

❶ デバッグするページを開きます。

❷ Service Worker Detectorを開き、ServiceWorkerのタイトルバーをクリックして表示折りたたみます。

❸ Cache Storageのタイトルバーをクリックして表示を展開します。

❹ キャッシュデータの一覧が表示されています。この一覧の名前をよく見ると、ngsw-config.jsonの設定名が反映されています。

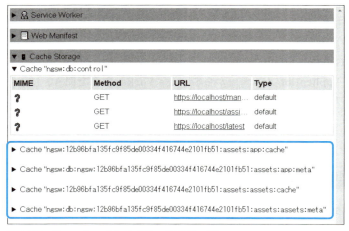

図3-83 キャッシュされたグループ名の一覧
　　　　Cache "ngsw:12b 〜 b51: assets:app:cache"
　　　　（assetsグループ、グループ名appで指定したキャッシュ）
　　　　Cache "ngsw:12b 〜 b51: assets:assets:cache"
　　　　（assetsグループ、グループ名assetsで指定したキャッシュ）

❺ さらにこの一覧を展開すると、ngsw-config.jsonで設定したキャッシュを確認できます。

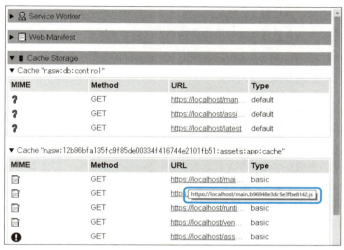

図3-84　URLのマウスオーバーでキャッシュされたデータの確認

3.4.4.7　まとめ

Service Workerを使ったアプリケーションキャッシュは、2ステップで実装します。

1. PWA関連のモジュールを既存のプロジェクトに追加します
   ng add @angular/pwa --project=プロジェクト名
2. ngsw-config.jsonファイルに、キャッシュの動作を設定します

3.4.5　Push通知の実装

3.4.5.1　プッシュ通知の特徴

　Service Workerを使ったプッシュ通知機能を使うと、今までのWebアプリでは困難だった、ユーザ登録してもらうと、Webサイト側からユーザーに対して、いつでもすぐに直接メッセージを送ることができます。最新情報を送って自社のサイトへ誘導したり、システム分野ではトラブル時に即座に障害情報を伝えたりできます。
　同じようにデータを個別に送信できる電子メールは、スパムメールフィルターでブロックされたり、メールを開く前にタイトルを見て削除されたりして情報が伝達できないことが多くなってきました。

一方、プッシュ通知は即座に画面に表示されるため、情報がより早く確実に伝わります。

逆に、不要な通知が次々と送られてくると、ユーザーはスパムメールの比ではない大変な迷惑を受けることになります。そのため、宛先のメールアドレスがわかれば自由に送信できる電子メールに対し、プッシュ通知は宛先ユーザーの事前承認が必要です。ユーザーの事前承認をスムーズに受けるための画面フローやデザインが重要になります。

3.4.5.2　プッシュ通知のしくみ

プッシュ通知のしくみは、携帯電話（俗に言うガラケー）の時代からありました。携帯電話の時代は各通信キャリア、スマートフォンになってからはGoogleやAppleそれぞれが管理するデバイスへ、有償サービスでプッシュ通知を行っていました。

これを、無償かつオープンにしたのが、Service Workerによるプッシュ通知のしくみ（PushAPI[12]）です。ブラウザごとの対応状況がまちまちだったり（執筆時点の2018年11月ではiOSは未対応）、最終仕様が確定していないなど課題は残っていますが、効果的な情報発信手段が無償になったことで急速に普及しています。

Service Workerによるプッシュ通知は、これまでプッシュ通知サービス事業者が集中管理していたシステムをベースにしています。プッシュ通知を送るには、ユーザーからの承認に加えて、プッシュ通知サービス事業者から決められた手順で承認を得る必要があります。

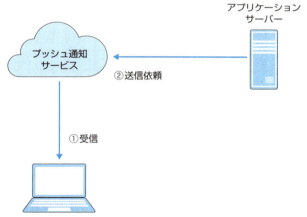

図3-85　プッシュ通知サービスと通知先の承認が必要
　　　①ユーザーからプッシュ通知の事前承認
　　　②プッシュ通知サービスから送信依頼の事前承認

※12　PushAPIの解説
　　　https://developer.mozilla.org/ja/docs/Web/API/Push_API

3.4.5.3　ユーザーからの事前承認

サービスワーカーによるプッシュ通知は、ユーザーから事前承認を受けていないとブロックされて表示されません。承認を受けるには、ユーザーに許可ボタンをクリックしてもらう必要があります。許可の概要は表3-7の通りです。

表3-7　通知の表示許可の概要

許可の主体	通知を受けるユーザー
許可の内容	通知ダイアログの表示
許可の範囲	Web アプリのホスト名の単位[13]
許可の方法	ブラウザが表示する許可ダイアログ
許可の有効期間	ブラウザに設定値として永続保管 手作業で設定を変更しない限り変わらない[14]

ブラウザの種類ごとに承認ダイアログの形状、大きさ、表示位置が異なります。Notification APIを呼び出して、承認ダイアログを表示します。

図3-86　Google Chromeの承認ダイアログ

※13　承認範囲の正確な単位はオリジン（スキーム、ホスト名、ポート番号）ですが、スキームとしてhttps、ポート番号の指定なしが一般的ですので、実質はホスト名ごとの承認になります。

※14　OSのバージョンアップ等他の要因で許可の設定がリセットされることがあります。

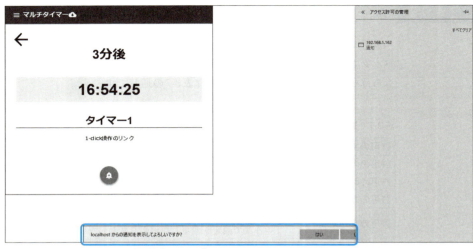

図3-87　Microsoft Edgeの承認ダイアログ

図3-88　Firefoxの承認ダイアログ

3.4.5.4　承認ダイアログ表示の注意点

　初めてアクセスしたサイトのトップページで図3-89のダイアログが表示されました。
　あなたは［許可］ボタンをクリックしますか？

図3-89　プッシュ通知の承認ダイアログ

許可する人は少ないでしょう。何も知らない状態で許可を求められても困ってしまいます。判断する情報がなく、[許可]ボタンをクリックした結果、何が起きるかわからないからです。

何のために承認が必要かを説明した後に、承認ダイアログを表示すると、必要性を判断して[許可]をクリックできます。この状態であれば許可する人は増えるでしょう。

図3-90 説明の後に承認ダイアログを表示

また、承認ダイアログが視野に入らず、[許可]ボタンをクリックしてもらえないことがあります。承認ダイアログ以外の背景を暗くして隠し、承認を促すメッセージを表示すると、さらに許可されやすくなります。PWAの拡張チェック項目18番目の「プッシュ通知の許可ダイアログ表示時は、発見しやすいように背景を暗くする」に該当します。

図3-91 承認ダイアログ以外を隠して許可を促すメッセージを表示

また、Google Chromeは［許可］、Microsoft Edgeは［はい］、Firefoxは［通知を許可］というように承認ボタンの名称が異なります。ブラウザの種類を検出して承認を促すメッセージを切り替えると、承認しやすくなります。

　ここまで細かな対応を説明するのは、プッシュ通知の承認が一発勝負だからです。［許可］も［ブロック］も一度クリックされると、ブラウザが結果を記憶して承認ダイアログは二度と表示されません[15]。承認をクリックしてもらうための準備は十分に行う必要があります。

3.4.5.5 通知許可の動作確認

　ここまで説明してきたユーザーからの事前承認について、以下の順番で動作確認を行います。

1） 現在の通知許可の状況
2） 通知許可ダイアログの表示
3） ユーザーが許可した後の、通知許可の状況の変化

❶ マルチタイマーアプリを起動します。

❷ 画面左上のメニューをクリックし、［リセット］を選択します。

図3-92　アプリのリセット

---

[15] 承認結果は、ブラウザの詳細設定画面で変更できますが、一般ユーザーが容易に気づく操作ではありません。

❸ マルチタイマーのタイトルの右に雲のマークがないことを確認します。雲のマークが残っている場合は、スーパーリロード（Shift+Ctrl+Rキー）を行った後、再度メニューからリセットを選択します。

図3-93　プッシュ通知機能OFFを確認

❹ Google ChromeのURL入力欄の［保護された通信］の部分をクリックします。

図3-94　通知設定メニューの呼び出し

❺ プルダウンメニューが表示され、現在の承認状況を確認できます。この表示例では、https://localhostが「許可」されています。

※通知の項目が表示されないときは、ダイアログ下部の［サイトの設定］をクリックして設定ダイアログを表示し、その中で［通知］の項目を確認します。

図3-95　通知許可の状況確認

❻ 登録状況をクリックして、設定値の変更ができます。許可またはブロックで承認結果が記録されている場合、承認ダイアログは表示されないので、通知状況を［確認（デフォルト）］に設定します。この設定値は、許可確認をまだ行っていない状況を表します。

図3-96　通知許可設定を［確認（デフォルト）］に設定

❼ マルチタイマーのメニューから［通知On］を選択します。

図3-97　プッシュ通知モードの有効化

❽ 通知許可のダイアログの前に、説明文を書いたダイアログが表示されます。通知許可ダイアログメッセージは変更できないので、独自のメッセージを表示前にダイアログで示します。

図3-98　通知許可ダイアログ表示の予告説明

❾ 通知許可ダイアログが表示されます。［許可］をクリックします。このときダイアログ以外は暗く表示されます。

図3-99　通知許可ダイアログの表示

❿ 通知許可の状況が［確認（デフォルト）］→［許可］に変化していることが確認できます。

図3-100　通知許可の状況が［許可］に変化

3.4.5.6　プッシュ通知サービスからの事前承認

　プッシュ通知サービスからの事前承認は、通知先を経由で受け取ります。アプリケーションサーバーが直接プッシュ通知サービスの承認を受けるのと比べ、通知先の指定が確実かつ簡単にできます。

　アプリケーションサーバーは通知先に自分の公開鍵を渡し、プッシュ通知サービス事業者事前承認の結果として、PushSubscription型※16のデータを受け取ります。

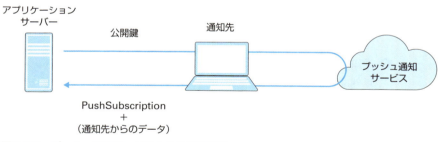

図3-101　プッシュ通知サービスからの事前承認

　プッシュ通知サーバーへ通知依頼を行うときは、PushSubscriptionにアプリケーションサーバーが持つ秘密キーで署名をつけて通知メッセージを送信します。

※16　PushSubscriptionクラスの解説
　　　https://developer.mozilla.org/ja/docs/Web/API/PushSubscription

図3-102　プッシュ通知サーバーへ通知依頼

表3-8　通知依頼の概要

許可する人の主体	プッシュ通知サービス事業者
許可の内容	プッシュ通知の送信依頼受付
許可の範囲	公開鍵とペアの秘密キーを持つ依頼元から、許可情報（PushSubscription）を渡した通知先へのプッシュ通知
許可の方法	通知先デバイスからプッシュサービスへサーバーの公開鍵を送り、許可情報を取得
許可の有効期間	許可情報に設定された期間またはプッシュサービス事業者ごとに定めた期間

　アプリケーションサーバーは、通知先から受け取った許可情報を配信のときまで保存します。また、アプリケーションサーバーは、通知前であれば通知先からキャセルを受け付ける必要があります。

3.4.5.7　プッシュ通知実装の注意点

1．OSによるプッシュ通知の表示制限

　Windows 10では、OSの機能としてプッシュ通知をブロックできます。その他のOSやスマートフォンでも通知の表示に対してさまざまな制限をかけることができます。

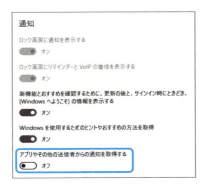

図3-103　Windows10の通知メッセージの表示制限設定画面

これらの制限を、Webアプリから制御することはできません。確実にプッシュ通知を表示させるには、ユーザーにプッシュ通信のテストメッセージの表示確認をしてもらい、表示されないときは制限を解除する手順を説明します。

プッシュ通知の動作確認を行うhtmlファイルに以下のURLでアクセスできます。

https://localhost/assets/test/test.html

図3-104　通知ダイアログの表示テスト

2．プッシュ通知サービス利用時の遅延時間

プッシュ通知サービスの利用には、遅延時間が発生します。通常は数秒以内ですが、時間がかかることもあります。それを考慮する必要があります。

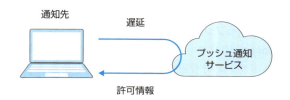

図3-105　許可情報取得（上）とプッシュ通知の送信（下）の遅延時間

プッシュ通知サービスの許可情報取得を待って画面遷移する実装をすると、画面がロックされたり、画面遷移しないため何度もボタンを押されたりといった、トラブルの原因になります。そしてPWAとして重要な応答時間3秒以内の条件から外れてしまいます。許可情報取得は、事前にバックグラウンドで取得しておきます。

アプリケーションサーバーが通知の依頼をしてから、通知先への到着までの所要時間は変化します。したがって、時刻の正確さを求めるアプリに、通知は向いていません。バックアップ用途として利用するか、別の方法を考えます。

3.4.5.8　プッシュ通知の動作確認

アプリケーションサーバーのデータのやり取りをモニターしてみましょう。次の確認を行います。

処理の流れ
　　　a)アプリケーションサーバーが、ブラウザへ公開鍵送信
　　　b)アプリケーションサーバーが、ブラウザから許可情報取得と通知データ取得
　　　c)アプリケーションサーバーが、プッシュサービスへ通知依頼し、その結果を受信

❶ Webブラウザとアプリを起動したコマンドプロンプト画面を並べて表示します。コマンドプロンプトの画面には、アプリケーションサーバーのログが表示されます。

図3-106　ブラウザとアプリケーションサーバーのログを並べて表示

❷ マルチタイマーを起動し、左上メニューから［リセット］を選択します。

❸ 左上メニューから［通知On］を選択して、タイトルバーの雲アイコン表示を確認します。

❹ コマンドプロンプト画面を見ると、アプリケーションサーバーの公開キーがWebブラウザに送信されたログが表示されています。

リスト3-10　公開鍵の送信

```
Res@@@公開キーをブラウザへ送信
'BHPaVzKDMAS_X3llcGHAKSckiFEJjLlAAOC6pGCbl2D80GuOZCGrVQPl5ITKJ3A⤸
3h2RraeWr_Ucaalup58bt7F2_A'
```

❺ 編集画面で3分間のタイマーを設定します。赤いボタンをクリックし、登録画面へ移動します

❻ 赤いボタンをクリックしてタイマーを登録します。

❼ コマンドプロンプトの画面に、アプリケーションサーバーがブラウザから受信した許可情報とアラーム情報が送信されています。

リスト3-11　許可情報のデータ交換

```
Req@@@ブラウザから許可情報とタイマー情報取得
{
//プッシュ通知サービスの許可情報 (pushSubscription)

pushSubscription:
  {endpoint:
'https://fcm.googleapis.com/fcm/send/dSWmbOLw7-4:APA91bF6wd2y9a
WWY7M1pETWqNpn6qdXRn6fUceZlJR1BaEan-VtCSy3c2BSh1yyl-eGvOGcyWRla
o92Xk55zzUzOCx6tztbGm1cJqntLrALCLHM6jhCsbtJDVyOOOaxetci_a
c6pTEPaw2',
expirationTime: null,
keys:
    { p256dh:
    'BIFaaUyFgNlQLgBBt6PVvzAyT7ej32H_wKKiH9YMVqisWSsfSk23TBCj
    Gx1T7MiI9pKcTd77lf6eNd2zLmTqSX8',
      auth: 'wSoaKraT9qlMhfeMrIbw_Q'
    }
},

タイマー設定情報
  id: 1535304581544,
```

```
    alarmTimestamp: 1535304766364,
        timerValue: 3,
        title: 'タイマー17',
        isPush: false,
        baseUrl: 'https://localhost'
}
```

ブラウザへ返信
```
Res@@@Res タイマー追加
{ success: true, msg: 'タイマー17を追加しました--02:29:48' }
```

　許可情報には、プッシュ通知依頼先のURL（Endpoint）が含まれています。ブラウザの種類ごとに、依頼先のURLは変わります。ここでは、Google Chromeの依頼先「https://fcm.googleapis.com/fcm/」が指定されています。

❽ 3分経過すると、アプリケーションサーバーからプッシュ通知サービスへ依頼をします。そのときのログは以下になります。

リスト3-12　通知依頼のデータ交換

通知依頼したメッセージの内容
```
@@@通知依頼 payload
{ notification:
   { title: '時間になりました',
     body: 'タイマー17 設定時刻=02:32:46 通知時刻=02:32:47',
     icon: 'assets/icons/info_icon_96.png',
     vibrate: [ 100, 50, 100 ],
     requireInteraction: true,
     data: { id: 1535304581544, url: 'https://localhost' },
     actions: [ [Object] ] } }
```

通知サービスからの応答
```
@@@タイマー通知02:32:47
{ statusCode: 201,
  body: '',
  headers:
   { 'content-type': 'text/plain',
     location:
      'https://fcm.googleapis.com/fcm/0:1535304765408718%e609af⏎
1cf9fd7ecd',
     date: 'Sun, 26 Aug 2018 17:32:45 GMT',
     expires: 'Sun, 26 Aug 2018 17:32:45 GMT',
     'cache-control': 'private, max-age=0',
     'x-content-type-options': 'nosniff',
     'x-frame-options': 'SAMEORIGIN',
```

```
    'x-xss-protection': '1; mode=block',
    'content-length': '0',
    server: 'GSE',
    'alt-svc': 'quic=":443"; ma=2592000; v="44,43,39,35"',
    connection: 'close' } }
```

通知依頼のメッセージは暗号化されてプッシュ通知サービスへ渡されるので、通知内容の漏えいは回避されます。プッシュ通知で成功した場合、プッシュ通知サービスからは通常201のstatusCodeが返ってきます。

3.5　URLによるアプリ共有

先送りにしてきたPWA実装チェック項目の8番目、「3.2.8　ページごとに異なるURLを持つ」の解説を行います。たった1つのチェック項目ですが、ユーザーにとって利便性を大幅に高める可能性を持っています。PWAのURLの前に、URL動作の基礎を説明します。

3.5.1　URL呼び出しの課題

PWAのチェックリストで順番が最後の基本項目、「Each page has a URL（ページごとにURLを持つ）」は、Webアプリであれば画面の切り替えはURLを使って行われるので、何もしなくても良いと見過ごすかもしれません。

しかし、評価する内容は、Ensure individual pages are deep linkable via the URLs and that URLs are unique for the purpose of shareability on social media by testing with individual pages can be opened and directly accessed via new browser windows（それぞれのページはURLによって互いに呼び出し可能であり、SNS等で共有するために一意のURLによってブラウザから直接呼び出し可能なことを確認する）と書いています。これは、従来のサーバー集中型でもモダンWebでも、この項目を意識して開発をしないと多くのページが不適合になります。

たとえば、サイトのトップページなどパラメーターなしでページを呼び出す場合は、URLだけで情報共有が可能で、このチェック項目に合格します（図3-107）。

図3-107　サーバー集中型でのGETメソッド呼び出し

一方、データ検索の条件などのパラメーターを含めてPOSTメソッドでページを呼び出す場合に、URLには含めずbody部分でデータを渡します（図3-108）。ここで表示されたページのブックマークを保存しても、検索条件のデータが含まれていないため情報共有ができません（図3-109）。そのため、ブックマークにURLを保存してもデータがないので表示できません。

図3-108　サーバー集中型でのPOSTメソッド呼び出し

図3-109　サーバー集中型でのURL（図3-108）。このページのURLを呼び出し

　このような場合、サーバー集中型では必要なデータをURLに埋め込み解決していました（図3-110）。

図3-110　サーバー集中型でURLにデータ埋め込み情報共有

　また、パラメーターのサイズが大きい場合やセキュリティの観点からURLに埋め込めないときは、識別IDをURLに組み込む方法も利用されています。

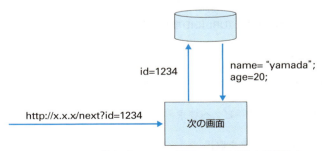

図3-111　サーバー集中型でURLに識別IDを埋め込み情報共有

アーキテクチャーがモダンWebに変わっても同じです。Angularの画面呼び出しで一般的なサービスを経由する方法（図3-112）では、URLにデータが含まれていないため画面表示ができません。

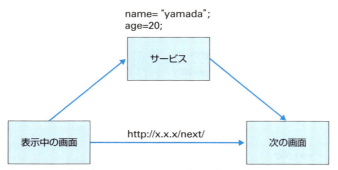

図3-112　一般的なAngularの画面呼び出し（サービス経由）

サーバー集中型のようにURLにデータを埋め込む方法を採用します（図3-113、3-114）。

図3-113　Angularの画面呼び出し（URLにデータ埋め込み）

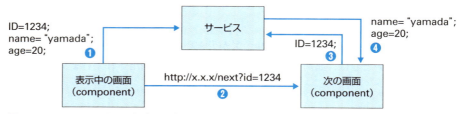

図3-114　Angularの画面呼び出し（URLにID埋め込み）

❶ サービスに次のコンポーネントへ渡すデータを登録

❷ URLパスに識別番号を付けて次のコンポーネントへルーティング

❸ 識別番号使いデータをサービスへ要求

❹ サービスから必要なデータを取得

これで、チェック項目に記述されている対応策である、「If building a single-page app, make sure the client-side router can re-construct app state from a given URL（シングルページアプリの場合は、ブラウザで渡されたURLからアプリの状態を復元する）」を実装できます。

チェックシートでは、SNSなどの情報共有を目的にURL埋め込みを想定しています。ここからが重要です。同じしくみを使ってアプリの共有もできます。アプリの共有は情報共有でもはるかに大きな効果をもたらします。URLのみで任意のページを呼び出せるということは、アプリの操作途中でブックマークを保存すれば、次に使うときにブックマークを呼び出せば、その続きから始めることが可能になることを意味します。ブックマークを自分用に使えば、前回の操作途中の続きをすぐに始められますし、仕事でページのリンクを送れば続きの作業を頼むこともできます。URLを使ったこれらの利便性はネイティブアプリでは全く真似のできない大きな優位点になります。その反面、一般的な実装とは異なる方法を取るので、開発の手間がかかるデメリットがあります。両方のバランスをとりながら設計を進める必要があります。

ここまでをまとめると、以下になります。

1. PWAでは、URLのみで情報共有する機能が求められている
2. 一般的な実装では、サーバー集中型もモダンWebも対応できない
3. 対応するには、URLへデータを埋め込む必要がある
4. このしくみを使い、アプリの共有も可能になる

ここまで説明してきたことを、実際にWebアプリを操作して理解を深めます。サーバー集中型でも同様の挙動をするので、一般公開されている郵便局の電話帳電話郵便番号案内とGoogleマップをサンプルとして説明します。まず、郵便局の郵便番号検索でブックマークの動作を確認してみましょう。

3.5.2　URLでは画面を復元できない例

郵便局の郵便番号検索でブックマークの動作を確認してみましょう。

❶ https://www.post.japanpost.jp/index.html にアクセスします。

❷ 住所の入力欄に「東京都渋谷区渋谷」を入力して検索を行います。

図3-115　郵便番号検索画面に住所を入力

❸ 検索結果が表示されます。このページをブックマークします。

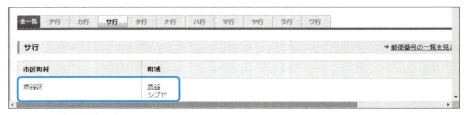

図3-116　検索結果の表示

ブックマークされるときのURLは、以下になっています。

郵便番号検索の検索結果をブックマークしたURL
https://www.post.japanpost.jp/cgi-zip/zipcode.php

zipcode.phpというプログラムを呼び出しています。

❹ 登録したブックマークを呼び出すと、渋谷の検索結果ではなく検索の初期画面が表示されます

図3-117　ブックマーク時と異なる画面が表示される

郵便番号検索の動作は特殊なものではありません。通常のWebアプリの実装を行うと同様の結果になります。

3.5.3 画面を復元するURL実装

その一方で、通販サイトや地図アプリでは、ブックマークを使って画面を保存したり、URLをメールに貼り付けて、同じ画面を友達へ送れます。それを可能にするための実装をURLに行っているからです。

たとえば、ブラウザ版「Google Map」は、繰り返し利用するエリアの地図をブックマークに保存しておくと、次からは1クリックで同じエリアの地図を表示できます。

図3-118　表示座標をURLに埋め込んでいるGoogleマップ

表示ページのURLを見ると、URLのパラメータの中に地図の座標が埋め込まれています。ここでは、北緯35.6850442, 東経139.7497589が埋め込まれています。

地図の座標が埋め込まれたURL
https://www.google.co.jp/maps/@35.6850442,139.7497589,14z?hl=ja

このように、ページ表示のときは画面を復元できるためのデータをURLに埋め込み、URLを読み込むときはURLに埋め込まれたデータから画面を復元する実装を行っています。

PWAでページごとに異なったURLを持つというのはこの実装を意味しています。ユーザーの利便性を大幅に高めることができます。

URLでアプリを共有すれば操作途中のアプリの画面URLをブックマークに保存し、次に利用するときはマウスのクリックひとつですぐに利用できるのです。自分が途中まで進めた画面URLをメールで送り、友達に続きをやってもらうこともできます。アイコンのクリックしか起動方法がないネイティブアプリには真似のできない素晴らしい機能です。

3.5.4　PWAアプリ共有の便利さ体験

3.5.4.1　ブックマークでタイマーのプリセット機能（繰り返し操作を簡単に）

マルチタイマーでは、タイマーを登録するために3つの画面を使ってきました。

1. リスト画面でボタンをクリック
2. 設定画面で時間と名前を入力した後、ボタンをクリック
3. 確認画面でタイマー登録ボタンをクリック

PWAのページごとにURLを持つ（URLによる画面復元が可能）実装を行うと、ブックマークのクリックひとつでタイマーを設定できます。

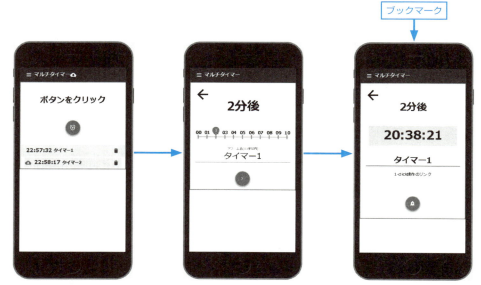

図3-119　ブックマークを使ったときの操作の流れ

それでは、試してみましょう。

❶ マルチタイマーを起動します。リスト画面で赤いボタンをクリックします。

図3-120　リスト画面

❷ 編集画面でタイマー時間は1分、名前を「ブックマークテスト」と入力し、赤いボタンをクリックします。

図3-121　編集画面

❸ 登録画面で入力した値が設定されていることを確認します。URL入力欄の右端の星の
アイコンまたはCtrl+Dキーでブックマーク登録します。

図3-122　登録画面をブックマークに登録

❹ ブラウザを閉じ、再度開きます。先ほど登録したブックマークを呼び出します。タイ
マー時間が1分間、名前が「ブックマークテスト」と設定済みの確認画面が表示されま
す。

図3-123　ブックマークから編集画面の呼び出し

❺ 赤いボタンをクリックしてすぐにタイマーを登録できます。

　URLによる画面復元機能実装すると、ブラウザのブックマークが、繰り返し行ってきた
操作をワンクリックに変えてくれます。ここでの例は、わずか3画面ですが、アプリが複
雑になり画面の数が増えれば増えるほど、ブックマークによる便利さは増大します。アプ

リの構造や処理の流れによってはURLによる画面復元が困難な場合もありますが、一部のページのみ実装した場合でも効果が期待できます。

　この機能をもう少し試してみたいという場合は、以下の3種類のタイマーをブックマークに 登録して試してみてください。 タイマーセットを3回も繰り返すことは意外と手間がかかり、ブックマークで楽に操作できる便利さを実感できます 。

表3-9　ブックマーク動作確認テストの登録例

	設定時間	タイマーの名前
ブックマーク１	3分間	ラーメン出来上がり
ブックマーク２	5分間	うどん出来上がり
ブックマーク３	8分間	パスタ茹で上がり

図3-124　ブックマークで3種のプリセットタイマーを切り替える

3.5.4.2　メールでアプリ共有（設定済アプリを友人へ送る）

　ブックマークによるアプリ共有の応用編です。ページの外観やタイマー時間をプリセットした自分オリジナルのタイマーアプリのURLをメールに貼り付けて送信、友達はワンクリックでそれを利用します。 現在のテスト環境はPC内でしか利用できないので、メールを送る代わりにテキストエディタにリンクを貼り付け、そのクリックで動作をシュミレーションします 。

❶ マルチタイマーアプリを起動します。

❷ リスト画面で左メニューを選択し、リセットをクリックします。

❸ リスト画面の赤いボタンをクリックします。

❹ 編集画面でタイマー時間は3分、名前を「便利な3分タイマー」と入力します。

図3-125　送信するタイマーの名前は「便利な3分タイマー」

❺ 同じ編集画面で、左上のメニューを選択して、お好みのテーマを選びます。画面の配色が変わります。赤いボタンをクリックします。

❻ 画面中ほどに表示されている「1-click操作のリンク」をクリックして、クリップボードにリンクをコピーします。。。

図3-126　リンクをクリックして自動コピー

❼ Window付属のアプリ「ワードパッド」（[Windowsアクセサリ]→[ワードパッド]）を開き、コピーしたURLを貼り付けます。

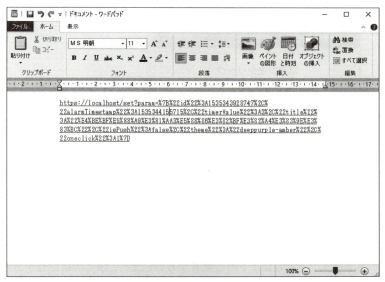

図3-127　テキストエディタにリンクを貼り付け

❽ ブラウザをすべて閉じます。

❾ ワードパッドのリンクをクリックします。

❿ 確認ダイアログで［はい］を選択します。

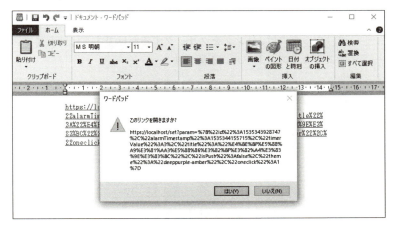

図3-117　テキストエディタからリンク呼び出し

⓫ 一瞬で、設定済タイマー登録が完了します。全く別のアプリを使っているような感覚です。

図3-129　一瞬でタイマー設定完了

　ブックマークによる呼び出しでは、作業途中の記録と復元のような感覚でしたが、メールで送られてきたリンクを1回クリックするだけで、アプリを起動できて処理が瞬時に終わるのを目の当たりにすると驚く人が多いです。今まであまり注目されなかったWebアプリならではの画期的な機能です。

　ネイティブアプリでアプリを共有するのと比べ、多くの優位点があります。

1. 誰とでも共有できる
　　ネイティブアプリではアプリの情報は共有できても、実際に動かそうとすると、動作するプラットフォーム（OSやデバイスの種類）が制限されて使えないことがあります。これでは実際は誰とでも共有とは言えません。PWAは、マルチプラットフォームに対応できますので、本当の意味で誰とでも共有できます。

2. すぐ使える
　　受け取った人は、リンクをクリックするだけですぐに使えます。ネイティブアプリのようなインストールは不要です。

3. 使ってもらえる
　　受け取った人は、すぐに使える状態（初期設定が完了）のアプリを起動できます。ネイティブアプリのようなインストール後の初期設定作業をスキップできます。使い始めるまでの手間が省略できますので、受け取った人に使ってもらえる可能性が高まります。

　PWAによるアプリ共有はいかがだったでしょうか？情報共有と比べ、アプリ共有は大幅にパワーアップして幅広い用途で利用できます。ネイティブでは真似のできない、PWAの特長です。

第4章 AngularによるPWA開発（1）
～マルチタイマーアプリの作成～

　ここまで、モダンWebアプリ開発に必要な前提知識の習得を行ってきました。ここからは、いよいよアプリの開発です。この章では、基本機能を持つPWAとして3章で紹介した「マルチタイマー」を例に取り、以下の項目を習得します。開発環境の準備からデバッグまで一通りの作業を体験します。Angularを使いこなす自信がついてくると思います。またAngularとPWAの実装ポイントや定石パターンを、概念図とソースコードの両面から解説します。

- ■開発環境
    - ▷ フロントエンド開発環境の構築
    - ▷ バックエンド開発環境の構築
    - ▷ UIライブラリMaterial2の使い方
- ■アプリ作成手順
    - ▷ 新規プロジェクト作成
    - ▷ コード作成
    - ▷ ビルドとデバッグ
- ■実装
    - ▷ 実装のポイント
    - ▷ 実装パターン
    - ▷ ソースコード解説

4.1 概要

これまでは、インストーラーが自動生成した環境を利用してきましたが、これでは基礎知識が身につきませんので、この章ではアプリ開発用の環境設定やフォルダ構造を、初期設定から手作業で行います。

ファイルパス名は、必要な場合を除き、プロジェクトルートを起点とするパスを記述します。

例）basic_YYYYMMDD¥template¥timerFront¥src¥index.htmlは、src¥index.htmと表記。

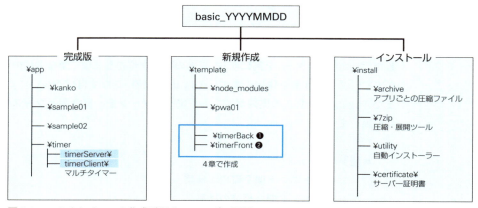

図4-1　マルチタイマーの作成手順とフォルダの関係

本章ではマルチタイマー用のプロジェクトを、バックエンド用の［timerBack］フォルダ（図1-❶）とフロントエンド用の［timerFront］フォルダ（図1-❷）に分けて作成します。手順は以下になります。

■STEP1　新規プロジェクト作成

バックエンドは手作業でプロジェクトフォルダを作成します。フロントエンドはAngular CLIのng newコマンドで作成します。

Angular CLIは、バージョンを固定（バージョン7.1）するため、ダウンロードフォルダ内にローカルインストールされたものを使います。

■STEP2　ソースコードのコピー

バックエンドは［app¥timer¥timerServer］フォルダ、フロントエンドは［app¥timer¥timerClient］フォルダからソースコードを新規プロジェクトフォルダにコ

ピーします。コピーの際にフォルダを間違えないように、完成版と新規作成は異なるフォルダ名を付けています。

■STEP3　サーバー証明書のコピー

PWA実行のためにhttps通信が必須です。[certificate]フォルダから、localhost用のサーバー証明書をバックエンドにインストールします。

■STEP4　ブラウザの証明書設定

ダウンロードに含まれるインストーラーを実行済みの場合は、すでに設定が完了しているので操作不要です。

今回利用するサーバー証明書は自己証明機関から発行しているため、そのままではブラウザにエラーメッセージが表示されて利用できません。自己認証機関の証明書を、利用するすべてのブラウザへインストールします。

■STEP5　Webサーバーのコンテンツ参照先設定

バックエンドがAngularのビルド出力フォルダ[timerFront¥dist]を参照する設定を行います。直接フォルダを参照するため、ビルドのたびにWebサーバーへのファイル転送は不要です。

4.2　開発環境の準備（フロントエンド側）

4.2.1　前提ソフトウェア

表4-1　フロントエンドにインストールするソフトウェア一覧

名前	用途
Google Chrome	・Webアプリの実行環境 ・内臓のDeveloper Toolsでアプリのデバッグ
node.js	・angularの関連ツールとWebサーバーの実行環境 ・内蔵のnpmでライブラリの管理、インストール
Visual Studio Code	・コード編集とデバックを行うIDE（統合開発環境）
Google Chrome拡張機能	・Lighthouse（PWA準拠の評価） ・Service Worker Detector（Service Workerの状況確認） ・Clear Service Worker（Service Workerのリセット）
Angular CLI	・Angularの開発作業を自動化するコマンドツール

インストールの際は、バージョンを厳密に指定し、異なるバージョン組み合わせや、新バージョンの仕様変更に伴うトラブルを予防します。またWindow OSの既定のブラウザ設定をGoogle Chromeに設定します。これらの前提ソフトウェアは実習環境の準備でインストール済みです。

4.2.2 インストール

「本書を読む前に」を参照して実習環境を準備します。既に準備済みのときは、次の手順へ進んでください。まだの場合はダウンロードサイトで「実習環境の準備」のリンクをクリックしてGitBookを開き、その手順に沿ってください。

本書のダウンロードサイト
http://ec.nikkeibp.co.jp/nsp/dl/05453/

4.3 開発環境の準備（バックエンド側）

4.3.1 Webサーバーの選択

PWAに対応するには、以下の機能を持ったWebサーバーが必要です。

1. HTTPS対応[1]
2. HTTP/2対応
3. サーバーとブラウザ間のデータ圧縮

上記3つの機能を満たすWebサーバーは複数存在しますが、ここではWebアプリ開発者になじみのあるJavaScript対応の「express」を選択しました。expressは、現時点でHTTP/2未対応ですので、機能不足を補うためにspdyというパッケージと組み合わせています。expressは次のバージョンからHTTP/2対応です。現在、開発中でアルファ版です。

---

[1] httpsはService Workerに必須です。localhost環境ではhttpでも可能という例外がありますが、開発時でもスマートフォンでの動作確認にはlocalhostが使えません（ケーブル接続等のデバック環境を除く）。

リスト4-1　**express**と**spyd**を組み合わせてHTTP/2対応サーバーを構築

```
//Httpsサーバー生成
spdy.createServer(options, app).listen(port.https, err => {
  if (err) {
    console.dir(err);
    exit(1);
  }
  console.log("%s番ポートで待ち受け中...", port.https);
});
```

4.3.2　Webサーバー設定作業

　httpsを利用する場合はソフトウェアをインストールするだけでは開発環境は完成しません。以下のように証明書の準備や設定などが必要です。さらに、ＰＷＡとしてLighthouseから改善を求められていた、httpのリダイレクトやデータ圧縮も設定します。

1. サーバー証明書の設定
2. ブラウザから http 通信があった場合はhttpsへリダイレクトする実装
3. データ圧縮のミドルウェア追加
4. Webサーバーアプリのインストール
5. 動作確認

4.3.3　サーバー証明書の取得

4.3.3.1　証明書を取得するための手続き

　httpsに対応するためにはサーバーに証明書が必要です。実際に運用を行うサーバーでは、図4-2の手続きを行って証明書を取得します。

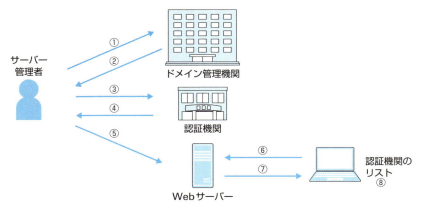

図4-2　SSL証明書利用の流れ

図4-2の手続きは、以下のようになります。

■ 準備
1. ドメイン管理機関へ希望するドメイン名の申請をします。
2. ドメイン管理機関からドメイン名の所有登録通知があります。
3. 認証機関へ所有ドメイン名を含むFQDNを指定してSSL証明書の発行申請をします。申請時には、認証機関が指定する認証手続きが必要です。ドメインの所有を証明する該当ドメインのアドレス宛のメール受信や、申請者の実在を証明するための書類提出や電話確認などが行われます。
4. 認証機関からSSL証明書を生成するための情報が送られてきます。
5. WebサーバーへSSL証明書の設定をします。

■ 接続
6. ブラウザからWebサーバーhttps通信のリクエストが行われます。
7. Webサーバーからデータを送信する前に、証明書情報の返信が行われます。
8. ブラウザは、ブラウザに組み込まれた認証機関のリストと返信された証明書情報を照合します。照合ができた場合は通信の継続、できなかった場合は通信を終了し、警告画面を表示します。

一方、開発時の接続サーバーはFQDNの代わりに、localhostやローカルIPアドレスを使用するのが一般的です。これらの宛先は所有者が存在しないので、認証機関から証明書を取得できません。そこで、証明書を自分で発行（自己発行証明書）します[※2]。

[※2] 開発にFQDNを使うときは、Let's Encrypt（https://letsencrypt.jp/）が便利です。認証手続きが容易で、無償で証明書を入手できます。

自己発行証明書は、ツールを使って直接発行も可能ですが、認証機関が発行するという手続きを踏んでいないため、ブラウザが不正な証明書とみなすことが増えてきました。

今回は、認証機関をシミュレーションする「minica」(Mini Certificate Authority：小型認証機関) ツールを使い、手続きは変えずに証明書を作成します。

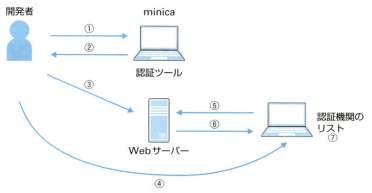

図4-3　独自認証機関による証明書発行

アプリ開発者は以下の手順でサーバー証明書を取得します。事前に認証ツール（minica）のインストールを行います。

■ 準備
1. minicaへ証明書発行に必要な情報を渡します。
2. minicaから証明書を取得します。
3. Webサーバーに証明書を設定します。

■ ブラウザへ独自証明書登録
4. ブラウザの信頼されたルート証明書としてminica.jsの証明書を登録します。

■ 接続
5. ブラウザからWebサーバーへhttps通信のリクエストが行われます。
6. Webサーバーからデータを送信する前に、証明書情報の返信が行われます。
7. ブラウザは、事前に登録された認証機関のリストと返信された証明書情報を照合します。4項目の作業で事前登録しているので、照合に成功して通信が継続されます[※3]。

※3　一部のスマートフォンでは警告のダイアログが表示されますが、その後は通常の通信と同じ操作ができます。

4.3.3.2 証明書取得の手順

minica（認証機関のシミュレーションツール）をインストールします。公式サイトは、https://github.com/jsha/minica です。

Go というプログラム言語で作られていますので、その実行環境が必要です。

❶ 以下の URL へブラウザで接続します。

Go言語のダウンロードサイト
https://golang.org/dl/

❷ Go インストーラーのダウンロード画面が表示されます。

❸ Windows 用インストーラーのボタンをクリックします。

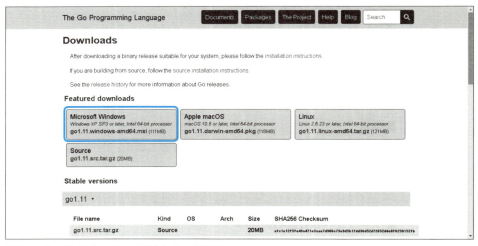

図4-4　Goインストーラーのダウンロード画面

❹ ダウンロード完了後、インストーラーを実行します。

❺ ウィザードの指示に従い、インストールを完了します。

❻ コマンドプロンプトを開き、以下のコマンドを入力して Enter キーを押します。

```
> go get github.com/jsha/minica
```

❼ minica がインストールされた path を「echo %gopath%」コマンドで確認します。

❽ 表示されたパスにカレントディレクトリを移動します。ディレクトリー内には、[bin] と [src] の2つのフォルダが存在します。

リスト4-2 `minica`がインストールされた`path`が`C:¥Users¥user01¥go`の場合

```
>echo %gopath%
C:¥Users¥user01¥go

>cd C:¥Users¥user01¥go
>dir
2018/09/08  21:15    <DIR>          .
2018/09/08  21:15    <DIR>          ..
2018/09/08  21:51    <DIR>          bin
2018/09/08  21:15    <DIR>          src
```

❾ [bin] フォルダへ移動し、minica.exeの存在を確認します。

リスト4-3 [`bin`] フォルダの内容の確認

```
>cd bin
>dir
2018/09/08  21:51    <DIR>          .
2018/09/08  21:51    <DIR>          ..
2018/09/08  21:15         3,437,056 minica.exe
```

❿ 以下のコマンドを実行して、localhostと127.0.0.1（ループバックアドレス）でhttps接続可能なサーバー証明書を発行します。

リスト4-4 `https`接続可能なサーバー証明書を発行

```
minica --domains localhost --ip-addresses 127.0.0.1
```

⓫ 新規ファイルとフォルダが生成されます。

図4-5 新規に生成した証明書と秘密鍵ファイルの配置。minica.pemは認証機関自身の証明書、minica-key.pemは認証機関の秘密鍵、localhost¥cert.pemはlocalhostでHTTP接続するサーバーの証明書、localhost¥key.pemはlocalhostでHTTP接続するサーバーの秘密鍵

※4 一般的にFQDNですが、ここでは例外としてlocalhostやIPアドレスで証明しています。

本書ダウンロードサイトから取得したインストーラーの実行でブラウザへの独自証明機関の登録は完了しています。これ以降の⓬〜⓭の手順は重複するので行う必要はありません。ただし、実際の開発では必要な作業ですので、目を通しておいてください。

⓬ 認証機関の証明書（minica.pem）をChromeブラウザの［信頼する証明機関］として登録します。Chromeブラウザのメニューから［Google 4の設定］を選択、一番下までスクロールし、［詳細設定］を選択、［プライバシーとセキュリティ］のグループから［証明書の管理］を選択します。

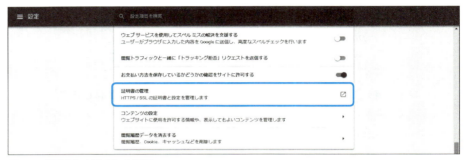

図4-6 ［証明書の管理］を選択

⓭ 証明書のダイアログが表示されます。［信頼されたルート証明機関］タブを選択後、［インポート］ボタンをクリックします。

図4-7 ［インポート］ボタンをクリック

⓮ ウィザードに従って進み、インポートするファイルの選択ダイアログでは、種類に［すべてのファイル］を指定して、minica.pem を選択後、［開く］ボタンをクリックします。

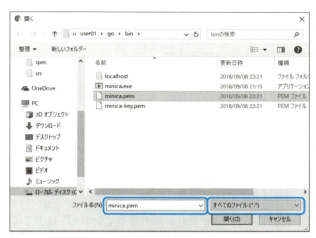

図4-8　認証機関証明ファイルの選択

⓯ ウィザードに従い画面を進めると、［完了］ボタンが表示されるのでクリックします。

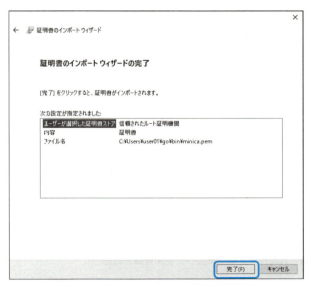

図4-9　証明書インポートウィザードの設定確認画面

⓰ 証明書インポートの確認ダイアログが表示されるので［はい］をクリックします。

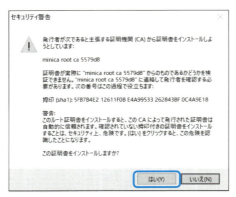

図4-10　証明書インポートの最終確認

⓱ 最後に確認のダイアログが表示され、証明書のインポートは完了です。

⓲ インポートの結果は、証明書ダイアログの［信頼されたルート証明機関］タブで確認できます。有効期限は、100年間で登録されています。

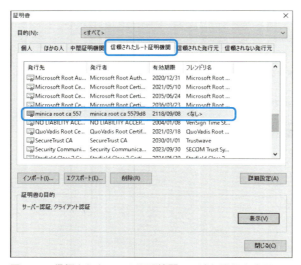

図4-11　信頼されたルート証明機関への追加登録を確認

　ここまでで、自己発行証明書の作成と、その証明書をWebブラウザに正しく認識させる設定が完了しました。残る作業はWebサーバーの証明書設定ですが、これは次のWebサーバーのインストールで行います。

第4章　AngularによるPWA開発（1）〜マルチタイマーアプリの作成〜

ブラウザの信頼されたルート証明機関の登録は以下のコマンドでも可能です。

```
certutil -addstore ROOT minica.pem
```

certutil は、Windows 10に標準で含まれるコマンドで、管理者権限を必要とします。本書のダウンロードファイルのインストーラーは、内部でこのコマンドを利用しています。

4.3.4　インストール手順

マルチタイマーアプリのバックエンド側は、[template¥timeBack] フォルダへインストールします。開発環境構築の手順の概略を図4-12に示します。

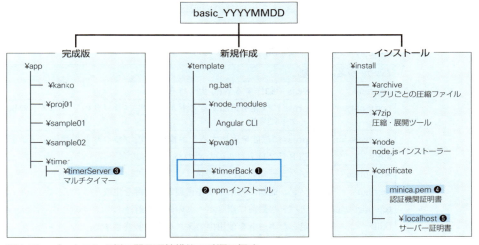

図4-12　バックエンド側の開発環境構築の手順の概略
❶プロジェクトフォルダ [basic_YYYYMMDD¥template¥timeBack] の作成
❷必要なパッケージをnpmコマンドでインストール
❸完成版からソースコードのコピー
❹認証機関の証明書を接続先のブラウザに登録
❺サーバー証明書をtimerBackに登録

具体的な手順は次のようになります。

❶ 本書ダウンロードサイトから入手したファイルを展開してフォルダ構造を生成します。[template] フォルダにカレントディレクトリを移動後、サーバー用プロジェクトフォルダとして [timerBack] を作成します。

```
>md timerBack
>cd timerBack
```

❷ プロジェクトフォルダを「npm」コマンドで初期化します。これで、初期化されたpackage.jsonファイルが生成されます。

```
>npm init -y
```

❸ 必要なパッケージをローカルインストールします。3行に分かれていますが、すべての内容を1行で入力してください

```
>npm install --save ↩
express@4.1 body-parser@1.1 compression@1.7 ↩
spdy@3.4 web-push@3.3 keypair@1.0 tcp-port-used@1.0 ↩
fkill@5.3
```

インストールするパッケージの内訳は、表4-2になります。

表4-2 バックエンドで利用するnpmパッケージ一覧

パッケージ名	役割
express	node.jsで動作するWebサーバー
body-parser	expressに機能を追加するミドルウェア ブラウザのリクエストのbody部分をオブジェクトに変換
compression	expressに機能を追加するミドルウェア ブラウザとの通信データを圧縮
spdy	HTTP/2プロトコルのためのパッケージ
web-push	プッシュ通知のAPIを提供
keypair	プッシュ通知で利用する秘密鍵と公開鍵を生成
tcp-port-used	サーバー起動前に空きポートの確認を行う
fkill	指定したポートを使用中のタスクを強制終了する

❹［timerBack］フォルダを右クリックし、［Open with Code］を選択して［timerBack］フォルダをVisual Studio Codeで開きます。

※Visual Studio Codeインストール時にコンテキストメニューへの登録を設定していない場合は右クリックをしてもこの項目は表示されません。Visual Studio Code起動後、［ファイル］メニューから［フォルダを開く］を選択し、［timerBack］フォルダを開きます。

図4-13 コンテキストメニューからVisual Studio Code起動

❺ 画面左のエクスプローラー欄にフォルダ構造が表示されます。ファイルダブルクリックすると、画面右の編集画面に内容を表示・編集できます。

❻ 本書ダウンロードサイトから取得して展開したファイルから、表4-3のファイルまたはフォルダをプロジェクトフォルダへコピーします。

表4-3 プロジェクトフォルダへコピーするファイル一覧

コピー元ファイルまたはフォルダ	コピー先フォルダ
[app¥timer¥timerServer] ・index.js 　起動時に呼ばれるコード ・push.js 　プッシュ通知のコード ・server.js 　サーバー起動のコード	[template¥timerBack]
[app¥timer¥timerServer¥public] ・通知ダイアログのアイコン （publicフォルダごとコピー）	
[app¥timer¥timerServer¥localhost] ・サーバー証明書 （localhostフォルダごとコピー）	

❼ 新規で追加したファイルとフォルダ（着色した部分）の構造は図4-14になります。

```
template¥timerBack
        │
        │   index.js
        │   push.js
        │   server.js
        │
        ├── ¥public
        │       │   info_icon_96.png
        │
        └── ¥ localhost
                │   cert.pem
                │   key.pem
```

図4-14 新規のファイルとフォルダ

❽ このサンプルではWebサーバーはフロントエンド側プロジェクトの出力フォルダを直接参照します。そのため、プロジェクト名に合わせたパスの指定を行います。index.jsをVisulal Studio Codeで開き、先頭行を変更します。

```
//Angularビルドの出力フォルダ
const angularDist="../timerFront/dist";
```

❾ コマンドプロンプトから以下を入力し、サーバーを起動します。待ち受け中...のメッセージが表示されれば正常に起動しています。ポート443番は httpsの待ち受けポート、80番はhttpの待ち受けポートです。

```
> node index.js
443番ポートを利用可能
443番ポートで待ち受け中...
80番ポートを利用可能
80番ポートで待ち受け中...
```

「443番ポートを強制終了します」のメッセージが表示されたときは、別のプログラムが同じポート番号を使用しているので、停止してください。Webサーバーを起動するプログラムindex.jsは、必要なポートが利用できない場合は、その原因のタスクを強制終了してサーバーを優先的に起動します。強制終了により悪影響が出る恐れがありますので、強制終了のメッセージが表示されたときは、次の「4.3.5　ポートが利用できないときの対応」で原因を確認して、事前にポートを開放してください。

4.3.5　ポートが利用できないときの対応

　443番ポートを利用できない原因のほとんどは、前に実行したサーバーを停止せずに、重複して起動したことが原因です。前に起動したコマンドプロンプトを閉じます。
　443番と80番ポートを利用しているプログラムが見当たらないときは、Windowsの再起動を行ってみます。
　それでもポートが利用できないメッセージが表示されるときは、以下の手順でポートを利用中のプログラムを確認して停止できます 。

❶ まずローカルIPアドレスを確認します。ここでは、192.168.1.168と確認できました。コマンドを実行するPCごとに値は異なります。

```
>ipconfig

Windows IP 構成
    IPv4 アドレス . . . . . . . . . . . . : 192.168.1.168
    サブネット マスク . . . . . . . . . . : 255.255.255.0
    デフォルト ゲートウェイ . . . . . . . : 192.168.1.1
```

❷ 443番と80番ポートの状況確認コマンドを入力します。0.0.0.0（ホストアドレス）、127.0.0.1（ループバックアドレス）、ローカルIPアドレスについて、該当ポートの待ち受け状態を確認します。1〜2行は続けて1行で入力します。以下の例では、プロセスID = 7296のプログラムが443番ポートで待ち受け中と確認できました。

```
>netstat -ano | findstr "0.0.0.0:443" "127.0.0.1:443" ↵
 "192.168.1.168:443" "0.0.0.0:80" "127.0.0.1:80" ↵
 "192.168.1.168:80"

プロトコル  ローカルアドレス   外部アドレス   状態         プロセスID
TCP         0.0.0.0:443        0.0.0.0:0      LISTENING    7296
```

❸ プロセスIDからタスク名を確認します。ここでは、node.exeが443番ポートを利用中と確認できました。node.exeで実行されたJavaScriptプログラムが該当するので、該当の実行中プログラムを停止します。

```
>tasklist /fi "PID eq 7296"
イメージ名   PID    セッション名   セッション#   メモリ使用量
node.exe     7296   RDP-Tcp#3      4             37,088 K
```

4.3.6 動作確認

❶ 以下のURLへブラウザで接続します。

動作確認のためのURL
https://127.0.0.1/public/info_icon_96.png

❷ 青色の丸いアイコンが表示されます。URL欄左端の鍵アイコンをクリックして「この通信は保護されています」の表示があれば、HTTPS通信が正常に行われています。

図4-15　URL欄左端の鍵アイコンをクリック

❸ 同様にlocalhostで正常動作を確認します。

localhost宛の接続
https://localhost/public/info_icon_96.png

❹ 下記httpリクエストをブラウザで入力すると、httpsリクエストにリダイレクトされ、URLの表示がhttpsに置き換わる動作を確認します。

呼び出し時のURL
http://localhost/public/info_icon_96.png
接続完了時のURL
https://localhost/public/info_icon_96.png

これで、timerBackプロジェクトの作成が完了しました。timerBackのコードの解説は、フロントエンドと一緒に本章の最後に行います。

4.4　UIライブラリ

4.4.1　ライブラリの選択

Angularには、さまざまなUI（ユーザーインターフェース）ライブラリが用意されています。公式サイトで紹介されているだけでも20種類以上あります。

> **Angular公式サイトのUIコンポーネント紹介**
> https://angular.io/resources#ui-components

　WebサイトのUI構築で人気の高いBootstrapのAngular対応版、豊富なUI部品を取り揃えサポート付きで販売されているもの、スマートフォン向けに特化したものなど、さまざまなものが提供されています。品揃えが豊富なため、目移りして決められないかもしれません。

　迷ったときは、Angular純正のUIライブラリ「Material2」を評価してみると良いでしょう。他のUIライブラリと比べると、UI部品の数、機能は平均的ですが、Material Designによる快適で一貫した操作性を、PCとモバイル両方の環境で実現しています。Material2を評価してみて、より高機能（データグリッドなど）、より高度（複雑なグラフやネイティブと遜色ないモバイルUIなど）なものが必要という結論が出れば、ほかを検討します。特徴あるUIライブラリをいくつか紹介します。

■ OnsenUI　https://onsen.io/samples/

　モバイル向けに特化した国産のUIライブラリです。Angular以外のフレームワークにも対応しています。

図4-16　OnsenUIを使ったモバイル向けUIの例

■ ag-Grid　https://www.ag-grid.com/example.php#/

ag-Gridはデータグリッドに特化したUIライブラリです。表形式で表現されるデータの検索、抽出、並べ替え、加工を自由に行えます。

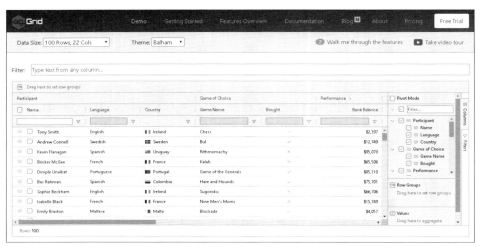

図4-17　ag-Gridを使ったデータグリッドUIの例

■ wigimo　https://www.grapecity.com/en/wijmo-flexchart

wigimoは株式相場の複雑なグラフや、データグリッドなどを利用できます。

図4-18　wigimoを使った、複雑な表示を組み合わせた高度なUIの例

■ Covalent　https://teradata.github.io/covalent/#/components

Covalentは豊富なUI部品を持っています。図4-19にある多数のアイコンのうちの1つ

がMaterial2です。つまり、ライブラリにMaterial2を組み込み込み、その他多数のUI部品が追加されています。また、ページレイアウトのテンプレートやデザインガイドなども準備されています。

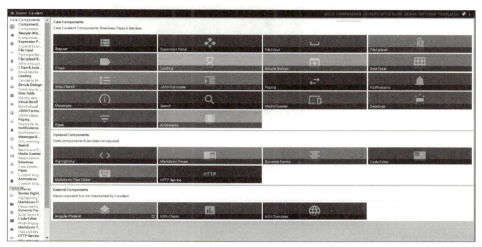

図4-19　Ccvalentを使った多機能なUIライブラリの例

4.4.2　Material2概要

　Material2は、Angular専用のUIライブラリです。GoogleのUIデザインの新しいガイドライン「Material Degin」に基づく設計と実装が行われています。Material Designは、スマートフォンからPCまでのさまざまな画面サイズに対応し、わかりすく快適な操作性を目指しています。Material2を利用する前に、Material Designを理解しておくと、画面設計が効率良く進みます。

> **Material Design公式サイト**
> https://material.io/design/introduction/#principles

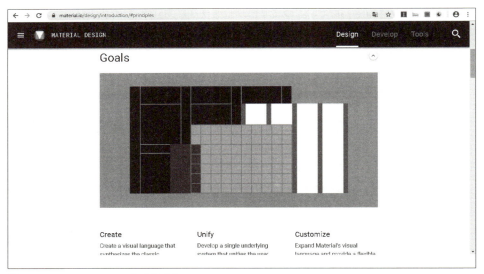

図4-20　Material Design公式サイト

4.4.3　Material2の使い方

　Material2は、UI部品ごとにモジュールとしてファイルにまとめられています。利用するには、部品ごとのモジュールをインポートし、その中から必要なコンポーネントやサービス、ディレクティブを使い画面に表示します。

4.4.3.1　UIコンポーネントの利用

　Material2のUI部品の多くは、Angularのコンポーネントです。いままで学習してきた親子コンポーネントの使い方そのままです。たとえば、Material2のチェックボックスは、「MatCheckboxModule」モジュールに含まれるMatCheckboxコンポーネントを使います。

1. APIレファレンスから必要なUIコンポーネントを探す
2. 該当するUIコンポーネントが含まれるモジュールをapp.module.tsに登録する
3. HTMLテンプレートにディレクティブとしてMaterila2を記述する
4. ビルドして実行

　以下はMaterial2のチェックボックスを例とした利用手順です。

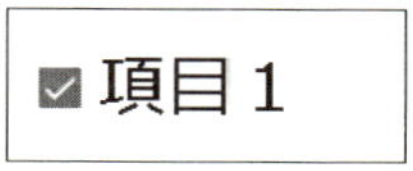

☑ 項目1

図4-21 Material2のチェックボックスUIの外観

Material2のチェックボックス　レファレンス
https://material.angular.io/components/checkbox/api

app.module.tsへのモジュールの登録とHTMLテンプレートへの記述は、以下のようになります。

リスト4-5　モジュールのインポート（`app.module.ts`）

```
import {MatCheckboxModule} from "@angular/material/checkbox";  ——①
….
@NgModule({
   imports: [ MatCheckboxModule,  ——②
    …. ],
```

① Material2のチェックボックスパッケージの場所を指定します。
② パッケージを読み込みます。

リスト4-6　HTMLテンプレート（`app.component.html`）

```
<mat-checkbox                        ——③
   [colcr]="primary"                 ——④
   (change)="onChange($event)"       ——⑤
>
   項目1
</mat-checkbox>
```

③ チェックボックスUIはappComponentの子コンポーネントとして振る舞います。独自タグmat-checkboxで子コンポーネントとして親コンポーネントのHTMLテンプレート（app.component.html）へ組み込みます。
④ 独自タグのプロパティcolorを経由で、親から色指定の値primaryを受け取ります。
⑤ 独自タグのイベントchange経由で、親へチェックボックスの値（$event）を渡します。

リスト4-7　クラス定義（`app.component.ts`）

```
onChange(event){  ——⑥
```

```
    console.log(event.checked);
}
```

⑥親コンポーネントは、changeイベントからチェックボックスの値を受け取ります。

4.4.3.2 ディレクティブの利用

　Material2の部品はコンポーネントだけでなく、一部のUI部品はAngularの属性ディレクティブです。標準HTMLタグまたは独自タグの属性として利用します。

　たとえば、Material2のメニュー項目名は、独自属性mat-menu-itemで指定します。

リスト4-8　Material2のメニュー項目名の指定

```
<mat-menu #appMenu="matMenu">
  <button mat-menu-item>項目1</button>
  <button mat-menu-item>項目2</button>
</mat-menu>
```

図4-22　メニューの表示例

4.4.3.3 サービスの利用

　ここまでのUI部品の実装は、特定のHTMLテンプレートに記述していました。しかし、任意のページで表示するダイアログなどは、表示する可能性のあるすべてのページのHTMLテンプレートに記述するのは無駄なため、サービスとして提供されています。

　たとえば、SnackBarとよばれる短いメッセージを通知するポップアップ表示を利用するとき、HTMLの記述はしません。プログラムで動作を指定します。

リスト4-9　サービスとして実装するSnackBar

```
import {MatSnackBar} from "@angular/material";   ──①

constructor(
  public snackBar: MatSnackBar){}   ──②
```

```
onClick(){
  this.snackBar.open( "テストメッセージ" );   ──③
}
```

①SnackBarサービスをインポートします。
②SnackBarサービスをDIします。
③SnackBarサービスのopenメソッドでSnackBarを表示します。

図4-23　SnackBarの出力例

　このようにMaterial2は、Angularの知識がそのまま利用できるメリットがあります。あとは、UI部品ごとの機能と設定情報が入手できれば、スムーズに導入できそうです。これらの情報は、APIレファレンスとして、以下のMaterial2公式サイトからアクセスできます。

Material2公式サイト
https://material.angular.io/components/categories

図4-24　Material2公式サイト

　このサイトの左側面の選択肢からUI部品を選択すると、画面中央上部の3つのタブ［OVERVIEW］、［API］、［EXAMPLE］に分かれて情報が提供されます。

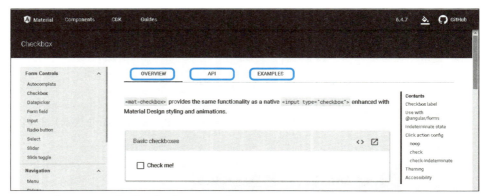

図4-25 ［OVERVIEW］、［API］、［EXAMPLE］に分割されている

4.4.4 APIリファレンスの読み方

4.4.4.1 概要

　Material2のAPIリファレンスは、必要な情報がコンパクトにまとめられ、解説は最小限のため読み方の補足説明をします。

　APIレファレンスの［OVERVIEW］、［API］、［EXAMPLE］の3つのタブは、以下のように使います。

1. ［OVERVIEW］タブで「何ができるか」を確認
   該当のUI部品（コンポーネント）で「何ができるか」を確認します。よくわからないときは、［EXAMPLE］タブでサンプルを見て理解します。
2. ［API］タブで、「どうやって実装するか」を以下の情報から取得
   a. インポートするモジュール
      import {MatCheckboxModule} from '@angular/material/checkbox';
   b. タイプ
      コンポーネント、ディレクティブ、サービスのいずれか
   c. 名前
      クラス名、selectorで設定した値（サービスのときは不要）
   d. その他
      データの設定を受け渡しに使うクラスや型
3. ［Example］タグでサンプルコード確認
   複数のサンプルから目的に最も近いものを探し、ソースコード確認します（サンプルが1種類しかない場合もあります）。

4.4.4.2 MatCheckboxの例

チェックボックスのAPIレファレンスを例に取り、具体的な手順を解説します。本書と下記サイトの画面を見比べながら読むと、今まで難解だったAPIリファレンスが読みやすくなると思います。

> Material2のCheckboxのページ
> https://material.angular.io/components/checkbox/overview

4.4.4.2.1 [OVERVIEW]タブ

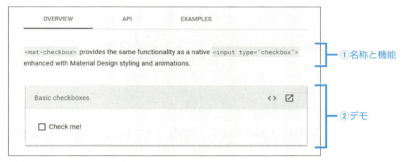

図4-26　OVERVIEW先頭部分

■①名称と機能

<mat-checkbox>は、HTML標準の<input type="checkbox">と同じ機能を提供します。ただし、Material Designガイドに準拠した外観とアニメーションが追加されています。

アニメーションとは、チェックのオン／オフの切り替わり時に表示される動きのある表示を示しています。

図4-27　mat-checkboxのアニメーション動作

■ ②デモ

　［Basic checkboxes］ダイアログの中では、左下のチェックボックスを実際に操作して動きを確認できます。右上の2つのアイコンは、左下のチェックボックスを動作させるコードを確認できます。左の<>アイコンはコードの抜粋、右のアイコンは、プロジェクトの完成版としてクラウド上で実行できます。

図4-28　Material2のチェックボックスのデモ

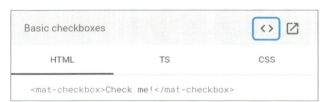

図4-29　［HTML］、［TS（TypeScript）］、［CSS］のタブを切り替えてコードを確認

　デモの画面からクラウド上の実行シュミレーションサイトにアクセスできます。

図4-30　Angularアプリの動作をシミュレーションするクラウド上の外部サイト

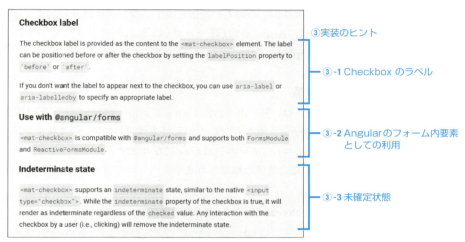

図4-31 OVERVIEW実装のヒント（1）

■③-1 Checkbox のラベル

Checkboxのラベルは，<mat-checkbox>要素の内容として記述します。具体的には、

<mat-checkbox>ラベル文字列</mat-checkbox>

と記述します。ラベルは、labelPositionプロパティにbeforeまたはafterを指定することで表示位置を指定できます。

- labelPositionプロパティの値の設定
  <mat-checkbox labelPosition="after">ラベル</mat-checkbox>
  <mat-checkbox labelPosition="before">ラベル</mat-checkbox>

図4-32 labelPositionプロパティを使ってラベルの位置を右・左に指定

チェックボックスの隣にラベルを表示したくない場合は、アクセシビリティ属性（aria-labelまたはaria-labelledby）を使ってラベルをつけます。

■③-2 Angularのフォーム内要素としての利用

<mat-checkbox>は、従来からのフォーム（FormsModule）とリアクティブフォーム

（ReactiveFormsModule）の両方に対応します。フォームは非同期でデータバインドが行われるのに対して、Angular4以降でサポートされたリアクティブフォームは同期的にデータバインドが行われます。

■ ③-3 未確定状態

`<mat-checkbox>`は、HTML標準の`<input type="checkbox">`と同じように、［チェックされている］、［チェックされていない］、［未確定］の3つの状態をサポートします。未確定状態の間、indeterminateの値はtrueになります。ユーザーがチェックボックスをクリックすると、未確定状態は解除されます。

リスト4-10 　`<mat-checkbox>`の3つの状態の使用例

```
<mat-checkbox checked="checked">ラベル</mat-checkbox><br>
<mat-checkbox >ラベル</mat-checkbox><br>
<mat-checkbox indeterminate="true">ラベル</mat-checkbox>
```

図4-33 　［チェックされている］、［チェックされていない］、［未確定］の3つの状態

```
Click action config
When user clicks on the mat-checkbox, the default behavior is toggle checked value and
set indeterminate to false. This behavior can be customized by providing a new value
of MAT_CHECKBOX_CLICK_ACTION to the checkbox.

  providers: [
    {provide: MAT_CHECKBOX_CLICK_ACTION, useValue: 'check'}
  ]

The possible values are:

noop

Do not change the checked value or indeterminate value. Developers have the power to
implement customized click actions.

check
```
───③-4 クリック時の動作カスタマイズ

図4-34 　OVERVIEW実装のヒント（2）

■ ③-4 クリック時の動作カスタマイズ

<mat-checkbox>は、表示後はじめてクリックするとcheckedの値が切り替わり、indeterminateの値がfalseになるのが既定の動作です。これはMAT_CHECKBOX_CLICK_ACTIONの値で変更できます。

リスト4-11　**MAT_CHECKBOX_CLICK_ACTIONの利用**

```
providers: [
  {provide: MAT_CHECKBOX_CLICK_ACTION, useValue: 設定値}
]
```

MAT_CHECKBOX_CLICK_ACTIONは、以下の値を設定可能です。

- noop

  クリックでcheckedとindeterminateの値が変化しません。開発者がクリックイベントをもとに自由に値を設定できます．

- check

  クリックでcheckedの値は切り替わりますが、indeterminateの値は変化しません。indeterminateの値がtrueであれば、checkedの値にかかわらず、不確定の表示をします。

- check-indeterminate

  既定と同じ動作です。クリックで常にindeterminateの値がfalseになります。HTML標準の<input type="checkbox">と同じです。

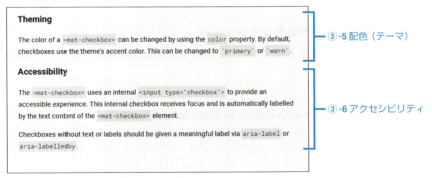

図4-35　OVERVIEW実装のヒント（3）

■ ③-5 配色（テーマ）

<mat-checkbox>の配色は、colorプロパティで設定できます。colorプロパティの既定値は、現在設定されているテーマのaccentカラーです。primaryまたはwarnカラーに変

更できます。

③-6 アクセシビリティ

<mat-checkbox>は、内部でHTML標準のl <input type="checkbox">のアクセシビリティ機能を使っています。フォーカスがあたるとラベルの文字列が自動的にアクセシビリティのデータとして利用されます。ラベルを利用しないときは、意味を持つ文字列をaria-labelまたはaria-labelledbyに設定すべきです。

4.4.4.2.2 [API]タブ

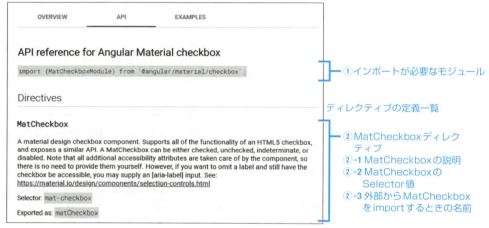

図4-36　API概要

①インポートが必要なモジュール

MatCheckboxを利用するには、以下をapp.module.tsに記述して関連のモジュールをインポートします。

リスト4-12　`MatCheckboxModule`の`@Ngmodule`への登録

```
import {MatCheckboxModule} from "@angular/material/checkbox";
…
@NgModule({
declarations: [.....],
imports: [..…, MatCheckboxModule],
providers: [.....],
bootstrap: [.....]
})
```

■ ②-1 MatCheckboxの説明

Material Designに準拠したチェックボックスです。HTML5標準のチェックボックスと完全に同じ機能を持ち、同様のAPIを提供します。

MatCheckboxは、[ ] チェックされている]、[チェックされていない]、[未確定]、または［利用不可］に設定できます。

アクセシビリティ属性は、自動で設定されるため意識する必要ありません。ただし、ラベルを省略したときは、[aria-label]属性で識別可能にします。

■ ②-2 MatCheckboxのSelector値

MatCheckboxをAngularの画面に表示するには、HTMLテンプレートの表示する位置に<mat-checkbox></mat-checkbox>と記述します。

■ ②-3 MatCheckboxをimportするときの名前

matCheckboxです。

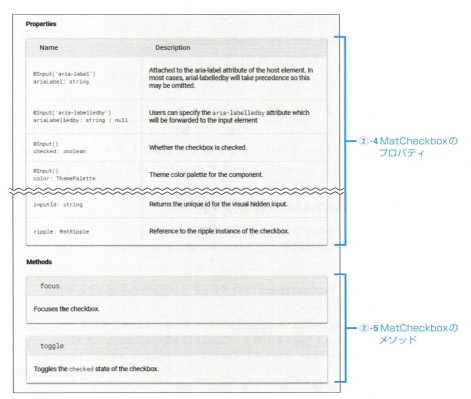

図4-37　MatCheckboxのAPI

■ ②-4　MatCheckboxのプロパティ

プロパティには3つの種類のタイプがあります。それぞれ使い方と目的が異なります。

　1）@Inputデコレーターが付いたプロパティ
　　HTMLタグのプロパティ経由で、MatCheckboxディレクティブに対し値を渡します。

リスト4-13　`@Input() checked: boolean`の例
```
<mat-checkbox [checked]=true ></mat-checkbox>
```

　2）@Outputデコレーターが付いたプロパティ
　　ディレクティブからのイベントを経由して親コンポーネントへ値を渡します。

リスト4-14　`@Output() change: EventEmitter<MatCheckboxChange>`の例
```
// HTMLテンプレート
<mat-checkbox (change)="onChange($event)" >

//タイプスクリプト
onChange(event: MatCheckboxChange){
      console.dir(event)
}
```

　3）デコレーターなしのプロパティ
　　MatCheckboxのインスタンスを参照して利用するプロパティです。参照はHTMLテンプレートのローカル変数などで取得します。MatCheckboxには、inputId: stringとripple:MatRippleの2つのプロパティがあります。

■ ②-5 MatCheckboxのメソッド

focus()とtoggle()メソッドがあります。
ここまでのプロパティとメソッドを使ったサンプルコードは以下になります。

リスト4-15　**MatCheckboxのプロパティとメソッド操作を組み合わせた例**
```
//HTMLテンプレート
//1.mat001変数にMatCheckboxのインスタンスの参照を代入
//2.clickイベントの引数としてmat001をTypeScriptへ渡す
<mat-checkbox #mat001 (click)="onClick(mat001)" >

//TypeScript
//1.クリック時に呼び出されるメソッドの引数を受け取る
//2.引数として受け取った参照をもとにtoggle()メソッドを実行
```

```
onClick(mat:MatCheckbox){
        mat.toggle();
}
```

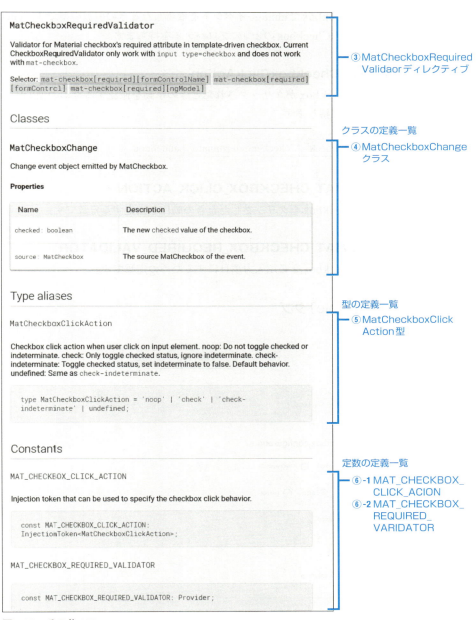

図4-38　その他API

■③ MatCheckboxRequiredValidator ディレクティブ

MatCheckboxと組み合わせて、チェックボックスを必須入力項目とします。

■④ MatCheckboxChange クラス

MatCheckboxでchangeイベントを取得したときの引数の型です。checked:boolean とsource:MatCheckboxの2つのプロパティを持ちます。

■⑤ MatCheckboxClickAction

MatCheckboxがクリックされたときの挙動を確認するための型です。4種類の値のいずれかを保持します。

| "noop" | "check" | "check-indeterminate" | undefined |

■⑥-1 MAT_CHECKBOX_CLICK_ACTION

MatCheckboxをクリックしたときの動作を指定する定数です。

■⑥-2 MAT_CHECKBOX_REQUIRED_VALIDATOR

MatCheckboxを必須入力項目にするための定数です。

4.4.4.2.3 [example]タブ

図4-39　EXAMPLEタブの画面

このタブには、選択したコンポーネントのデモが記述されています。[OVERVIEW] タブと同じかそれ以上の数の動作とサンプルコードを確認できます。

4.4.5 アイコン

Material2では、UIの部品以外にボタンやラベルに使えるさまざまなアイコンが用意されています。以下のURLにアクセスすると、アイコンの一覧が確認できます。

Material2で用意されているアイコン一覧
https://material.io/tools/icons/

図4-40　Material2で用意されているアイコン一覧のページ

アイコンを表示するにはMaterial2のMatIconディレクティブを利用します。

Material2のMatIcon
https://material.angular.io/components/icon/overview

```
<mat-icon>home</mat-icon>
```

図4-41　ホームアイコンの例

4.4.6 タッチ操作対応

Material2はタッチ操作に対応するため、外部ライブラリであるHAMMER.JSを利用しています 。したがって、Material2の実行環境をインストールする際には、同時にHAMMER.JSもインストールします。このインストール手順は、「4.5.3　新規プロジェクト作成」を参照してください。

Pan、Pinch、Press、Rotate、Swipe、Tapなどの操作を検出しイベントを発生します。HTML標準でもTouch Events APIが実装されつつありますが、まだ安定していないので、このライブラリを推奨します 。

> **Touch Events 詳細情報**
> https://developer.mozilla.org/ja/docs/Web/Guide/DOM/Events/Touch_events

4.5 アプリ作成（フロントエンド側）

4.5.1 全体イメージ

4.5.1.1 3ブロック構成

これから作成するマルチタイマーアプリは、3つのブロックに分かれています。Angularでアプリを開発する際の標準的な構成です。

1. 画面切り替えブロック
   Angularは、仮想URLごとに呼び出すコンポーネントを定義した「ルートマップ」に基づき画面を切り替えます（「2.5.2　画面切り替えのしくみ」を参照）。このブロックは、ルートマップ、表示するコンポーネントをロードするルートコンポーネント、ルートコンポーネントの出力先であるindex.htmlで構成されています。

2. 表示と入力ブロック
   HTMLテンプレートを使った画面の出力と、キーボードやマウス、タッチ操作などのイベントやデータを受け取ります。テンプレートに必要なデータや入力されたデータの処理は、次のデータ処理ブロックに依頼します。主に、コンポーネントクラスで構成されています。

3. データ処理ブロック

アプリのデータの処理と保持を行います。「表示と入力ブロック」からのデータに加え、外部プログラムとの連携や外部ネットワークとのやり取り、データベースの管理なども行います。主にサービスクラスで構成されます。

4.5.1.2 ブロック間の連携

3つのブロックは、図4-50のように連携してアプリを実行します。

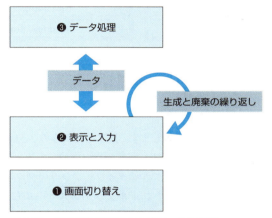

図4-50 アプリを構成する3ブロックの連携
❶仮想URLに対応するコンポーネントをロードします。表示中のコンポーネントは廃棄します。
❷表示開始、クリックなどのイベントごとに「データ処理」を呼び出し、結果を画面に反映します。
❸コンポーネントからの呼び出しに応じて結果を返します。

4.5.1.3 開発の流れ

まずはじめに画面を表示する土台づくり（画面切り替えブロック）、次に画面の作成（表示と入力ブロック）、最後に処理ロジック（データ処理ブロック）の順番で行うのが一般的です。本書でもその手順で、アプリを作成します[※5]。

4.5.1.4 物理構造

マルチタイマーアプリでは、それぞれのブロックの論理構造（図4-51左）から物理的なファイル構造（図4-51右）を構成しています。

※5 大規模プロジェクトでは、開発期間を短縮するためにチームで分担して複数のブロックを同時に開発したり、難易度の高い部分から先に開発したりすることがあります。

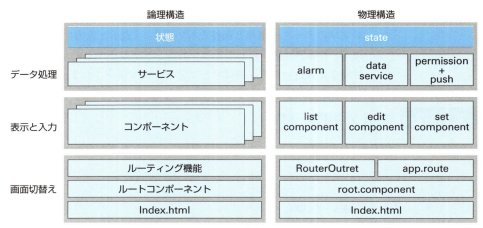

図4-51　マルチタイマーアプリにおける論理構造（左）から物理構造（右）への落とし込み

4.5.2　作業手順

「本書を読む前に」を参照して実習環境を準備します。既に準備済みのときは、次の手順へ進んでください。まだの場合はダウンロードサイトで「実習環境の準備」のリンクをクリックしてGitBookを開き、その手順に沿ってください。マルチタイマーアプリのフロントエンド側は、［basic_YYYYMMDD¥template¥timeFront］フォルダへインストールします。

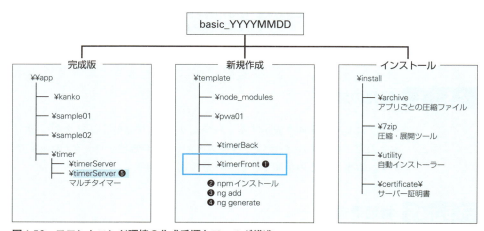

図4-52　フロントエンド環境の作成手順とフォルダ構造
❶「ng new」コマンドでプロジェクトのひな型timerFrontを作成
❷必要なパッケージを「npm」コマンドでインストール
❸「ng add」コマンドでPWAとMaterial2の機能追加
❹「ng generate」コマンドでコンポーネントなどのひな型を作成
❺完成版からソースコードのコピー

4.5.3 新規プロジェクト作成

❶ 管理者権限でコマンドプロンプトを開きます。カレントディレクトリを [basic_YYYYMMDD¥template] フォルダへ移動します。「ng new」コマンドで timerFront プロジェクトを生成します。

```
>ng new timerFront
```

「ng new」コマンド完了までの間に質問が返されるので、Enter キーを押して、既定値を設定してください[※6]。

```
//ルーティング機能を追加するか？
Would you like to add Angular routing? No
//スタイルシートの書式は何を使うか？
Which stylesheet format would you like to use? CSS
```

バックエンドでは手作業でプロジェクトフォルダを作成しましたが、ここでは「ng new」コマンドが新規フォルダを自動で作成します。

❷ インストール処理中のメッセージが表示され、しばらくするとプロンプトが戻ってきます。カレントディレクトリを [timerFront] フォルダへ移動します。

```
>cd timerFront
```

❸ エクスプローラーで [timerFront] フォルダを右クリックし、コンテキストメニューから [Open with Code] を選択してプロジェクトを開きます。

図4-53　timerFront プロジェクトを Visual Studio Code で開く

[※6] 質問を無効にするには「ng new」コマンドに「--defaults」オプションをつけてください。

❹ npm install コマンドで、URL にパラメーターを追加する「query-string」をインストールします。

```
>npm install query-string@6.2.0
```

❺ Material2 の前提ライブラリ CDK をインストールします[※7]。

```
>npm install --save @angular/cdk@7.1.4
```

❻ Material2 の機能を timerFront プロジェクトへ「ng add」コマンドで追加します。

```
>ng add @angular/material@7.1.4 --project timerFront
```

「ng add」コマンド完了までの間に質問が返されるので、Enter キーを押して、既定値を設定してください。

```
//既定で利用するテーマ（配色）は何にするか？
Choose a prebuilt theme name, or "custom" for a custom theme: ↵
Indigo/Pink
//スワイプなどのタッチ操作機能のために必要な HammerJS を利用するか？
Set up HammerJS for gesture recognition? Yes
//アニメーション機能は必要か？
Set up browser animations for Angular Material? Yes
```

❼ PWA の機能をカレントプロジェクトへ「ng add」コマンドで追加します。

```
>ng add @angular/pwa@0.11.4 --project timerFront
```

❽ コマンドプロンプトにアプリ実行のコマンドを入力して、画面の表示を確認します。画面の表示確認後、Ctrl + C キーで serve コマンドを停止します。

```
>ng serve --open
```

■ **ngx コマンド（❶〜❽の手順を一括処理、デフォルトオプション指定）**

```
>ngx newPwa projectName
>ngx web
```

※7　現時点では、material2 とは別にインストールが必要です。

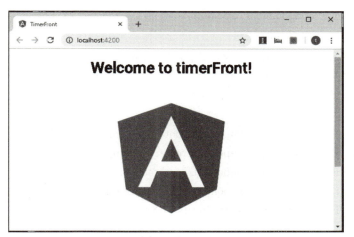

図4-54　動作確認のためのテスト画面表示

4.5.4　コード自動生成ツール

　Angularのソースコードの作成に欠かせないのが「ng generate」コマンドです。コンポーネントやサービスのクラス名に対応したひな型を生成してくれます。コンポーネントの生成では、クラス定義を行うTypeScript、StyleSheet、HTMLテンプレート、単体テストの4つのファイルを生成して、クラス名のフォルダに収容、そのパスをモジュール定義への登録してくれます。作業時間の短縮だけでなく、タイプミスなしで統一された命名則（ファイル名、クラス名、セレクタ名など）でプロジェクトを作成できるとても便利な機能です。コンポーネント以外にも表4-4の生成を行ってくれます。

表4-4　ng generateコマンドで生成できる部品

class、component、directive、enum、guard、interface、module、pipe、service、appShell、application、library、universal

　早速、「ng generate」コマンドを試してみましょう。rootという名前のコンポーネントを作成してみます。

❶ コマンドプロンプトを開き、カレントディレクトリをプロジェクトフォルダ（[template¥timerFront]）に移動します。

❷ 「ng generate」コマンドをコマンドプロンプトから入力します。コマンドの書式は、「ng generate component パス/クラス名」です。generateは、短縮形としてgで代用できます。

```
>ng g component component/root
```

❸ 生成したファイル名がコマンドプロンプト画面に出力されます。Visual Studio Codeのエクスプローラー（左側面ウィンドウ）で、[root]フォルダとそれを展開して4つのファイルの新規生成を確認します。

```
CREATE src/app/component/root/root.component.html (23 bytes)
CREATE src/app/component/root/root.component.spec.ts (614 bytes)
CREATE src/app/component/root/root.component.ts (261 bytes)
CREATE src/app/component/root/root.component.css (0 bytes)
UPDATE src/app/app.module.ts (718 bytes)
```

❹ root.component.tsをダブルクリックして編集画面に表示します。
着色した部分はコマンドで指定したクラス名rootに合わせて自動で記述された部分です。ファイルの内容も、クラス名に合わせて編集済みになっています。

```typescript
import { Component, OnInit } from "@angular/core";

@Component({
  selector: "app-root",
  templateUrl: "./root.component.html",
  styleUrls: ["./root.component.css"]
})
export class RootComponent implements OnInit {
  constructor() { }
  ngOnInit() {
  }
}
```

❺ 「generate」コマンドで変更された、src¥app¥app.module.tsをダブルクリックして編集画面に表示します。着色した部分は、自動で追加された部分です。さらに、コンポーネントを新規作成した後に行う、app.module.tsのモジュール定義への登録（importとdeclarations）もしてくれます。

```typescript
（省略）
import { RootComponent } from "./component/root/root.component";
（省略）
@NgModule({
  declarations: [
  RootComponent
],
```

「ng generate」コマンドの便利さが体感できたと思います。このコマンドが使えるまでは、ひな型となるコンポーネントファイルをコピーして、適切なファイル名に変更した後、上記で着色した部分を手作業で編集して使うのが一般的でしたが、タイプミスやモジュール定義へ登録忘れがよく起きて時間を無駄にしていました。

4.5.5 画面切り替えブロック作成

ここからプロジェクトのひな型を基にソースコードを作成していきます。実際の作業は、確認しながら完成版のコードをコピーします。

現在のひな型は、図4-55の左の状態です。これを右の画面切り替えブロックに組み立てるには、以下の操作が必要です。

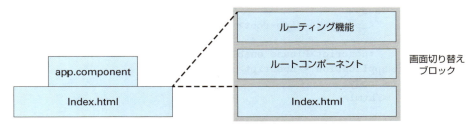

図4-55　プロジェクトのひな型（左）から画面切り替えブロックへ機能拡張
　1. 不要になったテスト用コンポーネントの削除
　2. ルートコンポーネントの作成
　3. ルーティング機能の実装

4.5.5.1 テスト用コンポーネントの削除

❶ Visual Studio Codeのエクスプローラーから以下のファイルを選択後、削除ボタンを押下します。

　　src¥app¥app.component.ts
　　src¥app¥app.component.spec.ts
　　src¥app¥app.component.css
　　src¥app¥app.component.html
　　src¥app¥app.module.ts

4.5.5.2 ルートコンポーネントの作成

❶ [app] フォルダにある完成版コードを [root] フォルダごとファイルエクスプローラーなどでコピーします。先ほど「ng generate」コマンドで生成した [root] フォルダを上書きします。

コピー元　[app¥timer¥timerClient¥src¥app¥component¥root] フォルダ
コピー先　[templete¥timeFront¥src¥app¥component] フォルダ

❷ ルートコンポーネントとindex.htmlの結合を確認します。src¥index.htmlの末尾に、ルートコンポーネントの出力先としてselectorの値、<app-root></app-root>の存在を確認します。

```
<body>
  <app-root></app-root>

  <noscript>Please enable JavaScript to continue using this ⮑
application.</noscript>
</body>
</html>
```

4.5.5.3 ルーティング機能の実装

ルーティング機能の実装には以下の3つが必要です。

- ルートマップ
- ルートコンポーネント
- index.html

ルートマップはURLパスと表示するコンポーネントの関連付けを定義しています。router-outletは、ルートコンポーネントのHTMLテンプレートに配置されたディレクティブ（Angularの独自タグ）です。ルートマップに基づき表示するコンポーネントを<router-outlet></router-outlet>の位置へロードします。ルートコンポーネントは、router-outletが動作する親コンポーネントとして必要です。ルートコンポーネントの出力はindex.htmlに挿入され、画面に表示されます。

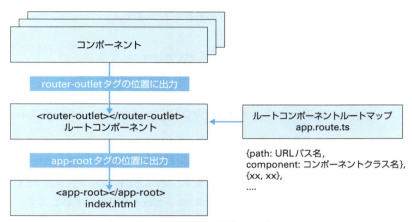

図4-56 ルートコンポーネントが画面を切り替えるしくみ

❶ ルートマップファイルapp.route.tsを［app］フォルダにコピーします。

　　コピー元　app¥timer¥timerClient¥src¥app¥app.route.ts
　　コピー先　templete¥timeFron¥src¥app¥app.route.ts

app.route.tsをVisual Studio Codeで開くと、仮想パスとコンポーネントの関連付けを確認できます。

リスト4-16　`app.route.ts`の仮想パスとコンポーネントの関連付け部分

```
//表示するコンポーネントのインポート
import {ListComponent} from "./component/list/list.component";
import {EditComponent} from "./component/edit/edit.component";
import {SetComponent} from "./component/set/set.component";

//Urlパスと表示するコンポーネントの関連付け
export const AppRoutes: Routes = [
  {path: 'list', component: ListComponent},
  {path: 'edit', component: EditComponent},
  {path: 'set', component: SetComponent},
  {path: "", component: ListComponent}
];
```

このルートマップにより以下の動作を行います。

https://localhost/list のときは、ListComponent を表示
https://localhost/edit のときは、EditComponent を表示
https://localhost/set のときは、SetComponent を表示
https://localhost のとき（パス指定なし）は、ListComponent を表示

❷ ルーターアウトレット（RouterOutlet）は、ディレクティブとしてルートコンポーネント内にHTMLタグで配置します。ルートマップと連携して仮想URLパスに基づき、コンポーネントの選択と表示を行います。src¥app¥compoment¥root¥root.component.htmlを開き、<router-outlet></router-outlet>の配置を確認します。

リスト4-17　`src¥app¥compoment¥root¥root.component.html`

```
（省略）
  </div>

  <!--ここにルーターで切り替えられたコンポーネントが展開されます-->
  <router-outlet class="outletWidth"></router-outlet>
</div>
```

3. 最後に、ここまで作成したルーティング機能を登録済みのモジュール定義であるapp.module.tsを完成版から［app］フォルダにコピーして完了です。

コピー元　app¥timer¥timerClient¥src¥app¥app.module.ts
コピー先　templete¥timeFront¥src¥app¥app.module.ts

リスト4-18　`app.module.ts`のルーティング機能の定義部分

```
//アプリで使用するモジュール定義
@NgModule({
  //モジュール
  imports: [
（省略）
    //ルーターの定義
    RouterModule.forRoot(AppRoutes),  ――③
（省略）
  // アプリで使用するコンポーネント
  declarations: [
    RootComponent,  ――①
（省略）
  // 初めに呼び出すコンポーネント
  bootstrap: [RootComponent]  ――②
```

①コンポーネントとしてRootComponentを登録します。
②アプリ起動時、最初に呼び出されるコンポーネントとしてRootComponentを登録します。
③呼び出されたルートコンポーネント内のRouterOutletが活性化し、ルートマップに基づいたルーティングを開始します。

4.5.6 表示と入力ブロック作成

ここまでの手順で画面切り替えブロックが完成しています。表示と入力のブロックをその上に積み上げます。このブロックでは主に画面ごとのコンポーネントを作成します。

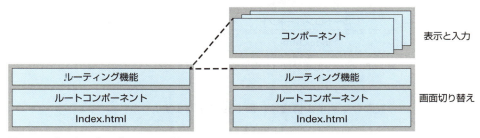

図4-57　表示と入力のブロックの追加

❶ 各画面を定義したコンポーネントのフォルダを完成版から［app￥component］フォルダにコピーします。画面ごとにフォルダで管理しています。たとえば［list］フォルダには、list.component.ts、list.component.html、list.component.cssが含まれています。

コピー元　［app￥timer￥timerClient￥src￥app￥component￥list］フォルダ（リスト画面）
コピー元　［app￥timer￥timerClient￥src￥app￥component￥edit］フォルダ（編集画面）
コピー元　［app￥timer￥timerClient￥src￥app￥component￥set］フォルダ（設定画面）

コピー元　［templete￥timeFront￥src￥app￥component］フォルダ

4.5.7 データ処理ブロック作成

最後にデータ処理ブロックを追加します。

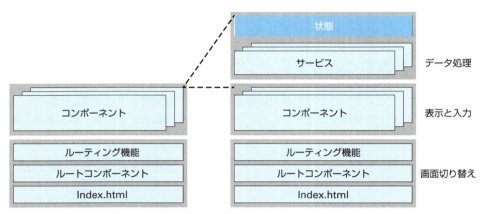

図4-58 データ処理ブロックの追加

実際のファイル構造は、図4-59になります。

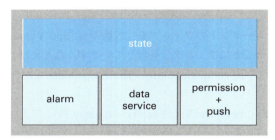

図4-59 データ処理ブロックのファイル構造
・stateクラス：アプリの状態値を保持
・alarmクラス：タイマーの設定と実行
・dataサービス：「表示と入力ブロック」からの要求を処理
・permissionとpushサービス：通知の許可取得とプッシュ通知のリクエスト

1.state、alarmクラスとdata、permission、pushサービスを完成版から［app］フォルダ
にコピーします。

　　　コピー元　［app¥timer¥timerClient¥src¥app¥class］フォルダ（クラス）
　　　コピー元　［app¥timer¥timerClient¥src¥app¥service］フォルダ（サービス）

　　　コピー先　［templete¥timeFront¥src¥app］フォルダ

4.5.8 その他設定

4.5.8.1 テーマ変更への対応

マルチタイマーには、3種類のテーマ（配色）を切り替える機能があります。

❶ 切り替える3種類のCSSファイルを［assets￥css］フォルダにコピーします。

　　コピー元　［app￥timer￥timerClient￥src￥assets￥css］フォルダごと
　　コピー先　［template￥timerFront￥src￥assets］フォルダへコピー

また、これらのCSSを動的に切り替えるために、index.htmlの<head>タグ内に以下を追記します。id="myaTheme"でlinkタグを指定して、hrefの値をdeeppurple-amberからindigo-pink、pink-bluegreyに変更します。

```
<link id="myTheme" href="assets/css/deeppurple-amber.css"
      type="text/css" rel="stylesheet">
```

4.5.8.2 コンポーネント共通のCSSファイル

マルチタイマーでは、コンポーネントが共通で利用するCSSをcommon.cssファイルに定義しています。このファイルを［app］フォルダにコピーします。

　　コピー元　app￥timer￥timerClient￥src￥app￥common.cssファイル
　　コピー先　［template￥timerFront￥src￥app］フォルダへコピー

4.5.8.3 アイコンとテストデータ

アイコンとテストデータを［assets］フォルダにコピーします。アイコンの一部はコピー先でも自動生成されているので上書きの警告が表示されますが、上書きします。

　　コピー元　［app￥timer￥timerClient￥src￥assets￥icons］フォルダごと
　　コピー元　［app￥timer￥timerClient￥src￥assets￥test］フォルダごと

　　コピー先　［template￥timerFront￥src￥assets］フォルダへコピー

4.6 ビルドとデバッグ

4.6.1 PWAのビルド

4.6.1.1 Service Worker利用時の制約

　Angular公式サイトには、Service Workerを利用する場合のビルド制約についての記述があります。

> Angular公式サイト「Getting started with service workers」
> https://angular.io/guide/service-worker-getting-started

- 「ng serve」コマンドが使えません。
- Angular CLI内蔵の開発用Webサーバーが使えません。

代替策として以下の手順でビルドと実行を行います。

- 「ng build」コマンドを使い、プロジェクトをProductionモード（--prodオプション付き）でビルドします。
- 別途Webサーバーを用意します。
- Webサーバーにビルド出力をロードします。
- ブラウザからWebサーバーへアクセスして動作確認をします。

　代替策が案内されているので、解決できそうです。しかし、実際に開発してみると、2つの問題が出てきます。

1) Productionモードのビルドではソースマップファイルが出力されないため、ブレークポイントを正確に指定できません。
2) ng serveではソースコードの変更を監視して、自動で差分ビルドを行っていたため、ビルド待ちを意識することはほとんどありませんでした。ここで行う代替策では、動作確認のたびにプロジェクト全体のビルドが必要で、ただ待つだけの時間が繰り返され、開発効率が低下します。

4.6.1.2 ngxコマンド

カレントディレクトリをプロジェクトフォルダへ移動した後、以下のコマンドを入力します。これらのコマンドは、ng.batツール内に定義されています。詳細は、basic_YYYYMMDD¥templete¥ng.batファイルを開いて確認できます。

表4-5　独自のngコマンド

コマンド	機能
ngx pwaBuild	公式サイトの推奨手順と同じビルド
ngx pwaDebug	ビルドの最適化を無効にしてビルド時間の短縮 ソースマップファイルを出力してブレークポイントを正確に指定可能
ngx pwaAuto	ng pwaDebugの機能に加え、ng serveと同じようにソース変更のたびに差分リビルドを行い、ビルド待ちを感じさせない
ngx newPwa	PWAプロジェクトのひな型生成
ngx web	http-serverを必要なオプションを指定して起動する

4.6.2　PWAのデバッグ

4.6.2.1　デバッグのための事前設定

❶ Webサーバーのコンテンツ参照先設定
「4.3.4　インストール手順（バックエンド）」の設定を再確認して下さい。
timerBack¥index.js先頭行を以下の値に変更します。

```
//Angularビルドの出力フォルダ
const angularDist="../timerFront/dist";
```

❷ Webサーバーの起動
コマンドプロンプトで、カレントディレクトリをtemplate¥timerBackに移動します。
「nodemon index.js」コマンドを入力し、サーバーを起動します。
「443番ポートで待ち受け中...」の表示を確認します。

❸ Service Workerの動作設定
PWAではService Workerのキャッシュデータがブラウザに渡されるため、ページのリロードを行ってもWebサーバーの変更がブラウザに反映されないことがあります。Service Workerが動作中であっても、変更が反映される設定をします。

a. Google Chrome Developer Toolsを開き、［Application］メニューを選択します。
b. 左側面のメニューから［Service Workers］を選択します。
c. ［Update on reload］にチェックをします。

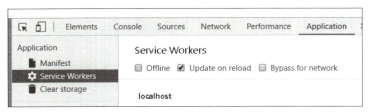

図4-61 ［Update on reload］にチェック

4.6.3 コンソールログによるデバッグ

　マルチタイマーアプリでは、主要クラスのメソッドに独自のデコレーター（@Catch）を付け、メソッドの呼び出しと戻り（call, return）を、Google Chrome Developer Toolsのコンソールへ出力する機能を実装しています。この出力の追跡で、アプリ全体の処理の流れを確認できます。

❶ Chromeブラウザで以下のURLにアクセスします。

localhostへのアクセス
https://localhost

❷ Google Chrome Developer Toolsを開きます。

❸ ［Console］メニューを選択します。

❹ アプリの操作を行うと、コンソールにcall:またはreturn:で始まるログが出力されます。

図4-61　callとreturnのログ出力例

4.6.3.1　ブレークポイントによるデバッグ

　ブレークポイントを指定したデバッグは、Google Chrome Developer Toolsを使う方法とVisual Studio CodeなどのIDEを利用する方法が選択できます。ここでは前提ソフトが不要で幅広い環境で利用できる前者の方法で手順を紹介します。

　デバッグ対象ファイルを選択する手順が少しわかりづらいですが、残りの操作は標準的な手順です。例として、トップページのListComponentコンポーネントクラスにブレークポイントを指定してデバッグしてみましょう。

❶「4.6.2.1　デバッグのための事前設定」完了後、「ng pwaDebug」コマンドでアプリのビルドを行います。

❷ Chromeブラウザで以下のURLにアクセスします。

localhostへのアクセス
https://localhost

❸ Google Chrome Developer Toolsを開きます。

❹ ［Source］メニューを選択します。

❺ Developer Tools左側面メニューから［webpack://］をダブルクリックします。［webpack://］が表示されないときは、以下を確認してください。

- ブラウザの再起動
- ［Application］→［Service Workers］設定画面で［Update on reload］にチェック後、リロード
- ［timerFront¥dist］フォルダにmapファイルの存在確認
- 強制リロード（Ctrl+Shift+R）の後、リロード（F5キー）
- アプリメニューから［リセット］を選択した後、リロード（F5キー）

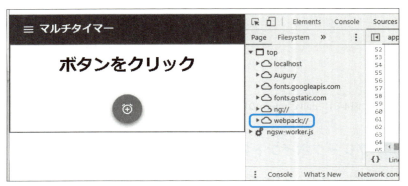

図4-63　［webpack://］をダブルクリック

❻ ［webpack://］を開くと、ドット（.）とwebpackを選択できます。ドットを選択して［src］フォルダを表示します。［src］フォルダから下位フォルダやファイルは、物理的なファイルとフォルダの位置関係と同じです。ここでは、［src¥app¥component¥list］までフォルダを展開し、list.component.tsをダブルクックしてソースコードを編集画面に表示します。

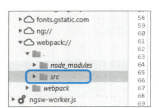

図4-64　［src］フォルダを展開

❼ ソースコード後半のnextメソッド先頭の行番号をクリックしてブレークポイントのマークを付けます。

```
53
54    @Catch()
55    //次ページへ移動
56    async next() {
57      this.tmpAlarm.updateAlarmNameCounter();//アラーム名取得
58      await this.router.navigate(
59        ["/edit"], //移動先URLパス
60        {queryParams: this.tmpAlarm});//アラームデータ埋め込み
61    }
62
```

図4-65　ブレークポイントを設定

❽ ブラウザのリロード（F5キー）を行います。

❾ 次ページボタン（赤い丸ボタン）をクリックすると、next()メソッドが呼び出されます。

❿ ブレークポイントを指定した行の背景が着色され、プログラムがここで一時停止します。この着色部分の直前で処理が一時停止しています。

```
53
54    @Catch()
55    //次ページへ移動
56    async next() {
57      this.tmpAlarm.updateAlarmNameCounter();//アラーム名取得
58      await this.router.navigate(
59        ["/edit"], //移動先URLパス
60        {queryParams: this.tmpAlarm});//アラームデータ埋め込み
61    }
62
```

図4-66　プログラムが停止する

⓫ 画面右のScopeパネルで、現在有効なオブジェクトや変数の値を確認できます。また上部にある、ナビゲーションボタンで、次のブレークポイントまで進んだり、1行進んだり、関数の内部処理に入っていったり、ブレークポイント一時的に無効にしたり、エラーが発生した箇所で一時停止などができます。詳細は公式サイトのガイドを参考にしてください。

Chrome DevTools で JavaScript をデバッグする
https://developers.google.com/web/tools/chrome-devtools/javascript/?hl=ja

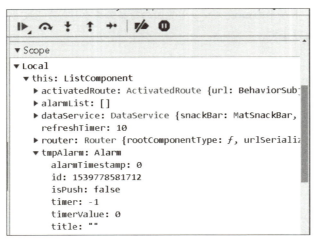

図4-67　画面右のScopeパネルでオブジェクトや変数の値を確認

4.7 実装のポイント

4.7.1 全体設計が重要なモダンWeb

　従来のサーバー集中型におけるブラウザの処理は、サーバー側で作成済の画面へ入力するデータを検証したり、表示に動きをつけたりする補助的な役目でした。フロントエンド側の開発は、必要な機能を持つJavaScriptライブラリを探し、足りない機能を補う独自関数の入出仕様（プログラム仕様書）で済むことがほとんどでした。

　一方、PWAなどのモダンWebアプリは、サーバーで行ってきた処理をブラウザ側へ移行します。実装作業（プログラミング）に入る前にアプリ全体のデータ構造や処理ブロックなど、バックエンドの開発と同様のシステム全体の設計が必要になります。それらが完了した後、プログラム仕様書に落とし込みます。

　マルチタイマーアプリも下図のように、プログラムやデータ構造を決定した後、クラスの分割やプログラムの仕様を決定しました。

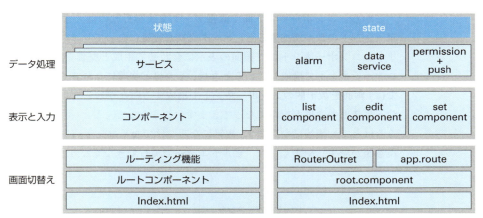

図4-68　マルチタイマーアプリにおける処理ブロックの構成（左）からファイル構造（右）への落とし込み

4.7.2 コンポーネント指向の落とし穴

　さらにAngularでは、コンポーネントやサービスを組み合わせる「コンポーネント指向」で開発します。同じように部品を組み合わせてアプリを作る「オブジェクト指向」と比べると、部品の機能が豊富で独立性が高くなっています。特にAngularのコンポーネントは、アプリ実行に必要なスクリプト・HTML・CSSの3要素を内部に持っているので、他の部品に依存することなく単体で動作できます。この特性を利用して保守が容易なシステムを目指します。

図4-69　単体で独立動作可能なコンポーネント

　コンポーネントで独立した処理をするのに伴い、アプリ全体でデータの同期をとるため、関連するコンポーネント間のデータ交換が必要になります。

図4-70　コンポーネントのデータ連係で全体の整合性を確保

しかし、コンポーネント間で直接データ交換を行うのは大きな欠点があります。コンポーネントの数が増加すると、データ交換が複雑になってしまい、保守性が著しく低下します。コンポーネントは、画面の表示に合わせて生成と廃棄を繰り返すので、1画面を1コンポーネントで構成しているときは、それほど複雑になりません。しかし、実際の開発では1画面を数十個のコンポーネントで構成することが珍しくありません。また常駐するサービスとの連携も複雑になってきます。こうなってくると、図のようにデータ連携のしくみはとても複雑になります。複雑になるだけでなくコンポーネント同士の相互参照や循環参照が発生しやすくなり、ビルドエラーで実行できなくなります。

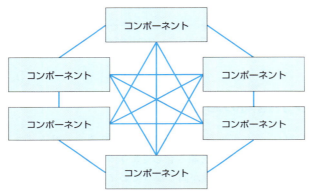

図4-71　コンポーネントの増加でデータ連携が複雑化

これがコンポーネント指向の落とし穴です。保守性を高めようとしたものの、部品同士の相互連携がうまくいかず、開発が進むにしたがい複雑さが急激に増大し、最終的には管理不能や実行不可になります。

4.8　実装のパターン

　Angularは、データバインド、パイプ、コンポーネント、サービス、DI、ルーティング、CSSのカプセル化など、便利で新しい機能が数多く提供されています。しかし、うまく使いこなさないと、前の項で解説したコンポーネントの二の舞です。
　またPWAのようにブラウザに処理を分散すると、新たな機能の実装も必要になってきます。たとえば、アプリケーションログの集中管理は別途実装が必要になります。
　さらに慣れの問題もあります。CSSの癖を知り尽くしたWebデザイナーさんに、CSSのカプセル化でお願いしても、よくわからないとされるかもしれません。目的を明確に

し、効果と学習コストを比較検討する必要があります。

ここでは基本的な実装例をいくつかご紹介します。トラブルを回避するヒントになると思います。

なお、コンポーネントの分割やユーザー認証、セキュリティ対策、エラーログの集中管理などの実運用システム向け実装パターンは、本書の姉妹本「実践編」を参照してください。

4.8.1 アプリの構造[※8]

4.8.1.1 状態管理（Stateオブジェクト）

「4.7.2 コンポーネント指向の落とし穴」で説明したコンポーネント間のデータ連携が複雑になるという問題は、アプリ全体のデータを状態オブジェクト（Stateクラス）で集中管理してコンポーネント間のデータ同期を確保します。マルチタイマーアプリでは、リスト4-19のデータ構造をもった状態オブジェクトで管理しています。

リスト4-19　状態オブジェクトの構造定義（**src¥app¥class¥state.class.ts**）

```
//Stateクラスの定義
export class State {
  alarmList: Alarm[];         //アラームの配列
  theme: string;              //現在のテーマ（配色）
  isEnablePush: boolean;      //Push通知機能ON?
}
```

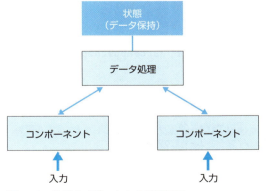

図4-72　状態オブジェクトの処理フロー

※8　解説するソースコードの抜粋や、構造図は、プログラムの改良に伴い変更されることがあります。

また、Stateクラスが保持するデータ（プロパティ）はコンポーネントからの直接変更は行わず、サービス経由で行い想定外の変更や削除から保護しています。

さらにシステムの規模が大きくなると、単純なクラスだけでは機能不足ですので、状態管理専用のパッケージ（ngrxなど）を利用します。さらに、サービスとコンポーネントは、肥大化を回避するため、階層構造を持った分割を行います

大規模対応については、本書のシリーズ書の「実践編」に詳しく解説しています。

4.8.1.2　コンポーネントとサービスの役割分担

前述のとおり、Angular開発の基本は「コンポーネント指向」であり、部品に分割して開発生産性と保守性を向上させることです。Angular公式サイトには、分割のガイドラインがあります。コンポーネントやサービスの定義ファイルのサイズは、400行以内というルールです。実際はこの半分の200行程度を目安にすると、コードが読みやすくなります。

> **Angular公式サイトに記載された400行以内というルール**
> https://angular.io/guide/styleguide#style-01-01

しかし、Angularの開発に慣れないうちは、1つのコンポーネントに必要なデータ処理を全て記述してしまい、保守性が低下することがあります。基本的にコンポーネントではデータ処理を行わず、サービスに任せる方針で実装します。マルチタイマーアプリもこの考え方で実装しています。

リスト4-20は、トップページ（アラーム一覧）のコンポーネントクラスの記述です。着色部分は各メソッドの実行部分です。数行しかコードがありません。また、メソッドの中に処理コードはなく、this.dataServiceクラスなどの他のメソッド（データ処理用のサービスクラス）を呼び出しています。

リスト4-20　処理を記述せず外部呼び出しを行う（`src¥app¥component¥list¥list.component.ts`）

```
@Catch()
//ページロード時の処理
ngOnInit() {
  this.dataService.setTitle("アラーム一覧");　//タイトル更新
  this.refresh();　//アラーム一覧の更新
}

@Catch()
//アラーム一覧の更新（設定時刻を過ぎたものを削除）
refresh() {
  this.dataService.cleanupAlarmList();//アラーム一覧の更新を依頼
  this.refreshTimer = setTimeout(() => {
```

```
      this.refresh()}, 30000);//30秒間隔で更新
  }

  @Catch()
  //ページ終了時の処理
  ngOnDestroy() {
    clearTimeout(this.refreshTimer);//30秒間隔タイマー停止
  }

  @Catch()
  //次ページへ移動
  async next() {
    this.tmpAlarm.updateAlarmNameCounter();//アラーム名取得
    await this.router.navigate(
      ["/edit"], //移動先URLパス
      {queryParams: this.tmpAlarm});//アラームデータ埋め込み
  }

  //アラーム一覧でゴミ箱クリック
  @Catch()
  delete(index: number) {
    this.dataService.delete(index);//アラーム削除を依頼
  }
```

4.8.1.3 ルートコンポーネントの役割分担

　ルートコンポーネントは、名前のとおり他のコンポーネントの土台となるコンポーネントです。画面のごとに生成と廃棄を繰り返すコンポーネントと異なり、アプリの開始から終了まで常駐し、index.htmlと結合しアプリの土台として以下の役割を担います。

- URLパスに応じてロードするコンポーネントの切り替え
- ヘッダー／フッター／メニューなどの複数画面共通の表示と処理
- 背景に文字を表示
- 共通イベント（ブラウザが閉じたなど）の受信

4.8.1.3.1 画面切り替え

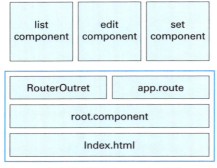

図4-73　画面切り替えのファイル構成

リスト4-21　画面切り替えに関連するコード

```
■src¥index.html
<body id="mybody">
  <app-root>ここにroot.componentの出力が挿入されます</app-root>//   ②
</body>
</html>


■src¥app¥component¥root¥root.component.ts
@Component({
  selector: 'app-root', //  ──①
  templateUrl: './root.component.html',
  styleUrls: ['../../common.css', './root.component.css']
})
export class RootComponent implements OnInit {

■src¥app¥component¥root¥root.component.html
 <router-outlet class="outletWidth">//3     ──③
     ここにルーターで切り替えられたコンポーネントが展開されます
</router-outlet>
</div>

■src¥app¥app.route.ts
export const AppRoutes: Routes = [ //    ④
  {path: "list", component: ListComponent},
  {path: "edit", component: EditComponent},
  {path: "set", component: SetComponent},
  {path: "", component: ListComponent}
];
```

① root.componentのselectorは、"app-root"と設定されています。
② index.htmlにその設定名で<app-root></app-root>タグを記述すると、ルートコ

ンポーネントはその他の場所に挿入されます。index.htmlと結合することで、画面の表示が可能になります。

③次にルートコンポーネントに、ルーターで選択されたコンポーネントを結合します。今度はselectorの値ではなく、RouterOutletディレクティブが動的にコンポーネントを取り込みます。

④コンポーネント取り込みのルートマップは、app.route.tsファイルで行います。

4.8.1.3.2 共通部分の表示

ヘッダー、フッター、メニュー、背景メッセージなど、各画面に共通な表示と機能を実装します。

ルートコンポーネントに実装することで、各コンポーネントで重複したヘッダーやメニューの実装が不要になります。

■ヘッダーの実装（ヘッダーとメニューボタン）

マルチタイマーアプリでは、ヘッダー部分はルートコンポーネントが表示、残り部分は画面ごとのコンポーネント（ListComonent、EditComponent、SetComponent）が切り替わり表示されます。1画面を2つのコンポーネントで常時分割表示しています。

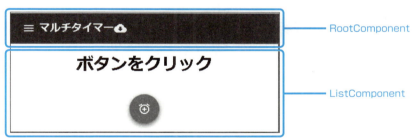

図4-74 画面の共通部分（ヘッダー部分）は、ルートコンポーネントが表示

リスト4-22 srcapp¥component¥root¥root.component.html

```
<mat-toolbar    // ──①
  [color]="myHeaderColor" class="myToolbar">
  <button mat-icon-button  aria-label="メニュー"// ──②
    [matMenuTriggerFor]="myMenu"    // ──③
  >    <mat-icon>menu</mat-icon>    // ──④
  </button>
  <!--ヘッダータイトル-->
  <h1  class="myClickableIcon"   (click)="goHome()" >
    マルチタイマー  // ──⑤
  </h1>
  <!--通知アイコン-->
```

```
<mat-icon *ngIf="dataService.isEnablePush" > //  ──⑥
  cloud_download
</mat-icon>
......
</mat-toolbar>
```

①Material2のヘッダー（mat-toolbar）を宣言します。
②Material2のアイコン付きボタン（mat-icon-button）を宣言します。
③メニューボタンの操作で#myMenuという名前のメニューが開閉します。
④これがメニューボタン（3本線、バーガーアイコン）です。
⑤ヘッダーのタイトルを指定します。
⑥アプリの状態がPush通知モードのとき（dataService.isEnablePush=true）は、雲形アイコン（cloud_download）を表示します。

■ メニューの実装

メニューで選択されたPush通知のON/OFFやテーマの変更は、それぞれ状態オブジェクトの isEnablePushプロパティとthemeプロパティに反映され、アプリ全体で変更が共有されます。

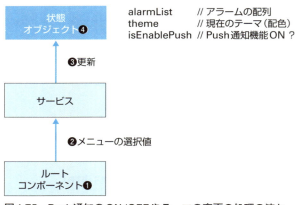

図4-75　Push通知のON/OFFやテーマの変更の処理の流れ
　❶メニューを選択
　❷メニューの選択値をサービスへ渡す
　❸状態オブジェクトのプロパティ更新
　❹アプリ全体で変更データ共有

図4-76 メニュー選択の結果は状態オブジェクトへ反映

リスト4-23　src¥app¥component¥root¥root.component.html

```
<!--メニュー-->
<mat-menu //   ──①
  #myMenu="matMenu"//   ──②
>
  <button
    mat-menu-item //   ──③
    aria-label="サーバーからの通知を設定"
    (click)="toggleEnablePush()"
  >
…..
  <button
    mat-menu-item
    aria-label="テーマ1"
    (click)="changeTheme('primary')"
  >
…...
</mat-menu>
```

①<mat-menu>〜</mat-menu>でメニューエリアを定義します。

②ヘッダーのメニューボタンの宣言 [matMenuTriggerFor]="myMenu" と連動しています。ヘッダーのメニューボタンのクリックでメニューの開閉を行います。

③mat-menu-item属性で、メニュー項目を宣言します。

■ 背景文字の表示

　ユーザーに操作を求める画面では、操作画面以外を暗くして背景文字で説明を加えると、見落としが少なくなります。この機能は、ルートコンポーネントを使うと容易に実装できます。ルートコンポーネントで、ヘッダー以外の場所を半透明の黒いエリアで上書きします。

図4-77 背景を暗くして許可ボタンの見落としを防ぐ

リスト4-24 図4-77を実現するコード

■srcapp¥service¥data.service.ts
```
  @Catch()
  async getPermission(): Promise<boolean> {
..
    if (state == "default") {
      //背景を暗くして通知許可のメッセージに見落としを避ける
      this.bgMessage =        ──①
        `[許可]をクリックすると、
        このページを閉じてもアラームを表示します`;
      let result = await this.permissionService.confirm();
      this.bgMessage = "";    ──②
```

■src¥app¥component¥root¥root.component.html
```
  <div
    *ngIf="dataService.bgMessage"    ──③
    class="darkBackground"
  >
    <span class="darkBackgroundText">
      {{dataService.bgMessage}}      ──④
    </span>
  </div>
```

■src¥app¥component¥root¥root.component.css
```
.darkBackground {
  position: absolute;
  top: 0px;
  left: 0px;
  width: 100%;
  height: 100%;
  background-color: black;    ──⑤
  opacity: 0.75;
  z-index: 1;
  max-width: 640px;
```

```
display: flex;
align-items: flex-end
}
```

①背景を暗くするときは、変数bgMessageに背景メッセージを代入します。
②背景を戻すときは、変数bgMessageに長さ0の文字列を代入します。
③変数bgMessageに値が代入されている間、darkBackgroundクラスで指定されたエリアを半透明の黒で上書きします。
④変数bgMessageの値を白色で表示します。
⑤半透明の黒を設定したCSSクラスです。

■ windowイベントの取得

ブラウザが閉じる前のイベントなどは、HTMLテンプレート持ったコンポーネントは受信できますが、サービスは受信できません。しかし、生成と廃棄を繰り返すコンポーネントでは、継続的なイベント受信待機は困難です。常駐するコンポーネントであるルートコンポーネントを利用すると実装が容易になります。

マルチタイマーアプリでは、ブラウザを閉じるイベントをルートコーネントが検出してサービスに伝えることで、ブラウザを閉じる前に状態オブジェクトを保存して起動時に復元するしくみを実装しています。

リスト4-25　ブラウザが閉じるイベントを検出するコード部分

```
//ブラウザが閉じるイベントを検出
@HostListener("window:beforeunload", ["$event"])
beforeUnload(e: Event) {
  this.dataService.onBeforeUnload();
}
```

4.8.1.4　decoratorを使ったログと例外処理

ブラウザ上で本格的な処理を行うためには、例外漏れを発生させない工夫が必要です。また、サーバー集中型のWebアプリではサーバーがログを記録していましたが、モダンWebでは独自に準備するしかありません。

これらに対応する1つの方法として、メソッド全体をtry/catchで囲んで例外を検出する方法や、メソッド呼び出しの前後でconsole.log出力するという方法が思いつきます。しかし実装するには、1つ1つのメソッドの前後に同じような追加の記述が必要です。

Angularの開発者にお馴染みのデコレータは、これらの実装を容易にしてくれます。具体的には、メソッドの先頭にデコレータを記述するだけでtry/catchやconsole.logを挿入可能です。マルチタイマーアプリでは、@Catchというデコレータを作り、例外処理とロ

グの記録を驚くほど簡単に実装しています。

リスト4-26　例外処理とログの記録を実現するデコレータ部分

■src¥app¥class¥log.class.ts

```ts
export function Catch(isAutoCatch?:boolean) {  //  ──①
  return function (target,//クラス
                   name,  //メソッド名
                   descriptor //ディスクリプタ
  ) {
    //クラス名.メソッド名
    let location = target.constructor.name + "." + name;  //  ──②
    //加工前のメソッド
    const original = descriptor.value;  //  ──③
    if (typeof original === 'function') {
      //加工したメソッドを保持
      descriptor.value = function (...args) {       //  ──④
        //------------前処理---------------
        try {                                 //  ──⑤
          //ログ
          let nowString = (new Date()).toLocaleTimeString();
          console.log("%s call:%s(%s)",nowString,location,
            args.join(","));
        //--------------------------------

          //オリジナルのメソッド
          let result = original.apply(this, args); //  ──⑥

        //------------後処理---------------
          if(typeof isAutoCatch===undefined) {
            //戻り値のPromise判定
            isAutoCatch = (result
              && typeof result.then === "function"
              &&typeof result.catch === "function"
            );
          }
          //戻り値がpromiseのときはcatchメソッドで例外検出
          if (isAutoCatch) {
            result.catch(err => {                            //  ──⑦
              throw new Error(err.toString());
            });
          }
          //ログ
          console.log("%s return:%s %s %s ",nowString, location,
            (isAutoCatch?'isPromise':''), (result || ''));
        //--------------------------------
          return result;                                     //  ──⑧
        }
```

```
        //-----------例外処理--------------
        catch (error) {
          alert(`エラー ${error.message}`);          // ──⑨
        }
        //------------------------------
      }
    }
    return descriptor;
  }
}
```

①ここでデコレータに引数を渡します。ここでは、メソッドの戻り値を自動判定して、Promiseのときは、処理を変えています。
②加工する対象のクラス名とメソッド名を取得してログに付加します。
③オリジナルのメソッドを一時待避します。
④加工後のメソッドを取得します。
⑤tryでメソッドを囲みます。
⑥前処理後にオリジナルのメソッドを実行します。
⑦後処理後、戻り値がPromiseであればcatch()メソッドでPromiseエラーを検出します。
⑧後処理後の戻り値を返します。
⑨try文以降で発生した例外をキャッチします。

■src¥app¥component¥list¥list.component.ts
```
@Catch()    // ──⑩
//ページロード時の処理
ngOnInit() {
  this.dataService.setTitle("アラーム一覧"); //タイトル更新
  this.refresh(); //アラーム一覧の更新
}
```

⑩@Catch()を記述するだけで、メソッドの呼び出し履歴と例外を捉えてくれます。

ListComponentがngOnInitで呼び出されたから処理が戻るまでのログ出力がリスト4-27です。

リスト4-27　@Catchデコレータのコンソール出力
```
log.class.ts:27 5:06:38 call:ListComponent.ngOnInit()
log.class.ts:27 5:06:38 call:DataService.setTitle(アラーム一覧)
log.class.ts:47 5:06:38 return:DataService.setTitle
log.class.ts:27 5:06:38 call:ListComponent.refresh()
```

```
log.class.ts:27 5:06:38 call:DataService.cleanupAlarmList()
log.class.ts:27 5:06:38 call:State.cleanupAlarmList()
log.class.ts:47 5:06:38 return:State.cleanupAlarmList
log.class.ts:47 5:06:38 return:DataService.cleanupAlarmList
log.class.ts:47 5:06:38 return:ListComponent.refresh
log.class.ts:47 5:06:38 return:ListComponent.ngOnInit
```

4.8.2 開発環境

4.8.2.1 バージョン管理

　Angularの開発環境では、ソフトウェアのバージョンに対するこれまでの常識が通用しません。たとえば、「最新バージョンを利用するのが望ましい」、「メジャーバージョンが変わらない限り互換性が保たれる」が正しくないことがよくあります。

　Angular関連の主要ソフトウェアのバージョンは、XX.YY.ZZの書式で表されます。

XX	メジャーリリース番号	互換性を維持できない可能性がある大幅な機能変更
YY	マイナーリリース番号	互換性を維持した小規模な機能変更
ZZ	パッチリリース番号	機能に変更のない不具合の修正やセキュリティパッチ

　Angular本体とAngular CLIはほぼ毎週、node.jsも頻繁に最新リリースが行われています。それらの多くはパッチレベルの変更であり、不具合が減り品質が向上するはずですが、実際は前のバージョンで動作していた機能が不能になることが珍しくありません。

　著者もAngular開発を始めた頃は、最新のバージョンをインストールしていました。そのため昨日まで動いていた開発のアプリが突然止まったり、開発環境が使えなくなるのは日常茶飯事でした。

　対策として、動作確認できたバージョンでバージョン固定する方法があります。バージョン固定を行う方法として1番確実なのは、プロジェクトフォルダを丸ごとコピーしてチーム全員の開発環境完全に一致させることです。

　本書のダウンロードファイルもこの方法に準じています。

- ローカルインストールされたAngular CLIを使う
- packge.jsonの依存ライブラリのバージョン許容範囲の指定を削除して完全指定する

　参考までにAngularで利用する主要なソフトのパッケージのリリース状況のURLを表4-6にまとめています。これらを見ると更新頻度の高さがわかります。

表4-6 Angular関連ソフトウェアのリリース履歴をまとめたURL

・Angular本体
https://github.com/angular/angular/blob/master/CHANGELOG.md
・Angular CLI
https://github.com/angular/angular-cli/tags
・node.js
https://github.com/angular/angular-cli/tags

4.8.2.2　Service Workerリセット機能

Service Workerを利用するアプリではキャッシュデータがブラウザに渡されるため、Webサーバーのファイルが変更されても、ブラウザに反映されないことがあります。

対策としてChrome Developer Toolsの［Update on reload］にチェックして、Service Workerが動作中であっても、ページのリロードで変更が反映される設定をしました。

しかし、この機能はGoogle Chrome独自のものです。Chrome以外のブラウザやスマホのブラウザには、このようなデバッグ機能がないことがあります。

マルチタイマーアプリではメニューから［リセット］を選択すると、Service Workerを停止して、キャッシュデータを消去する機能を実装しています。

リスト4-28　キャッシュデータを消去するプログラム部分

■src¥app¥service¥data.service.ts

```typescript
  //Service Workerの状況確認
  @Catch()
  private async isReadySW():
    Promise<{success:boolean, data:any}> {
    //Service Worker APIのサポート確認
    let regs;
    if ('serviceWorker' in navigator) {
      regs = await navigator.serviceWorker
.getRegistrations();           ——①
      console.log("Service Worker登録件数:" + regs.length);
      let cacheNames = await caches.keys();   ——②
      let swCaheNames = cacheNames.filter(
name => (name.indexOf("ngsw:") > -1));  ——③
      console.log("Service Workerキャッシュ件数:"
        + swCaheNames.length);
      return {success: true, data: {regs, swCaheNames}};
    } else {
      throw  new Error("ServiceWorkerが利用できません");
    }
  }
```

■src¥app¥service¥data.service.ts

```
//Service Workerのリセット
  @Catch()
  private async resetSW() {
      let ret = await this.isReadySW(); //Service Worker
      if (ret.success) {
        //登録済みのService Workerを1件ずつ登録解除
        for (let registration of ret.data.regs) {
          let scope = registration.scope;
          let ret = await registration.unregister();      ──④
          console.log("Service Worker登録解除"
            + scope + "," + ret);
        }
        //ngsw:を名前に含むものを削除
        for (let cacheName of ret.data.swCaheNames) {
          let ret = await caches.delete(cacheName);   ──⑤
          console.log("削除したキャッシュ" + cacheName + "," + ret);
        }
      } else {
        throw new Error("ServiceWorkerが利用できません");
      }
    //Service Worker登録
    // await navigator.serviceWorker.register("/ngsw-worker.js");
    }

}
```

①getRegistrations()メソッドで、登録済みのService Workerの一覧を取得します。
②すべてのキャッシュ名リストを取得します。
③取得したキャッシュ名からngsw:を含むものを抽出します。
④ServiceWorkerを削除します。
⑤キャッシュを削除します。

4.8.3 Webアプリ特有の実装

4.8.3.1 URLへのデータ埋め込み

　PWAのガイドラインに、各ページは独自のURLを持つとあります。静的ファイルを利用したWebサイトでは当たり前のことです。しかし、「3.6 PWAのURL実装の価値」で説明したように、動的サイトでは別途実装が必要です。

　Angularにおいても、ルーターによる画面切り替えは、URLパスの指定より指定した画

面を呼び出すのみで、データの受け渡しは状態オブジェクトやサービスを使って行うのが一般的です。

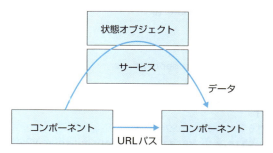

図4-78　Angularにおける画面切り替えの処理

マルチタイマーアプリでは、URL内にブックマークからの呼び出しに加え、URL に組み込まれたパラメーターで動作の指定もできます。

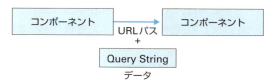

図4-79　URLに組み込まれたパラメーターによる動作

ブックマークによる時間固定のアラーム呼び出しや、ネットでURLを送り1クリックでカスタマイズしたアラーム呼び出しができました。

AngularではURLへのデータ埋め込みがとてもカンタンです。URLへのデータ埋め込みも取り出しもAngular内蔵のクラスを使い、1行のコードで実行できます。

リスト4-29　**ListComonent** が **EditComponent** へURLにデータを埋め込んで呼び出し

■src¥app¥component¥list¥list.component.ts

```
@Catch()
  async next() {
    //デフォルトのアラーム名を更新（アラーム<連番>）
    this.tmpAlarm.updateAlarmNameCounter();
    //URLにアラーム情報を埋め込み編集画面へ遷移
    await this.router.navigate( ["/edit"], {queryParams: this.↩
tmpAlarm});
  }
```

↓

https://localhost/set?action=oneclick&alarmTimestamp=1544574830932&id=1544570345834&isPush=false&theme=deeppurple-amber&timer=-1&timerValue=3&title=%E3%82%A2%E3%83%A9%E3%83%BC%E3%83%A03

↓

■src¥app¥component¥edit¥edit.component.ts
```
  //ページロード時
  @Catch()
  async ngOnInit() {
    //Query Stringからデータオブジェクト復元
    const dataObj = this.activatedRoute.snapshot.queryParams;
    //データオブジェクトからアラームオブジェクトを生成して内容更新
    this.tmpAlarm = (new Alarm(dataObj).update());
    this.dataService.setTitle(this.tmpAlarm.title);
  }
```

　URLへのデータ埋め込みは、Router.navigateメソッドの引数にデータオブジェクトを渡すだけです。URLからのデータ取得は、ActivatedRouteクラスからデータ名を指定するだけです。しかし、AngularにはURLにデータを埋め込む機能が標準で付いているので、わずかなコードで実装できます。

　ただし、簡単にできるからといって安易な実装は禁物です。URLへのデータ埋め込みは内容を書き換えて送りつけることが簡単にできてしまいます。システムの整合性維持や情報保護の対策を十分に考慮すべきです。

4.9 ソースコード解説

ソースコードを見ていくにあたって、処理の流れを次の3段階で追跡しましょう。

1）ブロック図を用いてファイル単位での実行順序を確認し、アプリ全体での動きを把握します。
2）ファイル単位でどのような処理が行われるかの記述を読み、処理の内容を把握します。
3）処理を行う関数単位でソースコードを確認します。処理の流れが見やすいように、呼び出し元と呼び出し先に同じ番号を割り付けて着色しています。処理が複雑になるときは先頭にアルファベットを追加します。

4.9.1 アプリの起動

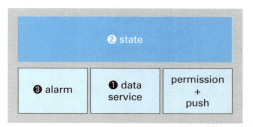

図4-80 ブロック図でみたファイル単位での実行順序（アプリの起動）

❶ data.service
コンストラクタが呼び出されます。コンストラクタは、状態（ステート）オブジェクトの生成を行います。

❷ state
localStorageデータを読み込み、状態オブジェクトを復元します。前回終了時に設定されていたテーマを適用します。

❸ alarm
前回終了時に待機中だったアラームを復元します。

■ ソースコード解説

リスト4-30　アプリの起動処理

```
■data.service.ts
constructor(
  public router: Router,
  private snackBar: MatSnackBar,
  private permissionService: PermissionService,
  private pushService: PushService,
  private activatedRoute: ActivatedRoute,
  private title: Title
) {
//1.起動時呼び出し
  this.init();   //=>2
}

//2.DataServiceの初期化
init() {
  try {
    //状態オブジェクトの生成
    this.state = new State();   //=>3
  } catch (error) {
    alert(error.message || "DataServiceの初期化に失敗");
  }
}
```

■state.class.ts
```ts
//Stateクラスの定義
export class State {
  alarmList: Alarm[];        //アラームの配列
  theme: string;             //現在のテーマ（配色）
  isEnablePush: boolean;     //Push通知機能ON?

  //3.State(状態)コンストラクタ
  constructor(isRestore=true) {
    this.alarmList = [];
    this.theme = "deeppurple-amber";
    this.isEnablePush = false;
    // 設定データのインポート
    if(isRestore) {
      this.onRestore(); //=>4
    }
  }

  //4.アプリ起動時に状態の復元
  onRestore() {
    //json文字列の取得
    let json = localStorage.getItem("state");
    //6.localStorageからstate読み込み
    if (json) {
      //StateData型のオブジェクトとして復元
      let obj = JSON.parse(json);
      //Stateオブジェクトのプロパティを上書き
      Object.assign(this, obj);
      //Object.assingで上書きできない部分を追加処理
      if (obj.alarmList > 0) {
        this.alarmList = obj.alarmList.map(
          alarmData => Object.assign(new Alarm(alarmData)) //=>6
        )
      }
      this.changeTheme(this.theme);
    }
  }

  //5.テーマを表示に反映(index.htmlのテーマファイル指定記述を書き換え)
  changeTheme(name= "deeppurple-amber") {
    document.getElementById('myTheme').setAttribute(
      'href', 'assets/css/' + name + '.css');
  }
```

■alarm.class.ts
```ts
//6.コンストラクタ
constructor(dataObj?: Partial<Alarm>) {
```

```
    this.id = Date.now();
    this.timerValue = 0;
    this.alarmTimestamp = 0;
    this.title = "";
    this.isPush = false;
    this.timer = -1;
    this.action = "";
    this.theme = "";
    // 設定データのインポート
    if (dataObj) {
      Object.assign(this, dataObj);
    }
  }
```

4.9.2 アプリの終了

　ルートコンポーネントの役割ではイベント検出の部分のみ解説でしたが、ここではアプリとして全体の流れを見てゆきます。ブラウザの閉じる前イベントをトリガーにして状態の保存を行います。

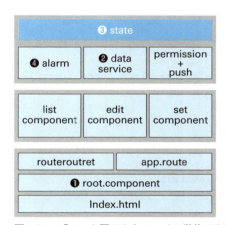

図4-81　ブロック図でみたファイル単位での実行順序（アプリの終了）
　❶root.component
　　ブラウザの閉じる前イベントを検出します。
　❷data.service
　　状態オブジェクトにイベントを中継します。
　❸state.class
　　保持する状態データをローカルストレージに保存します。
　❹alarm.class
　　タイマー実行中のアラームを解放します。

■ ソースコード解説

リスト4-31　アプリの終了処理

■root.component.ts
```
//1.ブラウザが閉じるイベントを検出
@HostListener("window:beforeunload", ["$event"])
beforeUnload(e: Event) {
  this.dataService.onBeforeUnload(); //=>2
  console.log("onBeforeUnload");
}
```

■data.service.ts
```
//2.ブラウザが閉じる前に状態を保存
onBeforeUnload() {
  try {
    this.state.onBeforeUnload(); //=>3
  } catch (error) {
    alert(error.message || "状態保存に失敗");
  }
}
```

■state.class.ts
```
//3.ブラウザが閉じる直前に状態の保存とリソースの解放
onBeforeUnload() {
  //状態の保存
  this.save(this); //=>4
  //未完了タイマーの削除
  this.alarmList.forEach(alarm => alarm.cancelTimer());//=>5
}

//4.状態保存
private save(state: State) {
  let json;
  if (state) {
    json = JSON.stringify(state);
    localStorage.setItem("state", json);
  } else {
    console.log("Stateが空白で状態保存できません");
  }
}
```

■alarm.class.ts
```
//5.タイマーのキャンセル
cancelTimer() {
  clearTimeout(this.timer);
}
```

4.9.3 アプリの初期処理

タイマーアプリを起動すると、タイマー一覧画面が表示されます。アプリ中に設定時刻を経過したタイマーを消去した後、一覧を表示します。リロードを行った際も 同じ処理が行われます。

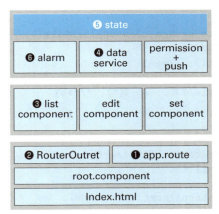

図4-82　ブロック図でみたファイル単位での実行順序（アプリの初期処理）
　❶app.rote
　　ルートマップに基づきパス指定のないリクエストはlist.componentを選択します。
　❷RouterOutlet
　　list.componentをルートコンポーネントの子としてロードします。
　❸list.component
　　ページの表示に必要なデータを取得、表示します。
　　　・現在有効なアラーム一覧の表示
　　　・Alarmから、新規アラームの取得
　❹data.service
　　アラームリフレッシュの要求を状態オブジェクトへ中継します。
　　ブラウザのタイトル表示を更新します。
　❺state.class
　　待機中のアラームをリフレッシュ実行します。
　❻alarm.class
　　新規アラームを生成します。

リスト4-32　アプリの初期処理

■app.route.ts

```
//urlパスと表示するコンポーネントの関連づけ
export const AppRoutes: Routes = [
  {path: 'list', component: ListComponent},
  {path: 'edit', component: EditComponent},
  {path: 'set', component: SetComponent},
  {path: "", component: ListComponent} //1.URL パスなしのときの➡
コンポーネント定義
```

```
    ];
```

■root.component.html
```html
<!--2.ここにルーターで切り替えられたコンポーネントが展開されます-->
  <router-outlet class="outletWidth"></router-outlet>
```

■list.component.ts
```typescript
//3.ページロード時
 ngOnInit(){
   this.alarmList=this.dataService.cleanupAlarmList();//=>4
   //新規Alarmオブジェクトを生成
   this.tmpAlarm=new Alarm(); //=>a1
   //ページのタイトル設定
   this.dataService.setTitle("アラーム一覧"); //=>b1
 }
```

■data.service.ts
```typescript
//4.アラーム一覧の整理（設定時刻経過済みのアラームを削除）
 cleanupAlarmList(): Alarm[] {
   try {
     return this.state.cleanupAlarmList();//=>5
   } catch (error) {
     alert(error.message || "アラーム一覧のリフレッシュに失敗");
   }
 }

 //b1.タイトルの設定
 setTitle(str: string) {
   this.title.setTitle(str);
 }
```

■state.class.ts
```typescript
//5.設定時刻経過済みのアラームを削除
 cleanupAlarmList(): Alarm[] {
   if (this.alarmList.length === 0) {
     return;
   }
   this.alarmList.forEach((alarm, i) => {
     if (alarm.alarmTimestamp - Date.now() < 0) {
       console.log("アラーム時刻を過ぎたタイマーは削除します");
       this.deleteAlarmByIndex(i);//=>6
     }
   });
   return this.alarmList;
 }

 //6.リストのindexを指定してアラームの削除
```

```
deleteAlarmByIndex(index: number) {
  try {
    let alarm=this.alarmList[index];
    alarm.cancelTimer();
    console.log("アラームを削除します: %s %s",
      alarm.getTimeString(),alarm.title);
    this.alarmList.splice(index, 1);
    this.sortAlarmList();
  } catch (error) {
    throw new Error("アラームの削除に失敗しました");
  }
}
```

■alarm.class
```
//a1.コンストラクタ
constructor(dataObj?: Partial<Alarm>) {
  this.id = Date.now();
  this.timerValue = 0;
  this.alarmTimestamp = 0;
  this.title = "";
  this.isPush = false;
  this.timer = -1;
  this.action = "";
  this.theme = "";
  // 設定データのインポート
  if (dataObj) {
    Object.assign(this, dataObj);
  }
}
```

4.9.4 アラーム（タイマー起動型）

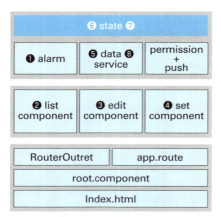

図4-83　ブロック図でみたファイル単位での実行順序（タイマー起動型のアラーム）
❶新規アラームを生成し、次の画面に渡します。
❷URL からアラームを復元し、データを加工して次の画面に渡します。
❸タイマー時間をスライダーで設定して次の画面へ渡します。
❹アラーム時刻を更新し、登録のリクエストを行います。
❺登録のリクエストを状態オブジェクトに中継します。
❻状態オブジェクトにアラームを追加しタイマーをスタートします。
❼アラームの設定時刻になったことを通知します。
❽ダイアログを表示します。

マルチタイマーは、アラームをクラウドからPush通知で受け取る方法と、自分でタイマーを起動して通知を受ける2種類の機能を持っています。ここでは、後者のタイマー起動型のアラームについて解説します。アラームにはライフサイクルがあります。

表4-7　アラームオブジェクトの状態遷移

1	生成	list.comonent 表示の度に Alarm クラスからオブジェクトが生成されます
2	更新	edit.component、set.componentでプロパティが更新されます
3	登録	状態オブジェクトのアラームリストの中の1つに登録されます
4	待機	自分自身でタイマーを起動して、設定時刻まで待機します
5	実行	設定時刻に、ダイヤルを表示して通知します
6	消滅	通知後、アラームは削除されます

アラームの生成から登録までの間、URL にアラームのデータが埋め込まれて画面間で受け渡しが行われます。その結果、URL のみで直接画面を呼び出すことは可能になり、ブックマークやメールにリンクを貼り付けて呼び出しが可能になります。

リスト4-33　タイマー起動型のアラーム

■list.component.ts
```
//ページロード時
  ngOnInit(){
    this.alarmList=this.dataService.cleanupAlarmList();
    //1.新規Alarmオブジェクトを生成
    this.tmpAlarm=new Alarm();
    //ページのタイトル設定
    this.dataService.setTitle("アラーム一覧");
  }

  //2.次ボタンクリック
  async next() {
    //デフォルトのアラーム名を更新（アラーム<連番>）
    this.tmpAlarm.updateAlarmNameCounter();
    //URLにアラーム情報を埋め込み編集画面へ遷移
    await this.router.navigate(
      ["/edit"],
      {queryParams:this.tmpAlarm}
    );
  }
```

■edit.component.ts
```
//3.ページロード時
  async ngOnInit() {
    //Query Stringからアラームオブジェクト復元
    const dataObj =this.activatedRoute.snapshot.queryParams;
    this.tmpAlarm = (new Alarm(dataObj).update());
  }

  //4.赤丸ボタンクリック
  async next() {
    //URLにアラーム情報を埋め込み設定画面へ遷移
    await this.router.navigate(
      ["/set"],
      {queryParams: this.tmpAlarm}
    );
  }
```

■set.component.ts
```
//5.ページロード時
  async ngOnInit() {
    //Query Stringからアラームオブジェクト復元
    const dataObj = this.activatedRoute.snapshot.queryParams;
    //待ち時間をもとにアラーム時刻を設定
    this.tmpAlarm = (new Alarm(dataObj)).update();
```

（1-clickリンクは別途説明のため省略）

```
//赤丸ボタンクリック
async next() {
  //ローカルアラームの登録
  if (!await this.dataService.addLocalAlarm(
    this.tmpAlarm)
  ) {//=>6
    await this.back();
    return;
  }
```

（Push通知は別途説明のため省略）

```
  //リスト画面へ遷移
  await this.router.navigate(["/list"]);
}
```

■data.service.ts
```
//6.ローカルアラームの登録
addLocalAlarm(alarm: Alarm): boolean{
  try {
      //残り時間が30秒以下はタイマーを起動しない
      let rest = alarm.alarmTimestamp - Date.now();
      if (rest < 30000) {
        throw new Error("30秒以下は登録できません");
      }
      //ローカルアラーム一覧へ登録とタイマー開始
      this.state.addLocalAlarm(alarm, this.timeup);//=>7
      console.dir(this.state);
      return true;
  } catch (error) {
      alert(error.message || "ローカルアラームの登録失敗");
      return false;
  }
}




//9.設定時刻になったアラームをスナックバーで出力
timeup = (alarm: Alarm) => {
  let msg = alarm.getTimeString() + "(" + alarm.title + ")";
  this.state.deleteAlarm(alarm);
  this.snackBar.open(msg, "×閉じる",
    {
      verticalPosition: "top",
      horizontalPosition: "left"
    });
```

■state.class.ts
```
//7.ローカルアラームの登録
addLocalAlarm(alarm: Alarm, timeup) {
  try {
    //タイマー開始
    alarm.startTimer(timeup);//=>8
    this.alarmList.push(alarm);
  } catch (error) {
    throw new Error(error.message || "アラームの登録失敗");
  }
}
```

■alarm.class.ts
```
//8.タイマーの設定
startTimer(timeup) {
  //残り時間を取得
  let rest = this.alarmTimestamp - Date.now();
  //タイマー起動
  this.timer = setTimeout(() => {
    timeup(this)//=>9
  }, rest);
}
```

4.9.5 アラーム（Push通知型）

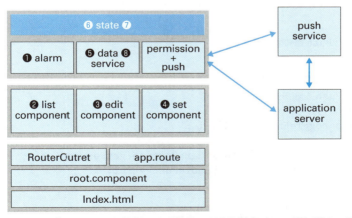

図4-87　ブロック図でみたファイル単位での実行順序（Push通知型のアラーム）
　　　■通知ONモードへの切り替え
　　　①メニューからプッシュ通知Onを選択します。
　　　②プッシュ通知許可のリクエストを中継します。

③ユーザーから通知の許可を得ます。
④プッシュ通知可能のプロパティをtrueにします。

■プッシュ通知リクエスト
❶プッシュ通知のリクエストをサービスに要求します。
　（タイマー起動型のアラームと①〜④は重複するので割愛）
❷サービス要求を中継します。
❸Push通知要求を受領します。
❹アプリケーションサーバーに公開キーを要求します 。
❺公開キーをブラウザに送信します。
❻公開キーを元にプッシュサービスに許可情報を要求します。
❼許可情報をブラウザへ送信します。
❽受信した許可情報とアラーム情報をアプリケーションサーバーへ送信します。
❾アプリケーションサーバーはアラーム情報と許可情報を受信し、受信成功を返信します。
❿プッシュ通知要求の結果をサービスへ返します。
⓫状態オブジェクトに登録されたアラームのプッシュ通知フラグをtrueにします。
⓬登録したアラームのプッシュ通知フラグが更新されます。

■プッシュ通知の実行
[1]アラームに設定された時刻にアプリケーションサーバーはプッシュサービスへ許可情報
　 と通知リクエストを送ります。
[2]プッシュサービスの通知をブラウザへ送信します。

プッシュ通知は、3段階の手順で実行されます。

❶ ユーザープッシュ通知ダイアログを表示する許可を受けます。

❷ プッシュサービスから、プッシュ通信の許可情報を受領し、アプリケーションサーバーへ送ります。

❸ アラーム時刻にアプリケーションサーバーからプシュサービスへ通知依頼を送り、プッシュサービスはブラウザへプッシュ通知します。

リスト4-34　**Push通知型のアラーム**
　＜通知ONモードへの切り替え＞
　■root.component.ts

```
//1.Push通知ON/OFF
@Catch()
async toggleEnablePush() {
…..
    let ret = await this.dataService.getPermission();
    this.dataService.isEnablePush = ret;
```

　■data.service.ts

```
async getPermission(): Promise<boolean> {

    //2.通知ダイアログ表示の許可
…..
```

```
            if (state == "default") {
                //背景を暗くして通知許可のメッセージに見落としを避ける
                this.bgMessage =
                    `[許可]をクリックすると、
                    このページを閉じてもアラームを表示します`;
                let result = await this.permissionService.confirm();
                this.bgMessage = "";

                console.log("許可結果" + result);
                return result;
            }
```

■root.component.ts
```
    //1.Push通知ON/OFF
    @Catch()
    async toggleEnablePush() {
    …..
        let ret = await this.dataService.getPermission();
        this.dataService.isEnablePush = ret;
```

<プッシュ通知リクエスト>
■set.component.ts
```
    //1.次ボタンクリック
    @Catch()
    async next() {
….....
        //Push通知アラームの登録
        if (this.dataService.isEnablePush) {
            //Push通知アラーム登録はバックグラウンド処理として扱う
            this.dataService.addPushAlarm(this.tmpAlarm);
        }
        //リスト画面へ遷移
        await this.router.navigate(["/list"]);
    }
```

■data.service.ts
```
    //2.Push通知アラームの登録
    // @Catch(false)
    addPushAlarm(alarm: Alarm) {

        this.isReadySW()
        .then(ret=>{if(ret.success){
            return this.pushService.pushReq(alarm)
        }else{
            return Promise.reject("Service Workerの準備ができていません")
        }})
```

■push.service.ts
```
export class PushService{

  //3.アプリサーバーの公開鍵
  publicKey = "";
  //Pushサービスの許可情報
  pushSubscription: PushSubscription;

  constructor(
    private http: HttpClient,
    private swPush: SwPush) {
  }

  //アプリサーバーへPush通知の予約
  @Catch()
  async pushReq(alarm: Alarm){
    //Pushサービスから許可情報の取得
    this.pushSubscription =
      await this.getPushSubscription().catch(e=>promiseError(e));
```

…..
```
  //4.Pushサービスから許可情報取得
  @Catch()
  private async getPushSubscription(){
    //アプリサーバーから公開キーを取得
    let headers =
      new HttpHeaders({"Cache-Control": "no-cache"});
    let res: any = await this.http.get(
      "/api/pubKey", {headers}).toPromise().catch(e=>promiseError(e));
    console.log(res);
    if (res.success) {
      this.publicKey = res.data;
      console.log("アプリサーバー公開鍵="+this.publicKey);
    } else {
      throw new Error(`アプリサーバーの公開キー取得失敗`);
    }

    //5.Pushサービスから許可情報を取得
    let ret: any = await this.swPush.requestSubscription(
      {serverPublicKey: this.publicKey}
    ).catch(e=>{

      console.log("@@@"+e);
      promiseError(e);
    });
```

```
        console.dir(ret);
      if (ret) {
        console.log(getNowStr()+" Pushサービスから許可情報取得");
        return ret;


      //6.アプリサーバーへPush通知の予約
      @Catch()
      async pushReq(alarm: Alarm){
        //Pushサービスから許可情報の取得
        this.pushSubscription =
          await this.getPushSubscription().catch(e=>promiseError(e));

        //7.アプリサーバーへPush通知のリクエスト
        let alarmNotification = {
          pushSubscription: this.pushSubscription,
          ...alarm,
          baseUrl: location.protocol + "//" + location.host
        };
        console.log("Push通知リクエスト");
        console.dir(alarmNotification);

        //アップロード実行
        let headers =
          new HttpHeaders({"Cache-Control": "no-cache"});
        headers.append("Content-Type", "application/json");
        let res: any = await this.http.post(
          "/api/addAlarm",
          alarmNotification,
          {headers}
        ).toPromise().catch(e=>promiseError(e));
        console.dir(res);
        if (res.success) {
          console.log("アプリサーバーへのアップロード成功");
          return true;
        } else {
          throw new Error(`アプリサーバーへのアップロードで
            falseが返されました`);
        }
      }
```

■data.server.ts

```
      //Push通知アラームの登録
      // @Catch(false)
      addPushAlarm(alarm: Alarm) {

        this.isReadySW()
        .then(ret=>{if(ret.success){
```

```
      return this.pushService.pushReq(alarm)
    }else{
      return Promise.reject("Service Workerの準備ができていません")
    }})
    .then(
      ret=> {if(ret){
        //アラームにPush通知予約済みの設定
        this.alarmList.forEach(item => {
          if (item.id == alarm.id) {
            item.isPush = true;
            console.log("Push通知アラーム登録成功");
          }
        });
```

第5章

AngularによるPWA開発（2）
～分散DBを活用した観光情報検索アプリの作成～

　PWAの目標はネイティブアプリと同レベルの快適な操作です。これが可能なことは、ここまでの解説で確認できました。これからのWebアプリ開発において、PWAを代表とするモダンWebのアーキテクチャはさらに普及するでしょう。では、快適さの次に、何が求められるでしょうか？

　使い勝手が良くなったわけですから、次はアプリ本体の機能強化が重視されると考えられます。そのとき壁となるのがデータ管理です。モダンWebでもSNSのようなクラウドのデータを利用するアプリのデータベースはサーバー集中が主流のため、オフラインでの機能は大きく制限されています。しかし、PCやモバイルデバイスとサーバーの容量には桁違いの差があり、サーバーの保持するデータのすべてをブラウザにコピーはできません。また、各人がバラバラにデータを持つとシステム全体の整合性が取れなくなります。

　これを解決するのが分散データベースです。すでに商用サービスで多数の実績があり、Webブラウザ用にも移植されています。データベースもブラウザに分散できれば、究極的にはサーバーと対等のことができます。人工知能との連携や、3D表示の時代にも対応できるでしょう。

　この章では、1章で紹介した「観光情報検索アプリ」を例に取り、分散データベースを使ったPWAについて以下の項目を習得します。開発環境の準備からデバッグまで一通りの作業を体験します。はじめての分散データベースであっても使いこなす自信がついてくると思います。

■概要
　▷ブラウザ内データベースの必要性
　▷考慮点
　▷分散DBのしくみ
　▷PouchDBについて

- アプリの作成手順
  - ▷ バックエンド側のアプリ作成
  - ▷ フロントエンド側のアプリ作成
  - ▷ 動作確認とデバッグ
- PouchDBの操作
  - ▷ 基本操作
  - ▷ 検索とインデックス
  - ▷ データベース同期機能の体験
- 実装
  - ▷ 実装のポイント
  - ▷ ソースコード解説

5.1 概要

5.1.1 ブラウザ内データベースの必要性

　PWAでは、主にService Workerのデータキャッシュ機能を利用して、オフライン対応や画面切り替えの高速化をしています。4章で紹介したマルチタイマーアプリは、プログラムやアイコンなどのリソースファイルをキャッシュして快適な操作を実現しています。しかし、キャッシュできるデータは、過去にバックエンドから受信したデータと事前に指定したものに限定されます。

　一方、地図アプリ、乗り換え案内、レストラン検索、ショッピングアプリなど、情報検索を目的とするアプリの多くはバックエンドに検索を依頼し、その検索結果を加工して表示しています。これらのアプリでも、リソースファイルなどの静的ファイルのキャッシュは有効ですが、表示データについては検索条件やデータベースの更新などで毎回内容が変化するので、キャッシュの利用は困難です。つまり、Webアプリの起動時間は短縮できても、検索時は通信待ちが発生し、オフラインでは操作できません。

図5-1　毎回表示データが変わる画面はキャッシュでは高速化できない

　そこで、ブラウザ内データベースの活用です。バックエンドが持つデータベースをブラウザ内にコピーして利用します。ブラウザ内で処理が完結するため、オフラインでも操作でき、検索時も通信待ちが発生しません。なお、これ以降、ブラウザ内データベースはローカルデータベースまたはローカルDBと呼びます。ローカルDBのは、ユーザーごとに必要なデータのみ抽出してサーバーからダウンロードできるので、少ない容量でもユーザーには、十分なデータを確保できます。

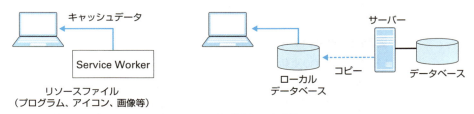

図5-2　読み込み時にローカルデータベースを利用して高速化

　さらに、報告書やSNSなどの入力データも、サーバーへ直接送信する代わりにローカルデータベースへ書き込むと利便性が向上します。この場合、オフライン／オンラインに関わらす操作は全く同一で、送信にかかる通信時間は0になります。DBに保存したデータは、オンラインになった時点で、バックグラウンドで自動送信します。これまでのモバイル環境では、ネットワークが不安定なときは繰り返し何度も送信ボタンを押したり、電波の届く場所を探して歩き回っていました。大幅な改善ができます。

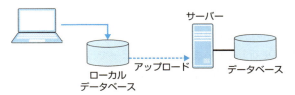

図5-3　書き込み時にもローカルデータベースを利用して高速化

5.1.2 ローカルDB導入の考慮点

ローカルDB利用前に、以下の検討が必要です。

1. ブラウザのWebストレージで保存容量が足りるか？

利用するデバイスによりWebストレージ最大保存容量が異なります。容量が不足する場合は、使用頻度の高いデータのみローカルDBに保存し、それ以外は従来通りサーバーへのアクセスをします。容量の範囲内で、サーバーからコピーするデータの抽出条件を決めておきます。

> **Progressive Web App のオフライン ストレージ**
> https://developers.google.com/web/fundamentals/instant-and-offline/web-storage/offline-for-pwa?hl=ja

2. ローカルDBの更新方法は？

サーバーデータベースの更新頻度に応じて、更新方法を選択します。

① 更新頻度が低いデータ

1日に1回程度の更新が行われるデータを扱う場合は、サーバーからダウンロードしてローカルデータベースにフルコピーします。更新のタイミングは、毎日初めてアプリを利用するときに自動で行ったり、更新ボタンを作成して手動で行ったりします。単純な方式のため、よく利用されます。

図5-4 更新頻度が低いデータの処理方法

② 更新頻度が高いデータ

1日に数回以上サーバーのデータが更新される場合は、Ajax通信で、短い間隔のローカルデータベースの「定期更新」を行います。フルコピーではなく、変更された部分のみ受信します。通信はバックグラウンドで行われ、ユーザーの操作を妨げません。

図5-5　更新頻度が高いデータの処理方法

③ 更新頻度は低いが、即時更新が必要なデータ

　エラーデータなど更新を即座にWebブラウザの表示にさせたい場合は、HTML5のWebSocketを使用してソケット通信を行います。ローカルデータベースは使用しません。Ajaxは、ブラウザ側から通信開始が前提なので、利用できません[※1]。

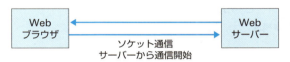

図5-6　更新頻度は低いが、即時更新が必要なデータの処理方法

3. 情報漏洩防止の機能は必要か？

　サーバーで集中管理したデータベースと比べ、PCやモバイルデバイスに保存したデータベースは、そのままでは情報漏洩のリスクが高まってしまいます。データベースの暗号化を検討します。具体的な実装については本書のシリーズ本「実践編」を参照してください。

4. 入力データも保存するか？

　前節で解説したように、入力データの保存を行うと利便性が大幅に向上するため積極的に採用すべきです。ただし、丸1日分をまとめて夜間に送信するなどの長時間保存すると、デバイスの紛失や故障によるデータ消失のリスクが高まってしまいます。基本的に保存したデータはすぐにアップロードします。例外的にオフラインでアップロードできない場合は、可能になった時点で自動アップロードを行います。

※1　ロングポーリングなどを行えば可能です。
　　　参考情報　Wikipedia「Push技術」https://ja.wikipedia.org/wiki/Push%E6%8A%80%E8%A1%93

5.1.3 分散DBの必要性

5.1.3.1 ローカルDBの基本構成

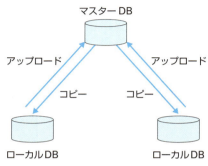

図5-7　ローカルDBの基本構成

図5-7は、ローカルDBの一般的な構成です。以下の処理を行います。

1. 定期的にマスターDBから必要なデータをローカルDBにコピーします。
2. WebアプリはローカルDBを参照して、高速なレスポンスやオフラインでの利用が可能になります。
3. ブラウザで入力したデータは、ローカルDBに一時保存した後、サーバーへ自動アップロードします。

これらの機能の実装で、データの分散処理が可能になります。これまでサーバー接続が前提だった情報検索系のWebアプリがオフライン時も対応できます。

5.1.3.2 基本構成の制約

基本構成で多くのアプリケーションに対応可能ですが、以下の要件がある場合には制約があり、変更が必要です。

1. リアルタイムに更新を行いたい場合
   更新は定期的に行われるため、新規データや更新の内容を即時に反映できません。
2. マスターDBの値をローカルDBで上書きしたい場合
   ローカルDBのデータでマスターDBを上書きする場合、サーバーでの更新とデータの不整合が発生する可能性があります。

リアルタイム同期は「5.1.2 考慮点」で説明したソケット通信、不整合の対応はブラウザ側に再入力を強制するなど、これらの制約は独自に実装することで解消できます。しかし、別の解決策として分散DBを利用する方法があります。データベース間のリアルタイム同期と不整合解決の両方を基本機能として持っていますので、独自の実装はほとんど不要になります。

5.1.3.3 分散DBとは

分散DBは、DBサーバーでスケールアウト（処理を複数のサーバーへ分散）による負荷分散、データ消失・サービス停止の防止策として、主にバックエンド側で利用されてきました。分散DBサーバーが常に互いに同期を取り、データの不整合（Conflict）の発生を解決します（図5-8）。ここでは、このしくみをDBサーバーとブラウザのローカルDB間の同期に利用します。

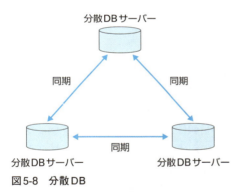

図5-8 分散DB

5.1.3.4 分散DBの構成

サンプルアプリでは、バックエンド用の分散DB「CouchDB」の互換DBである「PouchDB Server（PouchDB + Expressプラグイン）」と、ブラウザで動作可能なJavaScriptで実装した分散DB「PouchDB」を利用します（図5-9）。
PouchDBが、リアルタイムでサーバーの更新をローカルDBへ反映（自動ダウンロード）、ブラウザの入力データをローカルDBに保存するとサーバーへ反映（自動アップロード）してくれます。また、データの不整合への対処やユーザーが利用する複数のデバイス（PCとタブレット、スマートフォンなど）間の同期も行ってくれます。

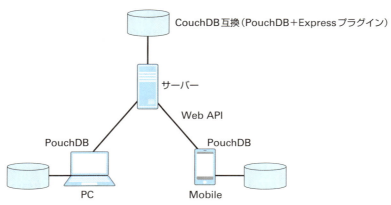

図5-9　ローカルDBにPouchDBを使用

5.1.4 PouchDB(ブラウザ内分散DB)

5.1.4.1 PouchDBとは

　PouchDBは、バックエンドで利用する分散DB「Apache CouchDB」と同期が可能な、ブラウザ内で動作するJavaScriptライブラリです。

　分散DBやCouchDBという単語は、聞いたことがない人も多いと思います。データベースはソフトウェアの中でも特に高い信頼性が要求され、トラブルなしの運用が求められます。聞いたことのないソフトウェアが実用段階にあるか、気がかりかもしれません。CouchDBは2005年のリリースから10年以上の改良が加えられたオープンソースです。メーカー各社からCouchDBをベースにした製品も提供されているので、本格的な商用利用時には、サポートを受けることができて安心です。たとえば、Couchbase社からCouchdatabase Data Platform[※2]製品群、IBM社からIBM Cloudant[※3]クラウドサービスとして提供されています。

5.1.4.2 関連ソフトウェア

　これまでCouchDBはバックエンド側、PouchDBはフロントエンド側と分担が決まっていましたが、最近は関連ソフトと組み合わせてバッ

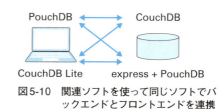

図5-10　関連ソフトを使って同じソフトでバックエンドとフロントエンドを連携

[※2] Couchdatabase Data Platform
https://www.couchbase.com/products/data-platform
[※3] IBM Cloudant
https://www.ibm.com/analytics/jp/ja/technology/cloud-data-services/cloudant/

クエンドとフロントエンド両方に対応できるようになりました（図5-10）。CouchDBは
Couchbase社からモバイルプラットフォーム向けのCouchbase LITE、PouchDBは
expressサーバーとPouchDBを結合するミドルウェアが提供されています。今回のサンプ
ルアプリでは、ブラウザ側にPouchDB、バックエンド側にはexpressサーバー、PouchDB、
express-pouchdbミドルウェアを組み合わせて使っています。express-pouchdbミドル
ウェアはCouchDBのWeb APIのリクエストを、PouchDBのJavaScript APIに変換しま
す。

同じソフトウェアを使うと言っても、ブラウザ側とサーバー側ではAPIはまったく異
なります。PouchDBのAPIはJavaScriptオブジェクトです。一方、バックエンドの
CouchDBはWeb APIを使用します。これら2つのAPIを相互変換するパッケージとして
express-pouchDBを使います。

JavaScript API
https://pouchdb.com/api.html

Web API
http://docs.couchdb.org/en/stable/api/index.html

5.1.4.3 不整合（Conflict）への対応

　PouchDBを導入すると、サーバーとブラウザのデータの同期だけではなく、ブラウザ
間の同期も可能です。たとえば、PCで入力したデータは、外出したときにスマートフォ
ンで見ることができます。この機能をオンライン状態で実現するのはサーバー集中型でも
可能ですが、オフライン時はキャッシュを利用した読み取り専用でしか対応できません。
PCとスマートフォンの両方でオフライン状態にて入力したデータに不整合（conflict）が
発生した場合の対応が必要になるからです。PouchDBはデータの更新・削除のコマンド
を受けても、一般のデータベースのように、前のデータを上書きしません。代わりに、デー
タベースの内部ではRevisionの異なる新規データとして追加します（図5-11）。つまり、
不整合が発生してもデータの消失がなく対象のRevisionを指定することで、不整合
（Conflict）発生時の対応を可能にしています。

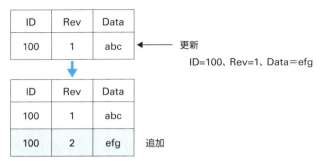

図5-11 データを更新すると、内部では追加が行われて元データは保持される

PouchDB公式サイト（Conflictについて）
https://PouchDB.com/guides/conflicts.html#two-types-of-conflicts

5.2 アプリの作成

「本書を読む前に」を参照して実習環境を準備します。既に準備済みのときは、次の手順へ進んでください。まだの場合はダウンロードサイトで「実習環境の準備」のリンクをクリックしてGitBookを開き、その手順に沿ってください。

5.2.1 利用シナリオ

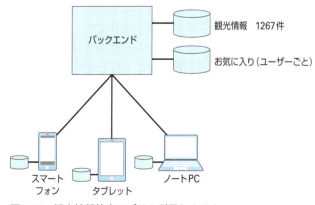

図5-12 観光情報検索アプリの利用シナリオ

第5章　AngularによるPWA開発（2）〜分散DBを活用した観光情報検索アプリの作成〜

　観光情報検索アプリはPouchDBを使っています。PouchDBとして、観光情報を保持するkanko-infoとお気に入り情報を保持するkanko-favoriteという、2つのデータベースを持っています。観光情報は写真付きで約50MB（1267件）あります。以下のような利用シナリオを想定してアプリのデザインをしています。

❶ 今週末の旅行の計画を立てようと思い、会社帰りの電車でスマートフォンを使ってこのアプリを呼び出します。

❷ 訪問する地域と希望する観光の目的に応じて条件を選択して、観光情報をリスト表示します。

❸ リストの中で気になる観光地は、タップして写真付きの詳細画面で表示します。

❹ 後で比較したい観光地には、お気に入りマークを付けます。

❺ 自宅に戻ってからは、地図アプリやホテル予約サイトを同時に参照できる大画面のノートPCを使います。このアプリを呼び出すと、帰りの電車の中で入力したお気に入りの一覧が、PCのローカルデータベースに登録されて使えるようになっています。お気に入りの観光地を絞り込みます。

❻ 翌日の昼休み、ネットワーク圏外の喫煙室で、旅行に一緒に行く友達とスマートフォンで候補の中から最終的な目的地を決定します。

　以上のシナリオから機能要件を洗い出すと以下になります。

- 電車の乗り降りや待ち時間などのスキマ時間でも利用できる高速起動
- 条件を変更して検索を繰り返しても、ストレスにならない操作性と高速表示
- 初めてでも簡単に使える操作性
- お気に入り情報は、複数デバイス間で自動データ同期
- お気に入り情報は、繰り返しいつでもどこでも瞬時に表示

これらの要件を実装レベルに落とし込むと次のようになります。

1. 高速起動のためPWAの基本要件を実装する。
2. 50MBの観光情報全部の事前キャッシュは、スマートフォン向けではキャッシュに時間がかかり逆効果なため行わない。履歴データのキャッシュ、データを分割して取得・表示できる無限スクロール、プリフェッチ（事前読み取り）の実装で高速化を目指す。
3. PouchDBにお気に入り情報を保存。複数デバイスの自動同期、高速表示とオフライン表示に対応する。

4. 検索画面は簡単操作と短時間での選択・変更を両立させるため、操作手順に分岐がなく戸惑うことが少ないウィザード選択形式にする。ただし、ウィザード操作が冗長になるのを回避するため、すべてのページへ直接移動できるUIを採用して高速な選択・変更を可能にする。

図5-13は観光情報検索アプリの検索画面です。一般的なウィザードと異なり、各ページのタイトルが常に表示されています。タイトル左のアイコンをクリックすると、任意のページへダイレクトに移動できます。

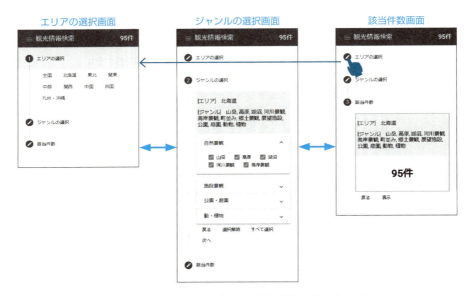

図5-13　タイトルアイコンのクリックで任意のページへ遷移できるウィザード

たとえば、図5-13の右［該当件数］画面で、画面上部にある［エリアの選択］アイコンクリックすると、中央の［ジャンルの選択］画面を経由せずに、直接右の［エリアの選択］画面が表示されます。

5.2.2 全体の構成

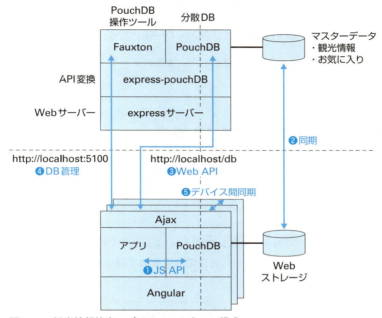

図5-14　観光情報検索アプリのソフトウェア構成

　観光情報検索アプリの全体像は、図5-14のようになっています。

■バックエンド側

　システム全体で共通の「観光情報」と、ユーザーごとの「お気に入り情報」のマスターデータを管理します。これらのデータをブラウザからのリクエストに応じて結果を返したり、ローカルDBとデータ同期したりします。データベースは「5.1.4.3　関連ソフトウェア」で紹介した方法で、PouchDBをサーバー用として使用します。Fauxtonは、PouchDBの保存データを確認したり、検索コマンドで動作を確認したりできる操作ツール（Utility）です。

■フロントエンド側

　Angularで作成したアプリが、画面表示・入力データ処理・PouchDBの制御を行います。

■連携機能

❶ Angularで作成したアプリが、PouchDBのJavaScript APIを使い、お気に入りデータの授受や同期設定を行います。

❷ アプリ起動時設定された条件をもとに、バックエンドのPouchDBと同期を行います。

❸ CouchDBのWeb APIを使い、観光情報の検索結果を取得します。

❹ Webブラウザから5100番ポート使い、PouchDBのツールFauxtonを操作します。

❺ バックエンドのPouchDBを経由して、複数のデバイスでお気に入りデータの同期が行われます。

5.2.3　バックエンド側のアプリ作成

観光情報検索アプリのバックエンド側から作成を始めます。

5.2.3.1　概要

観光情報検索アプリのバックエンド側は、[basic_YYYYMMDD¥template¥kankoBack]フォルダへインストールします。開発環境構築の手順の概略を以下に示します。

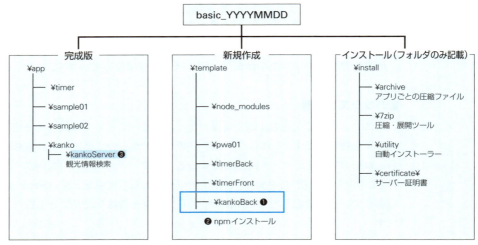

図5-15　観光情報検索アプリのバックエンド側のフォルダ構成と作成手順
❶プロジェクトフォルダ（[basic_YYYYMMDD¥template¥kankoBack]）を作成
❷必要なパッケージを「npm」コマンドでインストール
❸完成版からソースコードのコピー
❹サーバー証明書をkankoBackに登録

5.2.4 手順

ディレクトリを指定している場合を除き、コマンドプロンプトのカレントディレクトリは［basic_YYYYMMDD¥template¥kankoBack］でコマンドを発行してください。

❶ ［basic_YYYYMMDD¥template］フォルダにカレントディレクトリを移動後、サーバー用プロジェクトフォルダとして［kankoBack］を作成します。

```
>md kankoBack
>cd kankoBack
```

❷ プロジェクトフォルダをnpmコマンドで初期化します。
これで、初期化されたpackage.jsonファイルが生成します。

```
>npm init -y
```

❸ 必要なパッケージをローカルインストールします。
以下では複数行に分かれていますが、すべての内容を1行で入力してください。

```
>npm install --save
body-parser@1.18  compression@1.7  express@4.16 ↵
express-http-proxy@1.4  express-pouchdb@4.1  fkill@5.3 ↵
nodemon@1.18  path@0.12  pouchdb@7.0  pouchdb-debug@ 7.0↵
 pouchdb-find@7.0  pouchdb-server@4.1  spdy@3.4 ↵
tcp-port-used@1.0
```

インストールするパッケージの内訳は、表5-1になります。

表5-1 バックエンドで利用するnpmパッケージ一覧

パッケージ名	役割
body-parser	expressに機能を追加するミドルウェア ブラウザのリクエストのbody部分をオブジェクトに変換
compression	expressに機能を追加するミドルウェア ブラウザとの通信データを圧縮
express	node.jsで動作するWebサーバー
express-http-proxy	リクエストのurlのパスを変更する
express-pouchdb	expressとPouchDBを接続するミドルウェア
fkill	指定したポート番号を占有しているプロセスを停止する
nodemon	nodeアプリの変更を検知して再起動を行う
path	相対パスの絶対パスへの変換など

パッケージ名	役割
pouchdb	PouchDB本体
pouchdb-debug	PouchDBのトレース出力
pouchdb-find	MongoDBのAPIをPouchDBで利用可能にする
pouchdb-server	コマンドプロンプトから起動できるPouchサーバー
spdy	HTTP/2プロトコル対応のためのパッケージ
tcp-port-used	指定したポート番号を占有可能か確認

❹ [kankoBack] フォルダを右クリックし、[Open with Code] を選択して [kankoBack] フォルダをVisual Studio Codeで開きます。

❺ 画面左のエクスプローラーのpackage.jsonをダブルクリックして、コード編集画面に表示します。

❻ package.jsonのdependenciesプロパティに、表5-1で示したインストールパッケージが反映されているかを確認します。

❼ 以下のファイルまたはフォルダをプロジェクトフォルダへコピーします。

表5-2 コピーするファイルおよびフォルダ

コピー元ファイルまたはフォルダ	コピー先フォルダ
[basic_YYYYMMDD¥app¥kanko¥kankoServer] ・index.js 　起動時呼ばれるコード ・server.js 　サーバー起動のコード	[template¥kankoBack]
[basic_YYYYMMDD¥app¥kanko¥kankoServer¥dbUtility] ・データインポート （[dbUtility] フォルダごとコピー）	
[basic_YYYYMMDD¥app¥kanko¥kankoServer¥localhost] ・サーバー証明書 （[localhost] フォルダごとコピー）	

❽ 新規で追加したファイルとフォルダ（着色した部分）の構造は図5-16になります。

図5-16 新規のファイルとフォルダ

⑨ Webサーバーは、フロントエンド側プロジェクトの出力フォルダに直接参照します。プロジェクト名に合わせたパスの指定を行います。index.jsをVisual Studio Codeで開き、先頭行を変更します。

```
//Angularビルドの出力フォルダ
const angularDist="../kankoFront/dist";
```

⑩ コマンドプロンプトに以下を入力し、サーバーを起動します。「待ち受け中...」のメッセージが表示されれば正常に起動しています。Ctrl＋Cキーまたはコマンドプロンプトを閉じるまで、サーバーは起動したままです。

```
> node index.js
80番ポートを利用可能
80番ポートで待ち受け中...
443番ポートを利用可能
443番ポートで待ち受け中...
5100番ポートを利用可能
5100番ポートで待ち受け中...
```

ポート443番はhttpsアプリ用、80番はhttpsへのリダイレクト用、ポート5100番はFauxton（PouchDB操作ツール）の待ち受けポートです。他のアプリがこれらのポートを利用してるときは、該当するタスクを強制終了し、そのメッセージがコンソール出力されます。

次の手順で利用するので、待ち受け中のままにしておきます。

⑪ データベースの生成とデータのインポートを行います。コマンドプロンプトへ以下を入力し、kanko-info（観光情報）データベースへのデータ登録を行います。「@@@完了」が表示されれば、インポート成功です。

```
>"node ./dbUtility/createDb.js
(省略)
@@@ddoc生成
{ ok: true,
  id: '_design/repFilter',
  rev: '1-fdbf7ba6d1325d9f6d1d2e4b1feaf0bc' }
@@@完了
```

5.2.5 動作確認とデバッグ

バックエンド側PouchDBの管理ポートにアクセスし、動作状況を確認します。5100番ポートへアクセスして、PouchDB操作ツールFauxtonを呼び出します。

❶ Webブラウザで以下のURLに接続します。

```
https://localhost:5100/_utils/
```

❷ Fauxtonが表示されます。図5-17の❶～❸の操作を行います。

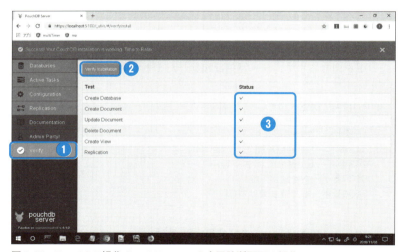

図5-17 PouchDB操作ツールFauxtonの自己診断画面の操作
　　　❶Fauxton左側面メニューから、[Verify]を選択します。
　　　❷画面中央上部の[Verify Installation]のボタンをクリックすると、バックエンドのPouchDBの自動チェックが始まります。
　　　❸[status]欄に自己診断結果が表示されます。すべての項目にチェックが表示されれば、正常にインストールされています。

これで、バックエンド側のアプリとデータベース作成が完了しました。

5.3　PouchDBの操作

バックエンドの環境が整ったので、サーバーのPouchDBにコマンドを発行してみましょう。

SQLデータベースの経験者にとってはまったく新しい操作方法、MongoDBなどのドキュメントデータベース経験者にとっては分散DB特有の処理を体験できます。

5.3.1　管理ツールFauxton

5.3.1.1　基本操作

ディレクトリを指定している場合を除き、コマンドプロンプトのカレントディレクトリ［basic_YYYYMMDD¥template¥kankoBack］でコマンドを発行してください。

Fauxtonでデータベースの内容を表示して、保存の様子を確認します。

❶ コマンドプロンプトから「node index.js」を入力してバックエンドを起動します。

❷ 「5100番ポート待ち受け中....」の応答メッセージを確認します。

❸ Webブラウザで、https://localhost:5100/_utils にアクセスします。

❹ Fauxtonの画面が表示されます。図5-18の操作を確認します。

図5-18　Fauxtonデータベース一覧画面
　❶[Databases]を選択すると、登録されているデータベース一覧が表示されます。
　❷kanko-infoデータベースが1件登録されています。
　　_で始まるデータベースはPouchDBの管理データですので除外します。
　❸kanko-infoデータベースのサイズは52.8MBです。
　❹kanko-infoデータベースのデータ件数は1271です。
　❺データベース名はリンクになっています。クリックして、内容を確認します。

❺ kanko-infoデータベースに保存されているデータの一覧が表示されます。ただし、表示されるのは識別情報のみで、内容は表示されません。Docsにチェックを入れると内容が確認できます。

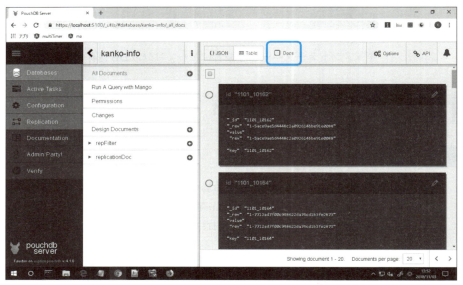

図5-19　データの識別情報のみリスト表示

❻ 今度はデータの詳細が表示されます。

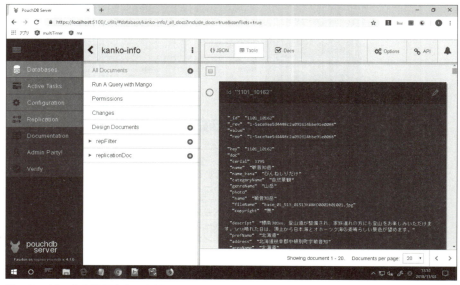

図5-20　データの詳細内容の表示

表5-3 PouchDBから観光情報を取得したときのオブジェクトの構造

```
{
  "_id": "1101_10162",
  "_rev": "1-5ace9ae5d4448c2a092614bbe91e0088",
  "value": {
    "rev": "1-5ace9ae5d4448c2a092614bbe91e0088"
  },
  "key": "1101_10162",
  "doc": {
    "serial": 3795,
    "name": "敏音知岳",
    "name_kana": "ぴんねしりだけ",
    "categoryName": "自然景観",
    "genreName": "山岳",
    "photo": {
      "name": "敏音知岳",
      "fileName": "base_01_513_01513KANKO0002801001.jpg",
      "copyright": "無"
    },
    "descript": "標高703m、登山道が整備され、家族連れの方にも登山をお楽しみ⏎
いただけます。¥r¥n晴れた日は、頂上から日本海とオホーツク海の素晴らしい景色が⏎
望めます。",
    "prefName": "北海道",
    "address": "北海道枝幸郡中頓別町字敏音知",
    "areaName": "北海道",
    "area": "1",
    "pref": "101",
    "category": "1",
    "genre": "101",
    "keycode": "1101",
    "_attachments": {
      "photo": {
        "content_type": "image/jpg",
        "digest": "md5-12EiZv8PqbdremLwUFib8A==",
        "length": 48870,
        "revpos": 1,
        "stub": true
      }
    },
    "_id": "1101_10162",
    "_rev": "1-5ace9ae5d4448c2a092614bbe91e0088"
  }
}
```

このように、PouchDBからデータを取得すると、_id（ドキュメント識別ID）、_rev、value、key、docという5個のプロパティを持つオブジェクトまたは、docを除いた4個の

オブジェクトとして返されます。また登録したデータはdocオブジェクト内のプロパティとして返されます。

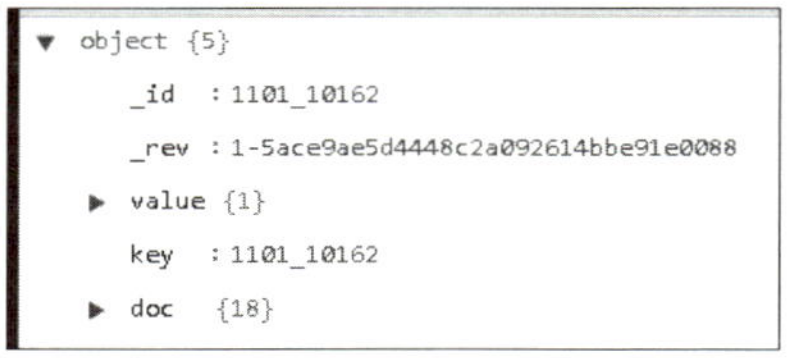

```
▼ object {5}
    _id   : 1101_10162
    _rev  : 1-5ace9ae5d4448c2a092614bbe91e0088
  ▶ value {1}
    key   : 1101_10162
  ▶ doc   {18}
```

図5-21　PouchDBが返すデータオブジェクトの構造

5.3.1.2　コマンド操作

　FauxtonのGUIを使った操作は簡単にできて便利ですが、そのままではプログラムの実装のイメージが湧いてきません。コマンド入力で操作すると、細かなパラメータの設定が可能のうえ、プログラムのデータベース検索部分をコピーして動作検証ができます。PouchDBサーバーのコマンド（Web API）の仕様は表5-3になります。

表5-4　PouchDBのWeb APIの仕様（観光情報検索アプリ用の設定値）

通信プロトコル	HttpまたはHttps
ベースURL	https://localhost/db/
Query string	利用しない
観光情報データベースURL	https://localhost/db/kanko-info/
利用するメソッド	HEAD,GET,POST,DELETE
URLフォーマット	https://localhost/db/[データベース名]/_[コマンド]
管理者用URL(Fauxton)	https://localhost:5100/_utils
APIレファレンス[4]	http://docs.couchdb.org/en/stable/api/index.html#api-reference

　コマンド操作でPouchDBを操作するには、必要のコマンドをCouchDBのAPIレファレンスから探す必要があります。50個ほどのコマンド（同期対象外のローカルドキュメント除く）があり、1つずつ内容を確認するには時間がかかります。探し方にはコツがあります。コマンドは、Server、Databases、Documents、DesignDocの4グループに分かれており、図5-22の関係を持っています。

---

[4]　サーバーで利用するPouchDBはexpress-pouchdbを使ってCouchDBのAPIと互換にしているので、CouchDBのAPIレファレンスを参考にします。

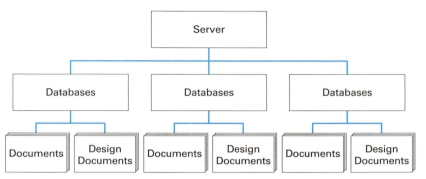

図5-22　PouchDBコマンド群の関係図

表5-5　コマンドグループごとの内訳

コマンドグループ	内容
Server	指定したサーバー、またはそのサーバーが所有するデータベース群に関係するプロパティとメソッド。
Databases	指定したデータベース、またはそのデータベースが所有するドキュメント群またはデザインドキュメント群のプロパティとメソッド。
Documents	指定したドキュメントのプロパティとメソッド。
DesignDoc	指定したデザインドキュメントのプロパティとメソッド。

　たとえば、データベース一覧が欲しいときは、データベース群に関するプロパティなのでServerグループの中からコマンドを探します。それらしきコマンド「/_all_dbs」 が、すぐに見つかります。

　同様にkanko-infoデータベースに含まれるデータ一覧は、「kanko-info/_all_docs」です。特定のドキュメントの内容を確認したいときは、「kanko-info/_doc」コマンドが見つかります。それでは、実際に確認してみましょう。

　データを送信しないコマンドは、WebブラウザのURL入力欄から利用できます。先ほど確認した3つのコマンドはデータを送信しないので、Webブラウザで試してみましょう[※5]。

■ 1. データベース一覧

　サーバーのコマンドなので、URLはベースURL＋コマンドになります。表5-4からベースURLは、「http://localhost/db/」と確認できます。

```
https://localhost/db/_all_dbs
```

[※5]　送信データが必要なコマンドを試したいときはPostmanなどのツールを利用します。
https://www.getpostman.com/

Fauxtonを使ったとき（図5-18）と同じ結果が返されます。

図5-23　データベース名一覧

■2.観光情報の識別情報一覧

　kanko-infoデータベースのコマンドなので、URLはベースURL＋データベース名＋コマンドになります。そのままの表示では見づらいので、Chrome Developer Toolsの［Elements］メニューで表示すると見やすくなります。

```
https://localhost/db/kanko-info/_all_docs
```

図5-24　観光情報データベースに含まれる識別情報一覧

第5章　AngularによるPWA開発（2）〜分散DBを活用した観光情報検索アプリの作成〜

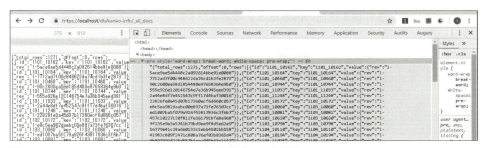

図5-25　Google chrome developer toolsで受信データを確認

■3. IDを指定して詳細情報の取得

URLはベースURL＋データベース名＋コマンド（ドキュメントID）になります。

```
https://localhost/db/kanko-info/1101_10162
```

1101_10162は、観光情報の識別情報一覧の1件目に表示されたドキュメントのIDです。

図5-26　ドキュメントIDを指定した詳細情報の取得

5.3.2　条件検索

PouchDBの条件検索機能は図5-27のようになっています。インデックスによる検索の高速化が可能です。

PouchDBの検索コマンドは、/_findです。

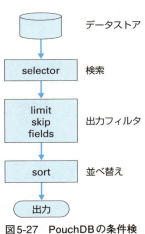

図5-27　PouchDBの条件検索機能の構成

条件検索機能の内容は以下の通りです。

- selector（必須指定）

    データ項目名ごとに、比較演算と組み合わせ条件を使って複雑な検索を指定可能です。比較演算として、正規表現、等しい、より大きい、より小さい、以上、以下が使用でき、組み合わせ条件として、and、or、not、nor、all、elemMatch、allMatchが使用できます。

- limit（オプション）

    出力データの上限サイズを設定します。初期値は25件です。

- skip（オプション）

    検索結果の何番目から表示するかを指定します。サイズの大きなデータを複数画面に分割してページ送りするときによく使われます。

- fields（オプション）

    出力するデータ項目を指定します。

- sort（オプション）

    出力前にデータを並べ替えます。複数のデータ項目の組み合わせもできます。

検索は、条件データの送付が必要ですので、Webブラウザを使ったコマンドの発行はできません。代わりにFauxtonの検索機能を使い動作を確認します。

Fauxtonの入力欄のデータは画面切り替え時に消去されます。適時、画面からメモ帳などにコピーしてください。

❶ 以下のURLを入力してFauxtonを呼び出します。

```
https://localhost:5100/_utils
```

❷ 検索対象のデータベースを選択します。ここではkanko-infoデータベースを選びます。

❸ メニューから、[Run A Query with Mango]を選択します。左に検索入力、右に検索結果エリアを持つ画面が表示されます。

❹ 検索入力欄は以下の状態になっています。

```
{
  "selector": {
    "_id": {
      "$gt": null
    }
  }
}
```

セレクタの条件として、_idがnullより大きいという条件が設定されています。_idは必須項目なので、この比較は常にtrueです。全件表示されます。

❺ そのままの状態で［Run Query］ボタンをクリックします。

❻ しばらくすると、画面右のエリアに観光情報が全件（1000件以上）表示されます。

❼ 次に左の検索入力欄で検索オブジェクトの内容を以下のように編集します。ここで編集したコードは保存されません。検索を実行する前に、メモ帳などに画面からコピーしておきます。

```
{
  "selector": {
    "area":"1",
    "_id": {
      "$gt": null
    }
  },
  "fields":["_id","area","name","address"]
}
```

上記は、地域が北海道で（地域コードが1）のデータの_id、area、name、addressの出力を設定しています。

❽ ［Run Query］ボタンをクリックします。

❾ 条件に合致したデータが画面右の検索結果欄を確認します。

　実際の開発でも、この画面で検索条件のひな型を作成してプログラムに組み込んだり、プログラムで不具合が発生した場合に検索条件をこの入力欄に貼り付けて動作検証を行ったりします。便利な機能です。
　APIレファレンスの/_findコマンドの記述を参考に、いろいろな検索を試してみて下さい。

5.3.2.1 PouchDBのインデックス

インデックスは、データベースの検索や並べ替えに必要な情報で、事前に作成しておくことで検索や並べ替えを高速化します。特に、データ件数が多い並べ替えに効果を発揮します。

一般的にはインデックスなしでも処理速度の低下はあるものの、動作に支障はありません。しかし、PouchDBは適切なインデックスがない場合、警告メッセージが表示されて結果を取得できません。つまり、並べ替えなどの複雑な検索にはインデックスが必須です。

先ほどの北海道地区の検索に、name_kana（観光地のふりがな）項目を追加し、この項目で並べ替えをしてみます。検索条件のJSONはリスト5-1になります。

リスト5-1　北海道地区の検索に`name_kana`（観光地のふりがな）項目を追加して並べ替えを実行

```
{
  "selector": {
    "name_kana": {        ——①
      "$gt": null
    },
    "area":"1",
    "_id": {
      "$gt": null
    }
  },
  "fields":[name_kana,"_id","area","name","address"],   ——②
  "sort":[{"name_kana" ," asc" }],   ——③
  "execution_stats":true   ——④
}
```

① selectorにname_kanaを追加します。
② fieldsにname_kanaを追加します。
③ sortにname_kanaを追加して昇順（asc）に並べ替えます。
④ execution_statusは処理結果のレポート表示を有効にしています。

検索を実行すると、図5-28のように画面上部にエラーメッセージが表示され、検査結果は表示されません。

第5章　AngularによるPWA開発（2）〜分散DBを活用した観光情報検索アプリの作成〜

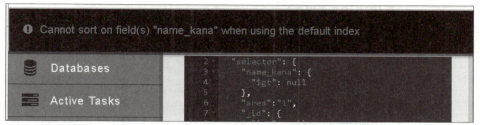

図5-28　name_kana用のインデックスなしのエラー

これに対応するため、Fauxtonでインデックスを作成します。手順は以下の通りです。

❶ Fauxtonのデータベース一覧画面を開きます。一覧からインデックスを作成するデータベースをクリックします。ここでは、kanko-infoデータベースを選択します。

❷ メニューから、［Desin Documents］の＋アイコン→［Mango Indexes］を選択します。

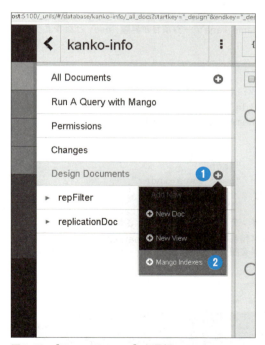

図5-29　［Mango Indexes］を選択

❸ インデックス作成画面が表示されます。図5-30の操作を行います。

■ [図5-30の操作]

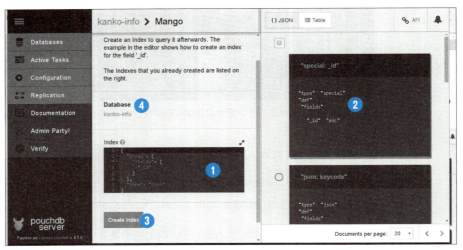

図5-30　インデックス作成画面
❶画面右の作成済みインデックスを参考にしながらJSON形式で入力します。並べ替えの対象となるname_kanaデータ項目が昇順（asc）となるようにインデックスとして登録します。

```
{
  "index": {
    "fields": [
      {"name_kana":"asc"}
    ]
  },
  "type": "json",
  "name": "name_kana-index"
}
```

❷作成済みのインデックスの内容が表示されます。
❸インデックス情報の入力完了後、［Create Index］ボタンをクリックします。画面上部にインデックス登録完了のバナーメッセージが表示されます。

図5-31　登録完了のバナーメッセージ

❹リンクをクリックしてkanko-infoデータベースの画面へ戻ります。

第5章 AngularによるPWA開発（2）～分散DBを活用した観光情報検索アプリの作成～

❹ kanko-infoデータベースの画面でメニューから、[Run A Query with Mango]を選択します。

❺ 検索入力画面へ遷移します。図5-32の操作を行います。

■［図5-32の操作］

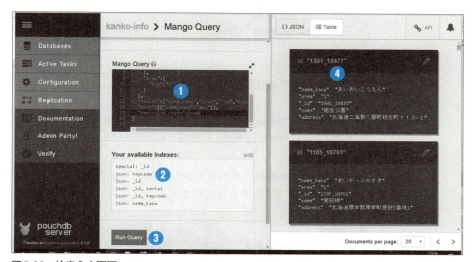

図5-32　検索入力画面
　❶検索入力欄は初期化され、以下の状態になっています。前回の検索時にコピーした並べ替えの検索条件を入力欄に貼り付けます。
　❷作成済みのインデックス一覧が表示されています。一番下に先ほど作成したインデックスが表示されています。use_indexプロパティでインデックスの指定が可能です。指定しない場合は、PouchDBが検索条件ごとに最適なインデックスを自動で選択して利用します。
　❸条件の入力完了後、[Run Query]ボタンをクリックします。
　❹ふりがな順に並べ替えられた検索結果が表示されます。

5.3.2.2　PouchDB特有の留意点

　PouchDBのインデックス作成は、一般的なSQLデータベースと比べて特有の仕様があり、慣れるまで時間がかかります。以下の留意点を知っておくと、スムーズに作業が進みます。

■ 1. 必須

　a. 適切なインデックスがない場合、並べ替えの処理に失敗します。インデックスが見つからない、デフォルトのインデックスを使用できなかった、などの警告またはエラーメッセージが返されます。

b. インデックス作成と検索で指定する昇順・降順を一致させます。

```
■検索条件
"sort":[{"name_kana"," asc" }]

・インデックス作成時の設定
"index": {
        "fields": [
    {"name_kana":"asc"}
        ]
```

c. 複数のデータ項目で並べ替えする場合、昇順(asc)・降順(desc)の混在はできません。

```
×  "sort":[{"name_kana" ," asc" , "address" , "desc" }]
○  "sort":[{"name_kana" ," asc" , "address" , "asc" }]
```

d. 複数のデータ項目で並べ替えする場合は、sortプロパティで設定した項目名の順番をselector、fieldsでも保持します。

```
■検索条件
"sort":[{"name_kana" ," asc" , "area" , "asc" }]

○name、area順番を保持
 "selector" :{
      "name_kana" :{ "$gt" :null},
      "area" :{ "$gt" :" 5" },
      "address" :{ "$gt" :null},
      }
×name、areaの間に別のデータ項目
 "selector" :{
      "name_kana" :{ "$gt" :null},
      "address" :{ "$gt" :null},
      "area" :{ "$gt" :" 5" },
      }
×name、areaの順序が異なる
 "selector" :{
      "area" :{ "$gt" :" 5" },
      "name_kana" :{ "$gt" :null},
      "address" :{ "$gt" :null},
      }
```

■**2. オプション**

インデックスが作成できない、認識されないなどのトラブルの場合、下記の操作で改善することがあります。

a. 並べ替えを行うすべての項目をFieldsとselectorに登録します。さらに、_idが含まれていないときは追加します。

b. 並べ替えを行うデータ項目が一意の値を持っていない場合、_idと組み合わせてインデックスを登録します。

```
"sort":[{ "area" , "asc" }]//地域コードは重複あり
"sort":[{ "area" , "asc" },{ "_id" , "asc" }]//_idを追加
```

c. selectorの先頭に_idを追加します。

```
"selector" :{
    "_id" :{ "$gt" :null},
    "area" :{ "$gt" :" 5" },
    "name_kana" :{ "$gt" :null},
    "address" :{ "$gt" :null},
}
```

5.3.3 データ同期の体験

　分散DBの便利さは体験しないとなかなか理解できません。分散DBを評価するには、分散環境を準備するために何台もサーバーを用意したり、何度も同じインストールしたりして、手間のかかるものです。ここではFauxtonで3個のデータベースを同じPC内に作成して確認します。すぐに体験でき、利用シナリオに沿って30分ほどで終わります。分散DBの良さをぜひ感じ取ってください。PWAのオフライン機能の充実に欠かせない技術です。

5.3.3.1 データベースの全体構成

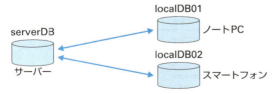

図5-33　データ同期テストの全体構成

■[利用シナリオ]

　親データベースの2つの子データベースと同期します。2つの子データベースは、同じ

ユーザーが利用するノートPC（localDB01）とスマートフォン（localDB02）で動いていると仮定します（実際は同じPCで3つのデータベースを実行してシミュレーションします）。

■［体験］

❶ データベースを作成します。ここでは、バックエンドデータベースServerDBと、ブラウザのデータベースlocalDB01とlocalDB02の計3個のデータベースを作成します。データベース一覧画面から新規データベースを登録します。

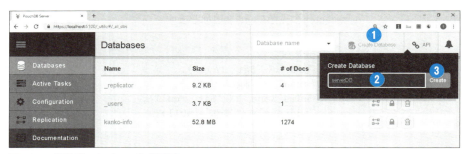

図5-34　新規データベース作成画面
　　　　❶Fauxtonを起動して［Create Database］ボタンをクリックします。
　　　　❷データベース名入力欄に、ServerDBを入力します。
　　　　❸［Create］ボタンをクリックします。ServerDBが作成されます。同様にlocalDB01とlocalDB02を作成します。

❷ データベース一覧画面で3つのデータベースの登録を確認します。ServerDBをクリックします。

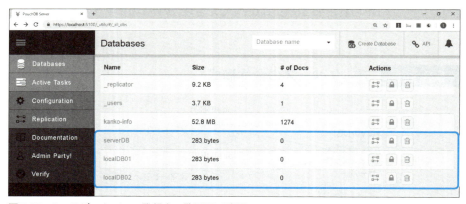

図5-35　3つのデータベース登録を一覧画面で確認

5.3.3.2 データの自動更新(下り)

■[利用シナリオ]

図5-36　親から子へ(下り)のデータの自動更新

親データベースが子データベースへレプリケーション(差分コピー)されます。親データベースへの追加・変更はすべて子データベースに反映されます。サーバーからダウンロードしたデータの自動更新によく使われます。

■[体験]

❶ serverDBの画面で、新規データを登録します。

図5-37　バックエンド側のデータベースへデータ登録
　❶メニューから[All Documents]を選択します。
　❷[New Doc]を選択します。

❷ データ入力画面が表示されます。表示された初期値は削除して以下を入力します。

```
{
  "_id" :" serverDB_01",
  "data" :" s1"
}
```

図5-38　データの入力
　　　　❶データを入力します。
　　　　❷［Create Document］ボタンをクリックします。

❸ サーバー一覧画面へ戻ります。

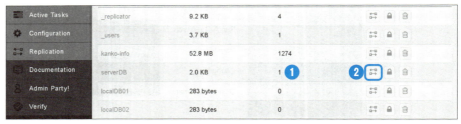

図5-39　serverDBへのデータ登録1件を確認
　　　　❶データ登録件数は、serverDB1件、localDB01とlocalDB02はいずれも0件です。
　　　　❷3つ並んだボタンのうち、左にある［Replication］ボタンをクリックします。

❹ レプリケーション画面が表示されます。

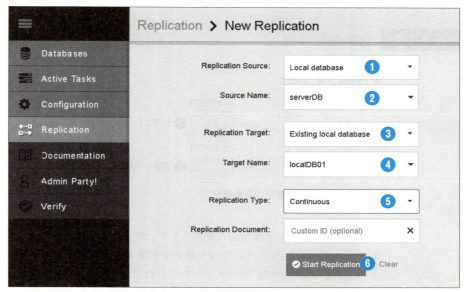

図5-40　serverDBからlocalDB01のレプリケーションを設定
❶〜❺serverDBからlocalDB01へ常時更新モード（Continuous）で接続します。
serverDBに変更があるたびに、localDB01へ送信する設定をしています。
❻レプリケーション開始ボタンをクリックします。

❺ データベース一覧画面を表示します。

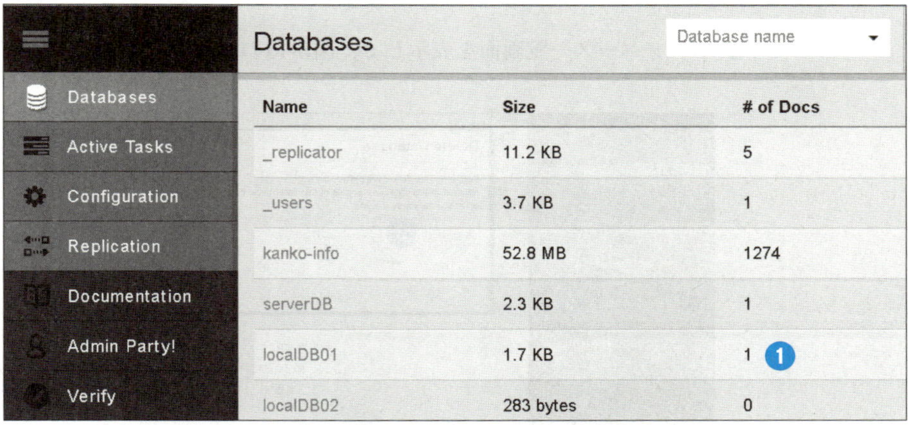

図5-41　serverDBのデータがlocalDB01へ即時反映（❶）

　serverDBのデータがlocalDB01に即時反映されるので、ダウンロードしたデータを常に最新に保ってくれます。さらに、serverDBへデータを追加したり、変更したりして、

理解を深めてください。レプリケーションは、ServerDB=>localDB01の片方向のみ設定しているので、localDB01へ新規データを登録してもserverDBには反映されません。

5.3.3.3 自動復元機能

■[利用シナリオ]

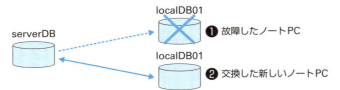

図5-42 デバイス障害時の自動復元

　データの自動更新と類似した機能として、データベースの自動復元があります。スマートフォンやノートPCなど、水没や落下で利用できなくなったとき、別のデバイスでデータベースを準備すれば、データベースが自動で復元します。
　新しいデバイスの利用開始時に、これまで使っていたものから自動で電話帳などのデータをコピーするなどにも利用できます。

■[体験]

　現在ServerDBからレプリケーションを行っているlocalDB01を削除（破壊）した後、同じ名前で新規データベースを作成して、以前のデータの自動復元を確認します。

❶ データベース一覧画面を表示して、図5-43の操作を行います。

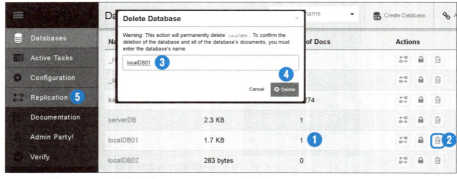

図5-43　データベース一覧の画面からlocalDB01を削除
　❶localDB01現在のデータ件数を確認します（後で復元後の値と比べます）。
　❷localDB01の行のゴミ箱アイコンをクリックします。
　❸確認入力欄にデータベース名localDB01を入力します。
　❹［Delete］ボタンをクリックします。データベース一覧からlocalDB01が消えます。
　❺メニューからReplicationを選択します。

❷ レプリケーション画面が表示されます。localDB01データベースは削除されましたが、serverDBからlocalDB01へのレプリケーションは継続して動作しています。

図5-44　localDB01を削除してもレプリケーションは継続している
　　　　❶レプリケーション元、❷レプリケーション先、❸継続モード、❹変更があるごとに送信、❺最新の更新日時、をそれぞれ表しています。

❸［Create Database］ボタンをクリックしてlocalDB01を再度作成します。しばらくすると、データが自動で登録されます。内容を確認するとデータベース削除前と同じデータが登録されています。

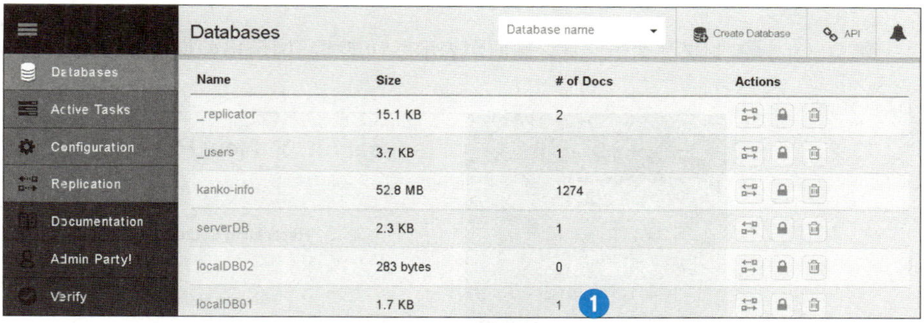

図5-45　localDB01のデータが自動復元している（❶）

5.3.3.4　データの自動更新（上り）

■ [利用シナリオ]

図5-46　子から親へのレプリケーション

　親から子と子から親へのレプリケーションを組み合わせると、両者のデータが完全に一致します。通常は親と子のデータは、共有が必要なデータのみ同期行います。レプリケー

ションの対象ごとにプログラムでフィルタを作成します。

■ [体験]

❶ データベース一覧画面を開き、localDB01のレプリケーション設定ボタンをクリックします（❶）。

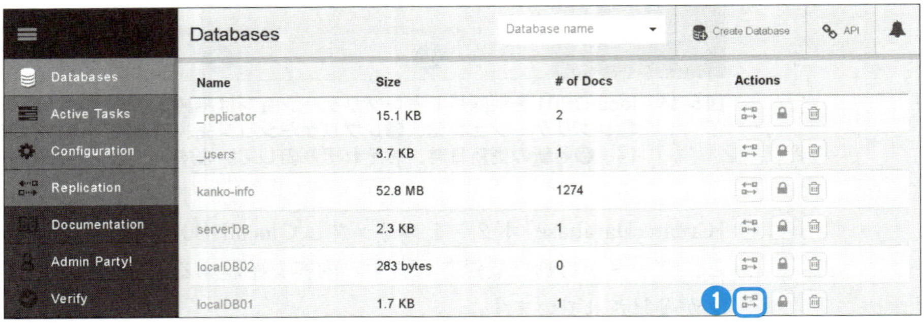

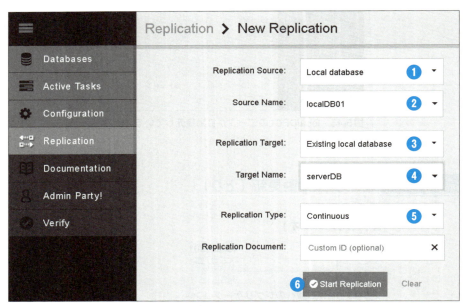

図5-47　localDB01のレプリケーション設定ボタンをクリック

❷ レプリケーション画面が表示されます。図5-48の操作を実行します。

図5-48　localDB01からserverDBのレプリケーションを設定
　　　　❶〜❺ localDB01からserverDBへ常時更新モードで接続します。localDB01に変更があるたびにserverDBへ送信する設定をしています。
　　　　❻ レプリケーション開始ボタンをクリックします。

❸ localDB01の画面で、新規データを登録します。

図5-49　バックエンド側のデータベースへデータ登録
　　　　❶メニューから［All Documents］を選択します。
　　　　❷［New Doc］を選択します。

❷ データ入力画面が表示されます。表示された初期値は削除して以下を入力します。

```
{
   "_id":localDB01_1" ,
   "data" :" 01_1"
}
```

図5-50　データ入力画面で入力
　　　　❶データ入力します。
　　　　❷［Create Document］ボタンをクリックします。

❹ サーバー一覧画面へ戻ります。serverDBの件数が1件増えています。内容を見ると、localDB01で入力された値が反映されています（❶）。

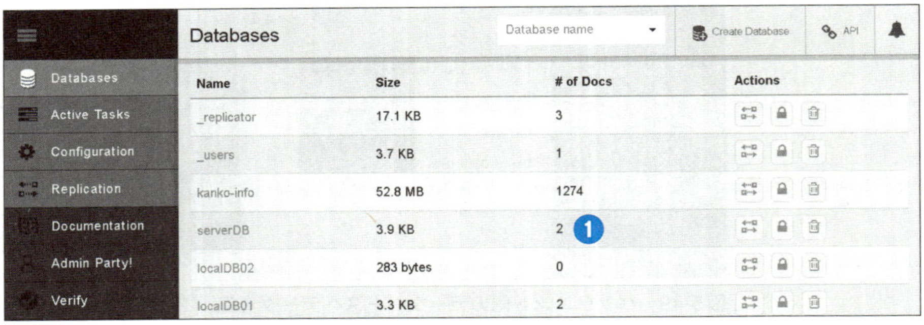

図5-51　serverDBデータ登録2件を確認

5.3.3.5　アップロードでの活用

■ [利用シナリオ]

図5-52　分散DBの活用でアップロードは通信エラーなしを実現
❶アプリからのデータ書き込み
❷データ書き込みを検知するとすぐにアップロード開始。ネットワークがオフラインのときはアップロードせずにオンラインなるまで待機
❸オンラインを検知してアップロード開始

　子データベースから親データベースへの自動アップロード（上り）は、ダウンロードよりも実装の手間がかかります。

1. ダウンロードは、ボタン操作やタイマーなど簡単な処理で開始可能
アップロードはネットワーク状況から最適な判断（オンラインのイベントで開始すると接続不安定な状況では電池とパケットを消耗）をして開始する必要があります。
2. ダウンロードの失敗は、リトライの繰り返しで対応可能
アップロードの失敗は、リトライに加えて2重登録防止の機能が必要（「1.4.3.3.4 通信エラーの対応」を参照）です。

　これまでのこれらの面倒を分散DBがまとめて引き受けてくれます。分散データベース

にデータを書き込むだけでよいのです。アプリから見ると、ローカルDBへ書き込んでいるわけなので、オンラインとオフラインで処理を分ける必要がなくなります。開発の手間がかからず、アップロードの通信待ちがなく、操作するときにネットワークの状態を意識しなくても良い、という大きな効果があります。まさに、PWAのオフラインファーストの実現です。

■[体験]

この利用シナリオにはネットワークの切断が必要ですが、今回の環境では同じPC内でデータベースが動作しており、残念ながらシミュレーションできません。サンプルアプリで試してみてください。

5.3.3.6 分散DBの運用

■[利用シナリオ]

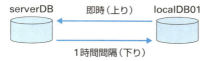

図5-53　上りと下りの同期間隔

分散DBを親子構造で利用する場合、運用には標準的な運用パターンがあります。

■子データベースから親データベースの上り方向

［運用方針］
基本はデータが追加・変更時に即時アップロードを行います。

［理由］
子データベースが稼働しているPCやモバイルデバイスの故障や紛失によるデータ消失リスクを最小限にできます。子データベースから発生する新規作成した報告書や資料など、最新情報をいち早く共有できます。

■親データベースから子データベースの下り方向

［運用方針］
基本は可能な限り更新間隔を長くします。

［理由］
親と子データベースが異なる地域や事業所、モバイルネットワークで接続されている場合、通信コストを最小限にできます。子データベースごとの同期時刻をシフトして負荷を平準化することで、システムの運用コストを抑えることができます。

■[体験]

更新時間の間隔はプログラムで調整するので、シミュレーションの対象外になります。

5.3.3.7 子データベース間の同期

■[利用シナリオ]

図5-54 子データベース間の同期

　データ同期が必要なのはサーバーデータベースとローカルDBの間だけではありません。ローカルDB間の同期も必要になってきます。最近は一人で複数のデバイスを使うことが一般的になってきました。たとえば、スマートフォンとタブレット、デスクトップPCとノートPCなどです。この場合、同じ持ち主のデバイス間でデータ同期が必要になってきます。今回の環境においても、serverDBを経由してlocalDB01とlocalDB02の同期が可能です。

■[体験]

❶ データベース一覧画面を開き、serveDBのレプリケーション設定ボタンをクリックします（❶）。

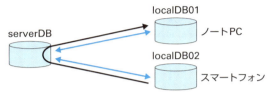

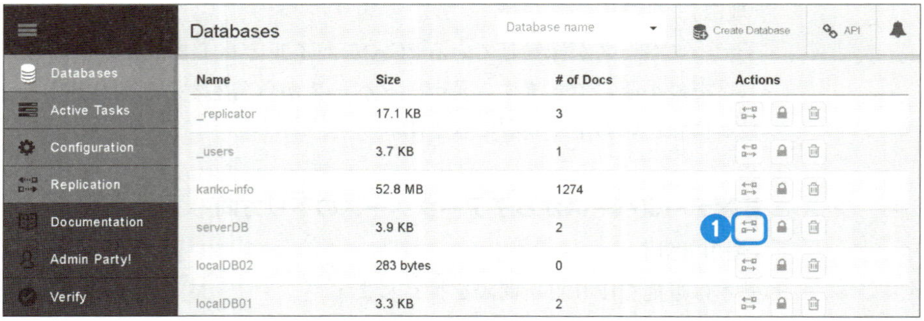

図5-55　serverDBのレプリケーション設定画面の呼び出し

❷ serverDBからlocalDB02へのレプリケーションを設定します。

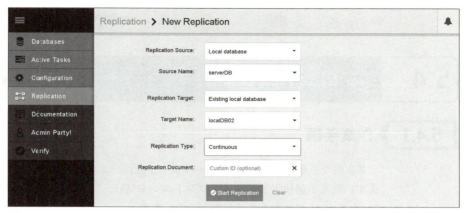

図5-56　serverDBからlocalDB02へのレプリケーション設定

❸ レプリケーション画面で、設定完了を確認します。

図5-57　レプリケーション画面で設定完了を確認

❹ サーバー一覧画面に戻り、localDB01に新規データを追加すると、serverDB経由でlocalDB02にも同期します。3つのデータベースはすべて同期します。

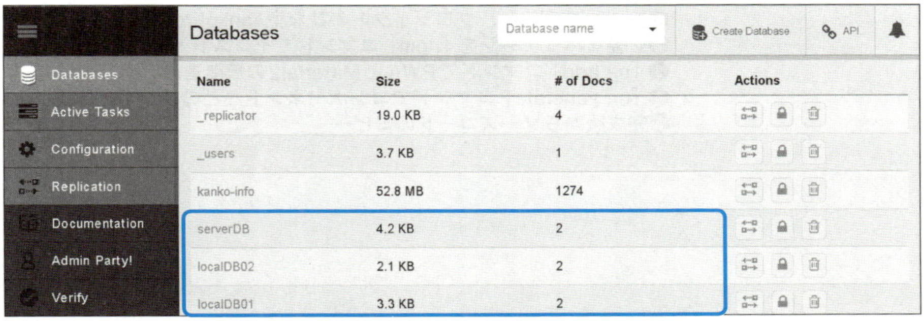

図5-58　サーバー一覧画面で3つのデータベースがすべて同期することを確認

分散DBの体験、いかがでしたでしょうか。便利さを感じていただけたでしょうか。観光情報検索アプリは、ここで紹介した同期処理を全面的に取り入れています。

5.4 フロントエンド

5.4.1 作業手順

基本的な手順は、マルチタイマープレートと同一ですので、細かい作業の解説は割愛します。観光情報検索アプリのフロントエンド側は、［basic_YYYYMMDD¥template¥kankoFront］フォルダへインストールします。

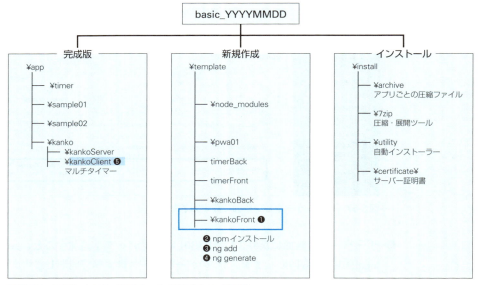

図5-59　フロントエンドのフォルダ構成と作成手順
　❶ng.batを実行し、プロジェクトのひな型kankoFrontを作成
　❷必要なパッケージを「npm」コマンドでインストール
　❸「ng add」コマンドでPWAとMaterial2の機能追加
　❹「ng generate」コマンドでコンポーネントなどのひな型を作成
　❺完成版からソースコードのコピー

5.4.2 新規プロジェクト作成

❶ カレントディレクトリを［basic_YYYYMMDD¥template］フォルダへ移動します。「ng new」コマンドでkankoFrontプロジェクトを生成します。コマンド完了までの間に質問が返されるので、Enterキーを押して既定値を設定してください。

```
>ng new kankoFront
...
//ルーティング機能を追加するか？
Would you like to add Angular routing? No
//スタイルシートの書式は何を使うか？
Which stylesheet format would you like to use? CSS
```

❷ しばらくするとプロンプトが戻ってきます。カレントディレクトリを［kankoFront］フォルダへ移動します。

```
>cd kankoFront
```

❸ エクスプローラーで［kankoFront］フォルダを右クリックし、［Open with Code］を選択してVisual Studio Codeでプロジェクトを開きます。

図5-60　Visual Studio Codeでプロジェクトを開く

❹ 「npm install」コマンドで、pouchdb本体、pouchdb-find（インデックスを使って検索するPouchDBプラグイン）、pouchdb-adapter-http（HTTPプロトコルで外部と通信）、blob-util（バイナリデータの変換）をインストールします。

```
>npm install --save pouchdb@7.0 pouchdb-find@7.0 ↩
pouchdb-adapter-http@7.0  blob-util@2.0
```

❺ Material2の前提ライブラリCDKをインストールします。

```
>npm install --save @angular/cdk@7.1
```

❻ Material2の機能をkankoFrontプロジェクトへ「ng add」コマンドで追加します。

```
>ng add @angular/material@7.1
```

「ng add」コマンド完了までの間に質問が返されるので、Enterキーを押して既定値を設定してください。

```
//既定で利用するテーマ（配色）は何にするか？
Choose a prebuilt theme name, or "custom" for a custom theme: ↻
Indigo/Pink
//スワイプなどのタッチ操作機能のために必要なHammerJSを利用するか？
Set up HammerJS for gesture recognition? Yes
//アニメーション機能は必要か？
Set up browser animations for Angular Material? Yes
```

❼ PWAの機能をカレントプロジェクトへ「ng add」コマンドで追加します。

```
>ng add @angular/pwa0.12
```

❽ "global is not defined"のエラーを抑制するため、src¥polyfills.tsを開き、末尾に以下の行を追加します。

```
(window as any).global = window;
```

❾ コマンドプロンプトにアプリ実行のコマンドを入力して、テスト画面の表示を確認します。

```
>ng serve --open
```

画面の表示確認後、Ctrl+Cキーでserveコマンドを停止します。

■ ngxコマンド（❷〜❾の手順を一括で処理、❽を除く）

```
>ngx pwaNew kankoFront
>pwaAddFull
>ngx web
```

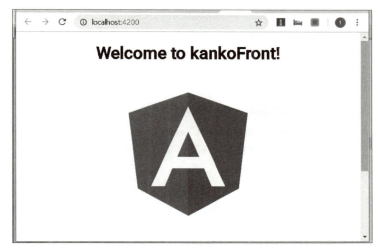

図5-61　テスト画面の表示

5.4.3　コード作成

　ここからkankoFrontプロジェクトのひな型を元にソースコードを作成していきます。実際の作業は確認しながら完成版からコードのコピーと一部設定の変更になります。

5.4.3.1　テスト用コンポーネントの削除

❶ Visual Studio Codeのエクスプローラーから以下のファイルを選択後、削除ボタンを押下します。

　　src￥app￥app.component.ts
　　src￥app￥app.component.spec.ts
　　src￥app￥app.component.css
　　src￥app￥app.component.html
　　src￥app￥app.module.ts

5.4.3.2 フォルダのコピー

ここでは、アプリ全体のファイル構成を確認しながら、フォルダまたはファイル単位で完成版から［kankoFront］フォルダへコピーを行います。

■ [src¥app¥class] フォルダ

コピー元　［app¥kanko¥kankoClient¥src¥app¥class］フォルダごと
コピー先　［template¥kankoFront¥src¥app］フォルダへコピー
内容
　log.class.ts　　ログ記録と例外処理をメソッドに追加する＠Catchデコレーター

■ [src¥app¥component] フォルダ

コピー元　［app¥kanko¥kankoClient¥src¥app¥component］フォルダごと
コピー先　［template¥kankoFront¥src¥app］フォルダへコピー
内容
　画面ごとのコンポーネント関連ファイルが含まれるフォルダ
　［detail］、［favorite］、［list］、［root］、［search］、［setting］フォルダ

■ [src¥app¥service] フォルダ

コピー元　［app¥kanko¥kankoClient¥src¥app¥service］フォルダごと
コピー先　［template¥kankoFront¥src¥app］フォルダへコピー
内容
　コンポーネントから呼び出されて処理を行うサービス
　data.service.ts　　主にコンポーネントからのリクエストを他のサービスへ中継
　db.service.ts　　　puchDB関連の処理
　scroll.service.ts　無限スクロール関連の処理
　state.service.ts　　アプリ全体の状態管理

■ [src¥app] フォルダ

コピー元　app¥kanko¥kankoClient¥src¥app¥app.config.tsファイル
　　　　　app¥kanko¥kankoClient¥src¥app¥app.countTable.tsファイル
　　　　　app¥kanko¥kankoClient¥src¥app¥app.module.tsファイル
　　　　　app¥kanko¥kankoClient¥src¥app¥app.route.tsファイル
コピー先　［template¥kankoFront¥src¥app］フォルダへコピー
内容
　app.config.ts　　　アプリのデフォルト設定値の定義
　app.countTable.ts　観光情報データの検索高速化のためのキャッシュデータ

app.module.ts　　アプリのモジュール定義
app.route.ts　　画面切り替えのためのルートマップ

■ [src] フォルダ

コピー元 app¥kanko¥kankoClient¥src¥styles.css ファイル
コピー先 [template¥kankoFront¥src] フォルダへコピー
内容
　styles.css　　アプリ全体のスタイル定義

編集 src¥index.html ファイル
内容
　bodyタグにidを追加 <body id="mybody">
　CSSのセレクタに利用して優先度を上げる

5.4.4 ソースコード解説（ダウンロード）

　観光情報検索アプリのソースコードと解説は、紙面よりも一度に多くの情報を提供できるデジタルドキュメントにしました。本書ダウンロードサイトより入手できます。

1. アプリ概要
■ 実装のポイント
■ アプリの構造
2. 自動生成ドキュメント（CompoDoc）
■ モジュール関連図
■ 依存関係図
■ コメント付きソースコード

索引

■記号
@Catchデコレータ ... 303

■A
AfterViewInitインタフェース ... 105
ag-Grid ... 254
Ajax ... 29, 35
Angular ... 26, 41
 バージョン7 ... 31
Angular CLI ... 44
 ng generateコマンド ... 277
 ng serveコマンド ... 70
 ngxコマンド ... 45
 ngコマンド ... 45
 npm run-scriptコマンド ... 45, 52
 npxコマンド ... 45, 53, 287
Angular公式サイト ... 141

■C
Chrome ... 15
 Developer Tools ... 15
class構文 ... 27
CoffeeScript ... 28
Componentデコレータ ... 81
Cookie ... 31
CouchDB ... 333
Covalent ... 254
CSS ... 47
 カプセル化 ... 97

■D
Developer Tools
 HTML出力 ... 109
 アプリの起動シーケンス ... 113
 親子コンポーネントのデータ連携 ... 118
 コンソールログ ... 112
 コンポーネント実装のライフサイクル ... 113
 データ同期 ... 115
 ブレークポイント ... 115
 変更検知 ... 120
DI（Dependency Injection；依存性注入） ... 105

■E
express ... 238
express-pouchdbミドルウェア ... 335

■F
Fauxton ... 345
FQDN ... 240

■G
GitBook ... 55
Go言語 ... 242

■H
HAMMER.JS ... 272
HTML Media Capture API ... 9
HTMLテンプレート
 片方向の結合 ... 94
 制限 ... 96
 双方向に結合 ... 94
 ディレクティブ ... 95
 テンプレート構文 ... 94
 パイプ ... 96
http-server ... 67
https通信 ... 147
HTTPキャッシュ ... 199
http通信 ... 147

■I
import文 ... 106
index.html ... 280

■J
JavaScript ... 27
JSON形式 ... 35

■L
lazyモード ... 204
Lighthouse ... 146, 173

■M
Material2 ... 255

［API］タブ	266
APIリファレンス	260
［example］タブ	270
［OVERVIEW］タブ	261
SnackBar	258
アイコン	271
コンポーネント	256
ディレクティブ	258
MDN公式サイト	141
minica	241

■ N

NeDB	33
node.js	48
npm（node package manager）	33, 49

■ O

OnDestroyインタフェース	105
OnInitインタフェース	105
OnsenUI	253

■ P

package.json	49
PouchDB	33, 334, 345
インデックス	354
条件検索	351
データ同期	359
留意点	357
prefetchモード	204
PushAPI	208
PWA（Progressive Web Application）	145
開発環境	160
実装チェックリスト	147
デバッグ	287

■ R

RAILモデル	22
RIA（Rich Internet Application）	23
RxJSサイト	143

■ S

Service Worker	29, 155
Clear Service Worker	170
Service Worker Detector	170
オフライン動作	166
キャッシュ動作	165
キャッシュ動作	200
対応するブラウザ	159
注意点	159

リセット機能	307
Service Worker利用時の制約	286
spdy	238
StackOverflowサイト	143
Stateオブジェクトによる状態管理	295

■ T

TypeScript	27
TypeScript公式サイト	142

■ U

URLによるアプリ共有	222
ブックマークによるアプリ共有	228
メールでアプリ共有	231
URLへのデータ埋め込み	308

■ V

VirtualScroll	26
Visual Studio Code	65

■ W

Web Storage	29, 31
indexedDB	32
localStorage	32
sessionStorage	32
WebAssembly	9
Webアクセシビリティ評価	178
Webアプリ	1
wigimo	254

■ あ行

アプリケーションキャッシュ	199
アラームオブジェクトの状態遷移	318
入れ子コンポーネント	83
インポート	131, 134, 136
インライン	82, 128
オフライン動作	15
親子コンポーネントのデータ連携	104

■ か行

開発体制	40
開発フレームワーク	25, 41
画面切り替えのしくみ	102
画面コンポーネント	
CSS	47, 97
HTMLテンプレート	47, 94
クラス定義	47, 80
実装のメリット	77
画面を暗くして背景文字を表示	301

キャッシュのデバッグ	206
キャッシュのリフレッシュ	205
クラス定義	129, 132, 135, 138
グローバルインストール	51
クロスドメインの制約	37
高速画面表示	11
コンポーネント指向開発	46
コンポーネント	46
サービス	46
ルーター	47
コンポーネント指向の落とし穴	293
コンポーネントとサービスの役割分担	296
コンポーネントのライフサイクル	105

■さ行

サーバー証明書	239
サンプルアプリ（観光情報検索）	
オフライン動作	15
高速画面表示	11
データベース同期	16
無限スクロール	16
サンプルアプリ（マルチタイマー）	
オフライン動作	192
起動	186
バックグラウンド処理	195
プッシュ通知	193
事前ロード	37
新規プロジェクト作成	275, 373
スーパーリロード	205

■た行

遅延通知	39
遅延ロード	38
通信エラーの対応	34
データベース同期	16
デコレータ	81, 127, 131, 134, 137

■な行

ネイティブアプリ	1

■は行

バックグラウンド通信	35
非同期処理	36
ひな型のコード作成	277
ビルド	45, 61
ng build コマンド	61, 66
--prod オプション	75
--watch オプション	74
運用モード	62, 75
開発モード	62
コンパイル	63
最適化	63
出力内容	68
ファイル結合	63
マップ生成	63
不整合への対応	335
プッシュ通知	154, 207
事前承認	216
ブラウザを閉じるイベント	303
ブレークポイント	289
フレーム	87
プロジェクト	44
プロジェクトフォルダの構造	55
［app］フォルダ	59
［node_modules］フォルダ	56
［src］フォルダ	58
プロトタイプによる継承	27
分散データベース	333
ヘッダーの実装	299
ポート443番	250, 343
ポート5100番	343
ポート80番	250, 343

■ま行

無限スクロール	16
メニューの実装	300
モダンWeb	2
アーキテクチャ	4
限界	9
処理の分散	4
導入効果	21
導入のステップ	20
分散処理モデル	23
無限スクロール	5
優位点	8

■ら行

リアクティブフォーム	102
ルートコンポーネント	280
ルートコンポーネントの役割分担	297
ルートマップ	280
ローカルインストール	50
ローカルデータベース	39, 329
更新方法	330
ローカルデータベースの考慮点	33
情報漏洩対策	34
データ更新	34
データ消失	34

●著者紹介

末次 章（すえつぐ あきら）
スタッフネット株式会社 代表取締役
日本IBMを経て現職。「新技術でビジネスを加速する」をモットーに、モバイルデバイスとWebの基盤技術を、常に先取りした研究をしている。新技術普及のための講師活動も行い受講実績は800名以上。最近はWebAssembly技術の研究と、独自の「オンライン双方向研修」によるAngularの即戦力トレーニングに注力している。

●本書についてのお問い合わせ方法、訂正情報、重要なお知らせについては、下記Webページをご参照ください。なお、本書の範囲を超えるご質問にはお答えできませんので、あらかじめご了承ください。
　http://ec.nikkeibp.co.jp/nsp/

●ソフトウェアの機能や操作方法に関するご質問は、ソフトウェア発売元の製品サポート窓口へお問い合わせください。

AngularによるモダンWeb開発　基礎編　第2版
AngularでPWAを開発してネイティブと同等の快適さを実現

2017年1月23日　初版第1刷発行
2019年2月25日　第2版第1刷発行

著　　者	末次 章
発 行 者	村上 広樹
編　　集	田部井 久
発　　行	日経BP社 東京都港区虎ノ門4-3-12　〒105-8308
発　　売	日経BPマーケティング 東京都港区虎ノ門4-3-12　〒105-8308
装　　丁	コミュニケーションアーツ株式会社
DTP制作	株式会社シンクス
印刷・製本	図書印刷株式会社

本書に記載している会社名および製品名は、各社の商標または登録商標です。なお、本文中に™、®マークは明記しておりません。
本書の例題または画面で使用している会社名、氏名、他のデータは、一部を除いてすべて架空のものです。
本書の無断複写・複製（コピー等）は著作権法上の例外を除き、禁じられています。購入者以外の第三者による電子データ化および電子書籍化は、私的使用を含め一切認められておりません。

©2019 AKIRA Suetsugu

ISBN978-4-8222-5453-7　Printed in Japan